中国自育葡萄品种

Chinese Self-bred Grape Varieties

房经贵　徐卫东　主编

中国林业出版社

图书在版编目(CIP)数据

中国自育葡萄品种/房经贵，徐卫东主编. —北京：
中国林业出版社，2019.9
ISBN 978-7-5219-0249-5

Ⅰ. ①中… Ⅱ. ①房… ②徐… Ⅲ. ①葡萄–品种–
介绍–中国 Ⅳ. ①S663.102.92

中国版本图书馆 CIP 数据核字(2019)第 191037 号

责任编辑　何增明　袁　理
出版发行　中国林业出版社
　　　　　　地址：北京市西城区德内大街刘海胡同 7 号　邮编：100009
印　　刷　固安县京平诚乾印刷有限公司
版　　次　2019 年 9 月第 1 版
印　　次　2019 年 9 月第 1 次印刷
开　　本　710mm×1000mm　1/16
印　　张　12.5
字　　数　304 千字
定　　价　69.00 元

《中国葡萄自育品种》
编 写 组

主　编：房经贵　徐卫东

副主编：范培格　张志昌　王　晨　吴　江　项殿芳

　　　　樊秀彩　冷翔鹏　刘众杰

编撰成员(按姓氏笔画)：

毛　娟	亓桂梅	王西成	王　晨	卢素文
纪　薇	刘更森	刘众杰	吴伟民	吴　江
宋士任	杜远鹏	冷翔鹏	张志昌	张培安
房经贵	范培格	郑　婷	项殿芳	徐伟荣
徐卫东	贾海锋	韩玉波	葛孟清	管　乐
慕　茜	裴　丹	樊秀彩		

前 言

 葡萄育种成效决定着葡萄产业发展的走向及市场竞争力的强弱。选育优良的葡萄品种是葡萄产业持续发展的重要保障。拥有自主知识产权的葡萄品种对增加品种适应性与抗逆性，提高果实产量和品质，并进一步提升我国葡萄产业的国际竞争力具有重要的意义。

 我国葡萄栽培历史悠久。早在宋代，葡萄种植已遍布全国，并出现不同色泽、果形、风味等具有地方特色的葡萄品种。自 20 世纪 50 年代，我国开展了有目的葡萄品种选育工作，育种成效显著。完成了从以鲜食葡萄品种选育为主，到重视加工和砧木葡萄品种培育的转变，育种目标性状也更加多样化，早熟、多抗、耐储运、无核、特色外观、具有玫瑰香味等都是实际育种工作中考量的重要性状。尤其是 2000 年以来，我国葡萄新品种数量快速增长，品种审定速度加快，育种队伍壮大，愈来愈多的科研单位、高校以及葡萄生产企业大力开展葡萄育种工作。据不完全统计，迄今为止，我国已选育出 300 余个具有自主知识产权的且品质性状优良的葡萄品种。

 为使国内外同行对中国自育葡萄品种有所了解，本书编写人员根据《中国葡萄志》《中国葡萄品种》《园艺学报》《果树学报》《中国果树》和《中外葡萄与葡萄酒》等权威性的著作和期刊中记载与报道的品种进行整理，并结合对中国农科院郑州果树所国家葡萄种质资源圃等地收集与保存相关葡萄品种的重要资料进行收集，撰写了《中国自育葡萄品种》一书。此书的出版将为我国广大葡萄科研工作者提供第一手参考资料，也为推动我国葡萄遗传学研究和新品种的选育等科技研发工作有着积极的贡献。

 本书共分四个章节，第一章记述了我国葡萄育种发展，具体描述了我国葡萄育种的历程、特点与目标等；第二章简要介绍了我国 300 余个自育葡萄品种的特征，包括亲本与起源、主要特征特性及栽培技术要点；第三章介绍我国大量自育葡萄品种的遗传多样性及可服务于308个自育葡萄品种鉴定的品种鉴定图(CID)，并提供了部分葡萄品种染色体的倍性；第四章对中国51个葡萄地方品种进行了介绍。最后，附录提供我国目前最新的葡萄新品种审定流程和本书中所介绍的自育和地方葡萄品种索引目录。

由于时间仓促以及受所掌握资料的限制，本书中难免存在很多不足之处，敬希读者不吝赐正。

《中国自育葡萄品种》一书在江苏省农业科技自主创新项目[CX(18)2008]、江苏现代农业(葡萄)产业技术体系项目(JATS[2018]279)、青岛农业大学高层次人才引进项目(6651119002、6651118011)、江苏省农业重大新品种创制项目(PZCZ201724)，江苏省省级重点研发专项资金项目(BE2018410)等项目的资助下完成的，在此一并表示感谢！

编 者

2019 年 9 月

目 录

第一章
中国葡萄育种概况

葡萄为葡萄科（Vitaceae）葡萄属（*Vitis* L.）落叶藤本植物，是世界上栽培最早、分布最广的果树之一。随着我国果树产业的发展，葡萄跃升成为发展速度最快的果树种类之一，与香蕉、柑橘、苹果、梨和桃并称为我国六大水果。从 2010 年起，我国葡萄总产量跃居世界第一位，鲜食葡萄早已连续多年稳居世界首位。为了满足我国人民对葡萄及其副产品日益增长的需求，我国自 20 世纪 50 年代就开展了有目的的葡萄育种工作，经过我国育种人员的共同努力，葡萄新品种选育工作至今已取得了较大的进展。

第一节　葡萄育种工作发展史

我国从 20 世纪 50 年代开始有计划地进行葡萄育种，根据统计并按照培育时间划分了 7 个主要时期，从中大致可看出我国在葡萄育种的发展轨迹。在 1950—1959 年期间，育种目标以培育抗逆性强的酿酒、制汁品种为主，开展了欧亚种与我国野生山葡萄'蘡薁'葡萄选做亲本进行杂交育种的研究工作，例如吉林省农业科学院果树研究所早在 1951 年培育出新中国成立后第一个酿酒葡萄品种'公酿一号'，中国科学院植物所于 1954 年先后培育出了'北醇''北红''北玫'等一系列品种；在 1960—1969 年期间，开始加大对鲜食葡萄的培育工作，早熟、优质的鲜食品种是育种的主要目标，其中的'京早晶''山东早红'，在 20 世纪 60 年代后期到 80 年代初是主栽的早熟品种，曾发挥过重要的作用；在 1970—1979 年期间，育种目标以主要培育有玫瑰香味、大粒优质鲜食品种的同时，充分利用我国选育出的优质野生'山葡萄'资源为主要亲本材料培育酿酒葡萄以及利用无核或少籽的品种资源培育制干和制汁葡萄新品种；在 1980—1989 年期间，除了在鲜食葡萄选育上加大了对欧美杂种'巨峰'葡萄品种的利用外，我国也开始重视对砧木的培育，如'华佳 8 号'；在 1990—1999 年期间，鲜食葡萄的培育达到高峰，主要目标是选育大粒、无核、有香味、耐储运、早熟、适于设施栽培的品种，如'沪培 2 号''京蜜''京香玉'；由于根瘤蚜和根结线虫开始在我国蔓延，砧木品种的育种愈加针对高抗病虫性展开，如育成的'抗砧 3 号'和'抗砧 5 号'；在 2000 年以后，选育的葡萄新品种数量增长快速，育种目标更加多样化，且伴随着葡萄全国范围内的快速推广以及设施高效栽培的发展，培育多抗优质以及宜于设施栽培的鲜食品种成为重要的育种目标。和以往相比，近些年葡萄中出现了许多果实形状奇特且具有特殊风味的新品种，如'玉手指''紫甜无核''紫脆无核'；葡萄新品种的色泽仍然以红色至紫红色为主。因制汁、制干、制罐品种数量较少，且多为兼用型品种，故将三者数量合并统计。

第二节　中国葡萄育种的特点

一、葡萄育种基本情况

随着葡萄产业对新品种的需求以及葡萄遗传种工作的发展，我国葡萄育种的成效显著，并呈现出以下特点：完成了从以鲜食品种选育为主，到重视加工和砧木品种培育的转变，早熟、多抗、耐储运、无核或具有玫瑰香味成为主要育种目标形状，品种选育审定速度加快、育种队伍壮大、育种规模明显扩大，新品种数量增长快速，分子设计高效育种得到重视等。截至 2019 年，据不完全统计，全国共选育 349 个葡萄品种。

目前，国内葡萄主要用途可分为 6 大类：鲜食、酿酒、砧木、制干、制汁、制罐。其中，制汁、制干、制罐品种数量较少，同属于加工品种，故将 3 者合并统计。在育成的 349 个品种中，鲜食品种最多，为 257 个，占 73.6%；酿酒品种 64 个，占 18.3%；砧木品种 10 个，占 2.9%；加工品种 18 个，占 5.2%（表 1-1）。从选育的葡萄品种数量上也可以看出，选育的品种仍以鲜食葡萄为主，酿酒和砧木品种的培育开始得到相应的重视，对加工品种的利用也不断增加。特别是近 20 年来，伴随加工葡萄品种、砧木品种等选育的重视，葡萄育种也出现多元化发展，育种选育的效率提高、新品种的数量上升快速。根据不完全统计，自 2000 年以后，共育成了 230 个葡萄新品种，占我国历年总育成品种的 65.9%（图 1-1，表 1-1）。

表 1-1　1950—2019 年我国育成的葡萄品种数量、用途及育种方法

	育成年代	1950—1959 年	1960—1969 年	1970—1979 年	1980—1989 年	1990—1999 年	2000—2009 年	2010—2019 年	合计
品种用途	鲜食	1	1	10	29	29	62	125	257
	酿酒	4	2	1	19	9	15	14	64
	加工*	3	1	3	2	2	5	2	18
	砧木	0	1	2	0	0	5	2	10
	总计	8	5	16	50	40	87	143	349
育种方法	杂交育种	5	3	12	31	35	67	81	234
	芽变选种	4	0	3	6	6	14	44	77
	实生选种	0	1	0	9	6	9	9	34
	诱变育种	0	0	0	0	0	1	3	4
	总计	9	4	15	46	47	91	137	349

＊加工品种包括制汁、制干、制罐品种。

从育种手段看，杂交育种仍为我国主要的葡萄育种途径，选育出的品种数量为 234 个，占 67.0%；芽变选种次之，为 77 个，占 22.1%；实生选种为 34 个，占 9.7%；诱变育种最少，为 1.1%（图 1-2）。

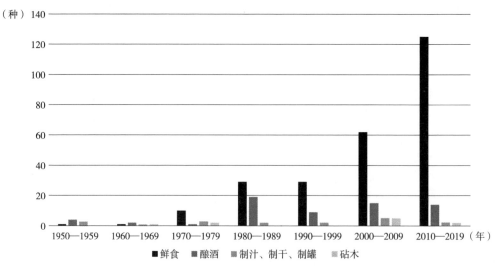

图1-1   我国在不同时期培育的葡萄品种情况

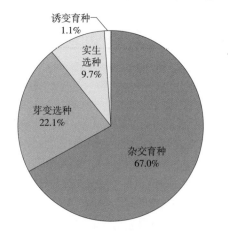

图1-2   我国用不同方法育成葡萄品种数比例

二、近年葡萄新品种育种性状分析

近些年来，我国葡萄新品种选育的成效尤为显著，自育品种推广面积的份额也逐年上升，为了对当前我国自育葡萄品种情况有更好的了解，这里将我国近10年自主选育葡萄品种的某些性状特点进行介绍。

1. 成熟期

果实的成熟期直接决定了葡萄的上市时间，传统葡萄的成熟期主要集中在7～10月。结合市场与产业的需求，近10年，所选育的葡萄新品种中以早熟品种和晚熟品种占比例较多，其中40.80%左右为早熟品种，38.15%晚熟品种。这些品种无疑可延长葡萄水果上市的时间。早熟葡萄是落叶果树中成熟较早的果品，通过设施促早、设施延迟栽培，在果品淡季供应市场，效益显著，如'早霞葡萄'和'蜜光'等。同时，晚熟品种也可以通过延后栽培技术达到延后供应期与提高经济效益的目的。

2. 果粒形状

和以往相比，近些年葡萄中不乏出现果实形状奇特和具有特殊风味的新品种，如近年备受人们喜爱的'紫脆无核'和'紫甜无核'，它们是由河北省昌黎县葡萄育种者李绍星利用'牛奶'和'皇家秋天'两个品种杂交获得的新品种。前者的果粒为长椭圆形或圆柱形，后者果粒鸡心形并且自然无核。近年有 30% 左右新品种果实较之前奇特。果实奇特的品种中有 16 个品种是在 2010 年后培育的，这在一定程度上也反映了当今葡萄育种的发展趋势。

3. 果实色泽和风味

总体情况来看，近年育成葡萄新品种的色泽和以往并没有太大的不同，近年依旧以红色至紫红色为主。此外，风味也是近年来评价葡萄新品质的重要指标之一，新品种中具有特殊风味的品种逐渐增多。近 10 年新品种中有 38 个品种具有浓郁的香气，其中，2010—2015 年育成的有 27 个品种，比例高达 71%。例如，2012 年浙江省农科院园艺所选育的'玉手指'，是'金手指'的芽变品种，不仅果粒形状奇特，还具有浓郁的冰糖香味。近年育成的葡萄新品种中具有较浓郁香气的品种呈递增变化。

第二章
中国自育葡萄品种

为更好地促进我国对自主育成葡萄新品种的认识、利用与推广，以及为今后葡萄育种目标的制定和优良亲本的选配提供参考依据。本书在参考与整理《中国葡萄志》与《园艺学报》《果树学报》《中国果树》《中外葡萄与葡萄酒》等权威性的学术著作与期刊曾报道的有关葡萄品种的基础上，对我国自育的大量葡萄品种进行简要介绍。尽管做不到对所有育成品种的完全整理，但也基本上反映了我国培育的葡萄品种的情况。

1 郑佳 Zhengjia

亲本来源 欧亚种。别名'郑果大无核'。亲本不详。由中国农业科学院郑州果树研究所在 2007 年育成。早中熟鲜食品种。

主要特征 果穗双歧肩圆锥形，平均穗重 650.0g，最大穗重 900.0g 以上。果粒着生紧密。果粒椭圆形或近圆形，绿黄色或金黄色，平均粒重 5.4g，最大粒重可达 9.0g 以上。果粉和果皮均薄。果肉脆，汁液中等多，味甜爽口。种子不发育。可溶性固形物含量为 15% 左右，可滴定酸含量为 0.18%~0.35%。品质优。嫩梢浅绿色。幼叶光滑，有光泽，茸毛。成龄叶近圆形，中等大，绿色，中等厚，略卷缩。叶片 5 裂，上裂刻深，下裂刻浅。二倍体。生长势强（见彩图 2-1）。

2 水晶红 Shuijinghong

亲本来源 由'美人指'与'玫瑰香'杂交而成。中国农业科学院郑州果树研究所在 2015 年培育而成，晚熟品种。

主要特征 果穗圆锥形，果穗大，穗长 18~23cm，宽 15~18cm，平均穗质量 820g，最大穗质量 1000g。果穗大小整齐，果粒着生中等紧密。果实成熟度一致，果实成熟后，不脱粒。果粒尖卵形，果粉中等厚，鲜红色，果粒整齐，着色一致，成熟一致。平均单粒质量 8.3g，最大可达 10.1g，纵径 2.9~3.3cm，横径 1.5~1.7cm。每果粒中有 1~3 粒种子，平均为 1.4 粒，种子充分发育。果皮薄，果皮无涩味，果汁无色，汁液中等多，肉较脆，细腻，无肉囊。风味甜，品质上。

可溶性固形物含量 15.4%，总糖含量 13.20%，可滴定酸含量 0.28%。

树势中庸偏强，萌芽率 80% 以上。第一花序一般着生枝条的 3~4 节，每新梢着生 1~2 个花序。坐果率 40% 以上。每结果母枝结 1.8 穗果。副芽萌发力强，结实力较强。隐芽萌发力中等，结实力中等。副梢萌发力、生长力中等偏强。副梢结实力弱。在郑州地区，一般 4 月上旬萌芽，5 月上中旬开花，8 月上旬浆果着色，9 月上中旬果实成熟。果实整个发育期为 114 天左右。此品种为晚熟鲜食品种（见彩图 2-2）。

3 超宝 Chaobao

亲本来源 由'11-39'与'葡萄园皇后'杂交。中国农业科学院郑州果树研究所于 2005 年育成该品种，极早熟品种。

主要特征 果穗圆锥形，中等大，单歧肩，穗长 20cm，宽 13cm，平均穗重 520g。果穗整齐，果粒着生中等紧密，果粒大，果粒椭圆形，黄绿色，纵径 2.3cm，横径 1.7cm，平均粒重 7.1g，最大粒重 9.5g。果粉厚，果皮中等厚，较脆，无涩味，可食；果肉较脆，汁中多，味酸甜，略有玫瑰香味，每果粒含种子 3~4 粒，种子与果肉易分离，种子小。可溶性固形物含量为 13%~22%，鲜食品质上等。含糖量 14.67%，含酸量为 0.47%。

植株生长势中等。隐芽萌发率中等，芽眼萌发率为 50%~60%，枝条生长中庸，成熟度好，结果枝占芽眼总数 37.82%，每果枝平均着生果穗数为 1.8 个，副梢结实力中等。'超宝'在郑州地区 4 月初萌芽，5 月中旬开花,果实7月上旬成熟。从萌芽到果实成熟需100天左右。此品种为极早熟鲜食品种(见彩图2-3)。

4　贵园　Guiyuan

亲本来源　该品种为'巨峰'的实生后代。由中国农业科学院郑州果树研究所于2014年育成,早熟品种。

主要特征　果穗圆锥形,带副穗,中等大或大,穗长17.0cm,穗宽11.0cm,平均穗重438.7g,最大穗重472.5g。果穗大小整齐,果粒着生中等紧密。果粒椭圆形,紫黑色,大,纵径2.3cm,横径2.2cm。平均粒重9.2g,最大粒重12.7g。果粉厚。果皮较厚,韧,有涩味。果肉软,有肉囊,汁多,绿黄色,味酸甜,有草莓香味。每果粒含种子1~3粒,多为1粒。种子梨形,大,棕褐色。种子与果肉易分离。可溶性固形物含量16%以上,可滴定酸含量为0.66%~0.71%。鲜食品质中上等。

植株生长势强。隐芽萌发力中等,副芽萌发力强。芽眼萌发率为70.6%。结果枝占芽眼总数的44.5%。每果枝平均着生果穗数为1.37个。隐芽萌发的新梢结实力中等,夏芽副梢结实力强。早果性强。在河南郑州地区一般3月下旬萌芽,5月中、下旬开花,7月中、下旬浆果成熟。此品种为早熟鲜食品种(见彩图2-4)。

5　黑佳酿　Heijianiang

亲本来源　由'赛必尔2号'与'佳利酿'杂交。中国农业科学院郑州果树研究所于1978年育成该品种,中熟品种。

主要特征　果穗圆锥形,大小整齐,穗长18.7cm,穗宽10.2cm,平均穗重300.5g,果粒着生极紧密。果粒蓝黑色圆形,纵径1.4cm,横径1.4cm,平均粒重1.6g。果粉中等厚,果皮中等厚、较脆、微有涩味,果肉较脆、汁多、紫红色、味甜酸、无香味,可

溶性固形物含量为15.0%~17.0%。

植株生长势强,隐芽萌发力强,芽眼萌发率为66.8%,成枝率为73.56%,枝条成熟良好。每果枝平均着生果穗数1.9个,隐芽萌发的新梢结实力中等。在河南郑州地区,4月中旬萌芽,5月中旬开花,8月中旬浆果成熟。从萌芽至浆果成熟需127天。此品种为中熟酿酒品种(见彩图2-5)。

6　红美　Hongmei

亲本来源　由'美人指'与'红亚历山大'杂交而成。中国农业科学院郑州果树研究所在2015年培育而成,晚熟品种。

主要特征　果穗圆锥形,带副穗,无歧肩,穗长14.0~20.0cm,穗宽13.0~14.7cm,平均果穗质量527.8g,最大果穗质量601.1g,果粒着生紧,成熟一致;果粒长椭圆形,紫红色,纵径2.84cm、横径1.90cm,平均单果粒质量6.7g;果粒与果柄难分离,果粉中,果皮微涩味,果肉有弱玫瑰香味,可溶性固形物含量约19.0%,每果粒含种子2~3粒;在郑州地区果实8月下旬成熟。此品种为晚熟鲜食品种(见彩图2-6)。

7　抗砧3号　Kangzhen 3

亲本来源　由'河岸580'与'SO4'杂交而成。中国农业科学院郑州果树研究所在2009年培育而成,砧木品种。

主要特征　植株生长势旺盛。嫩梢黄绿色带红晕,梢尖有光泽。新梢生长半直立,无茸毛,卷须分布不连续,节间背侧淡绿色,腹侧浅红色。成熟枝条横截面呈近圆形,表面光滑,红褐色,节间长12.4cm。冬芽黄褐色。幼叶上表面光滑,带光泽。成龄叶肾形,绿色,全缘或浅3裂,泡状突起弱,下表面主脉上有密直立茸毛,锯齿两侧直和两侧凸皆有,叶柄洼开张,"V"形,不受叶脉限制,叶柄11.0cm,浅棕红色。生根容易,根系发达。可溶性固形物15.3%,可滴定酸含量2.58%,

单粒重 2.6g，浆果颜色紫黑色，果皮有涩味。耐盐碱（0.5%NaCl 溶液），高抗葡萄根瘤蚜和根结线虫，抗寒性强于'巨峰'和'SO4'，但弱于'贝达'。在郑州地区，4月上旬开始萌芽，5月上旬开花，花期 5~7 天，7月上旬枝条开始老化，11月上旬开始落叶，全年生育期 216 天左右。此品种为砧木品种。耐盐碱，高抗葡萄根瘤蚜和根结线虫，适应性广，产条量高。与生产上常用品种嫁接亲和性良好。与常用砧木'贝达''SO4'相比，对'巨峰''红地球''香悦''夏黑'和'郑黑'等接穗品种的主要果实经济性状无明显影响（见彩图 2-7）。

8 抗砧5号 Kangzhen 5

亲本来源 由'贝达'与'420A'杂交而成。中国农业科学院郑州果树研究所在 2009 年培育而成，砧木品种。

主要特征 植果穗圆锥形，无副穗，穗长 11.3cm，穗宽 11.3cm，平均穗质量 231g。果粒着生紧密，圆形，蓝黑色，纵径 1.7cm，横径 1.6cm，平均粒质量 2.5g。果粉厚，果皮厚。果肉较软，汁液中等偏少。每果粒含种子 2~3 粒，可溶性固形物为 16.0%。

株生长势强。每果枝着生花序 1~2 个。在郑州地区，4月中旬萌芽，5月上旬开花，7月中旬果实开始着色，8月中旬果实充分成熟，10月下旬叶片开始老化脱落。此品种为砧木品种。极耐盐碱，高抗葡萄根瘤蚜，高抗根结线虫，适应性广。与生产上常见品种嫁接亲和性良好，偶有"小脚"现象。对接穗品种'夏黑''巨玫瑰'和'红地球'等葡萄品种的主要果实经济性状无明显影响（见彩图 2-8）。

9 庆丰 Qingfeng

亲本来源 由'京秀'与'布朗无核'杂交而成。中国农业科学院郑州果树研究所在 2018 年培育而成，早熟品种。

主要特征 果穗圆柱形，带副穗，无歧肩，穗长 12.7~20.0cm，穗宽 8.6~14.7cm，平均单穗质量 937.7g，最大穗重 1378.0g。果粒着生极紧。果粒倒卵形，紫红色，纵径 2.96cm，横径 1.81cm，平均果粒质量 5.76g。果粒与果柄难分离。果粉薄。果皮无涩味。皮下色素中等。果肉硬度中等，果汁中等，有草莓香味。果粒成熟一致。种子充分发育，每果粒含种子 1~4 粒，多为 2 粒。种子长度 0.7cm。可溶性固形物含量约为 16.8%。

植株生长势中等。隐芽萌发力中等，副芽萌发力中等。芽眼萌发率为 50%~70%。结果枝占芽眼总数的 70%。每果枝平均着生果穗数为 1.45~1.96 个。在河南郑州地区露地栽培，4月上旬萌芽，5月上旬始花，6月下旬浆果始熟，7月中下旬果实充分成熟。从萌芽至浆果充分成熟需 101~111 天，早熟品种。此品种为早熟鲜食品种（见彩图 2-9）。

10 神州红 Shenzhouhong

亲本来源 由'圣诞玫瑰'与'玫瑰香'杂交而成。中国农业科学院郑州果树研究所在 2018 年培育而成，中熟品种。

主要特征 果穗圆锥形，无副穗，果穗大，穗长 15~25cm，宽 10~13cm，平均单穗重 870g，最大可达 1500g 以上，果穗上果粒着生中等，果穗大小整齐。果粒长椭圆形，鲜红色，着色一致，成熟一致。果粒大，纵径 1.8~2.3cm，横径 1.3~1.5cm，平均单粒重 8.9g，最大可达 13.4g，果粒整齐，皮薄，果粉中等厚，肉脆，硬度大，无肉囊，果汁无色，汁液中等多，果皮无涩味。该品种可溶性固形物含量为 18.6%，总糖 15.98%，总酸为 0.29%，糖酸比达到 55:1，单宁含量为 718mg/kg。此品种为中熟鲜食品种。风味甜香，具有别致的复合香型，品质极上。

树势中庸偏强，新梢生长势中庸，副梢萌发力、生长力中等偏强。芽眼萌发率高，达到 80% 以上，结果性好，每结果母枝 1.8 穗果，平均结果系数为 1.6。坐果率高，达到

40%以上。副芽萌发率高，结实率较强。隐芽萌发率中强，结实率中等。副梢结实率低。在河南省郑州地区，'神州红'4月2日至6日萌芽，5月11日至5月15日开花，花后浆果开始生长膨大迅速，浆果8月上旬开始着色，果实开始成熟在8月15~25日。果实整个发育期为97天（见彩图2-10）。

11 夏至红 Xiazhihong

亲本来源 由'绯红'与'玫瑰香'杂交而成。中国农业科学院郑州果树研究所在2009年培育而成，极早熟品种。

主要特征 果穗圆锥形，无副穗，果穗大，穗长15~25cm，宽10~13cm，平均单穗质量750g，最大超过1300g，果穗上果粒着生紧密，果穗大小整齐。果粒圆形，紫红色，着色一致，成熟一致。果粒大，纵径1.5~2.3cm，横径1.3~1.5cm，平均单粒质量8.5g，最大可达15g，果粒整齐，皮中等厚，果粉多，肉脆，硬度中，无肉囊，果汁绿色，汁液中等多，果实充分成熟时为紫红色到紫黑色，果肉绿色，果皮无涩味，果梗短，抗拉力强，不脱粒，不裂果。风味清甜可口，具轻微玫瑰香味，品质极上。该品种可溶性固形物含量为16.0%~17.4%，总糖14.50%，总酸为0.25%~0.28%，糖酸比达到56∶1，维生素C含量达到15.0mg/kg，氨基酸含量达到384.6mg/kg，单宁含量为604mg/kg。

植株生长势中庸，副梢萌发力、生长力中等偏强。芽眼萌发率高，超过80%，结实性好，每结果母枝2.3穗果，平均结果系数为2.0。坐果率高，超过40%。副芽萌发率高，结实率较强。隐芽萌发率中强，结实率中等。副梢结实率低在河南省郑州地区，'夏至红'4月2~5日萌芽，5月18~23日开花，花后浆果开始生长膨大迅速，浆果6月24日开始着色，果实开始成熟在6月28~30日，充分成熟为7月5日，果实成熟期极早。果实整个发育期为47天。新梢开始成熟为7月15日，11月上旬落叶（见彩图2-11）。

12 早莎巴珍珠 Zaoshabazhenzhu

亲本来源 '莎巴珍珠'的极早熟芽变品种。由中国农业科学院郑州果树研究所在1986年培育而成，极早熟鲜食品种。

主要特征 果穗圆锥形，有的带副穗，中等大，穗长14.3cm，穗宽11.4cm，平均穗重265.5g。果穗大小较整齐，果粒着生较紧密。果粒近圆形，绿黄色，充分成熟为淡黄色，小，纵、横径均为1.5cm，平均粒重2.5g，最大粒重5g。果粉中等厚。果皮薄。果肉柔软多汁，味酸甜，有玫瑰香味。每果粒含种子多为2粒。果肉与种子易分离。可溶性固形物含量为15%左右，总糖含量为13.6%，可滴定酸含量为0.55%。鲜食品质上等。

植株生长势中等。芽眼萌发率高，多年生枝蔓上的隐芽萌发力极强。结果枝占芽眼总数的60.8%，每果枝平均着生果穗数为1.2个。副梢结实力中等。产量中等。在河南郑州地区，4月上旬萌芽，5月中旬开花，6月底至7月初浆果成熟，多数年份的浆果成熟期在6月底。从萌芽至浆果成熟需83天，此期间活动积温为1832.7℃，果实发育期仅有48天左右。浆果极早熟。一般情况下，果实病害极少发生。成熟期遇雨，易感白腐病和发生裂果。果实成熟易受鸟害，过熟，易在近果梗处裂果。嫩梢黄绿色，略带紫褐色，茸毛少。幼叶黄绿带棕色，厚，上表面茸毛稀少，下表面茸毛中等密，叶表稍有光泽。成龄叶片近圆形，较小，上表面无茸毛，下表面密生茸毛。叶片5裂，上裂刻浅或中等深，下裂刻浅。锯齿三角形，顶部尖。叶柄洼多窄拱形。两性花。二倍体（见彩图2-12）。

13 郑寒1号 Zhenghan 1

亲本来源 由'河岸580'与'山葡萄'杂交而成。中国农业科学院郑州果树研究所在2015年培育而成，砧木品种。

主要特征 杂交品种，用作砧木，抗寒性强，与我国主栽葡萄品种嫁接亲和性好，易繁殖、产条量高。在瘠薄地建采条园，可采用 2.0m×2.5m 株行距；在肥沃良田建园，可采用 2.2m×3.0m 株行距。因砧木品种栽培主要是为了获得高产、质好的枝条，所以宜采用单臂篱架、头状树形。为增加产条量和提高枝条成熟度，应在每年 10 月施基肥，一般有机肥用量 4000kg/667m²。为促进养分回流，增加枝条成熟度，减少用工量，枝条应在叶片自然脱落后进行采收。该品种适宜在河南省葡萄适生区种植（见彩图 2-13）。

14 郑美 Zhengmei

亲本来源 由'美人指'与'郑州早红'杂交而成。中国农业科学院郑州果树研究所在 2014 年培育而成，早熟品种。

主要特征 果穗圆锥形，带副穗，单歧肩，穗长 20.4cm，穗宽 15.8cm，平均穗重 808.5g，最大穗重 1029.8g。果粒成熟一致。果粒着生中等到极密。果粒长椭圆形，紫黑色，平均粒重 5.3g，最大粒重 6.7g。果粒与果柄中到难分离。果粉厚。果皮有涩味。皮下色素深。果肉硬度中，汁中等多。有淡玫瑰香味。可溶性固形物 15.4%，可滴定酸含量 0.58%。植株生长势强。在河南郑州地区，4 月上旬萌芽，5 月上旬开花，6 月下旬果实开始着色，7 月中下旬果实充分成熟。此品种为早熟鲜食品种（见彩图 2-14）。

15 郑葡1号 Zhengpu 1

亲本来源 由'红地球'与'早玫瑰'杂交而成。中国农业科学院郑州果树研究所在 2015 年培育而成，中熟品种。

主要特征 果穗圆柱形，穗长 20.0~25.0cm，穗宽 12.0~15.0cm，平均穗质量 685.0g，最大穗质量 910.0g。果粒着生极紧，成熟一致，着色一致。果粒近圆形，红色，纵径 2.65cm，横径 2.60cm，平均粒质量

10.3g。果粒与果柄较难分离。果粉中等厚，果皮无涩味，皮下色素中多。果肉较脆，硬度适中，无香味。种子充分发育，每果粒含种子 2~4 粒，多为 2 粒。可溶性固形物含量为 17.0%。

植株生长势中庸。萌芽率为 98%，结果枝率为 90% 以上。第一花序着生位置为第四节。每结果枝结果 1~2 穗，2 穗居多。在郑州地区 4 月上旬萌芽，5 月上旬开花，7 月上旬浆果始熟，8 月中上旬果实充分成熟。从萌芽到浆果成熟需 130 天左右。此品种为中熟鲜食品种（见彩图 2-15）。

16 郑葡2号 Zhengpu 2

亲本来源 由'红地球'与'早玫瑰'杂交而成。中国农业科学院郑州果树研究所在 2015 年培育而成，中熟品种。

主要特征 果穗圆锥形，双歧肩，平均穗重 918g。果粒着生紧密，成熟一致，着色一致。果粒圆形，紫黑色，平均粒重 12g。果粒与果柄较难分离。果皮无涩味，皮下色素中。果肉较脆，硬度中，无香味。每果粒含种子 2~5 粒，多为 3 粒。可溶性固形物含量为 17.0%。

植株生长势中庸，进入结果期早。正常结果树一般产果 3000kg/667m² 以上。'郑葡2号'葡萄品种在河南郑州地区，4 月上旬萌芽，5 月上旬开花，7 月中旬浆果始熟，8 月上中旬果实成熟，中熟葡萄品种。

植株嫩梢梢尖半开张，无颜色，无花青素，匍匐茸毛疏，无直立茸毛。节上匍匐茸毛无或极疏，无直立茸毛。幼叶表面颜色为绿带红斑，有光泽，花青素深。下表面主脉上有极密直立茸毛，叶脉间无匍匐茸毛，有极密直立茸毛。成龄叶叶片五角形，五裂。上裂刻深度深，轻度重叠，基部形状为"V"形。上表面颜色为绿色，主脉花青素着色中，下表面主脉花青素着色中，叶脉上有极密直立茸毛，叶脉间无匍匐茸毛，直立茸毛密。

叶柄洼基部形状"V"形，半开张，不受叶脉限制。成龄叶锯齿形状两侧直两侧凸皆有。二倍体，两性花（见彩图2-16）。

17 郑艳无核 Zhengyanwuhe

亲本来源 由'京秀'与'布朗无核'杂交而成。中国农业科学院郑州果树研究所在2014年培育而成，早熟品种。

主要特征 果穗圆锥形，带副穗，无歧肩，穗长19.2cm，穗宽14.7cm，平均穗重618.3g，最大穗重988.6g。果粒成熟一致。果粒着生中等。果粒椭圆形，粉红色，纵径1.62cm，横径1.40cm，平均粒重3.1g，最大粒重4.6g。果粒与果柄难分离。果粉薄。果皮无涩味。皮下无色素。果肉硬度中，汁中等多，有草莓香味。无核。可溶性固形物含量约为19.9%。植株生长势中等，隐芽和副芽萌发力中等。在河南郑州地区一般4月上旬萌芽，5月上旬开花，6月下旬浆果始熟，7月中、下旬果实充分成熟。此品种为早熟鲜食品种（见彩图2-17）。

18 郑州早红 Zhengzhouzaohong

亲本来源 由'玫瑰香'与'莎巴珍珠'杂交而成。中国农业科学院郑州果树研究育成。

主要特征 果穗双歧肩圆锥形，有时带副穗，中等大或大，穗长25.1cm，穗宽14.7cm，平均穗重629.5g，最大穗重785g。果穗大小整齐，果粒着生中等紧密或疏松。果粒近圆形，红紫色，中等偏大，纵径1.8cm，横径1.7cm，平均粒重5g，最大粒重7g。果粉中等厚。果皮厚。果肉柔软多汁，味酸甜，无香味或稍有玫瑰香味。每果粒含种子1~3粒。果肉与种子易分离。可溶性固形物含量为16%左右，总糖含量为14.2%，可滴定酸含量为0.65%。鲜食品质上等。

植株生长势中等。芽眼萌发率高，隐芽萌发力强。结果枝占芽眼的86.0%，每果枝平均着生果穗数为1.8个，通常每果枝着生2个穗

果。隐芽结实力强，夏芽副梢结实力中等。早果性好，丰产性好。在河南郑州地区，4月初萌芽，5月上、中旬开花，7月上、中旬浆果成熟。从萌芽至浆果成熟需105天，此期间活动积温为2477.3℃。果实发育期为70天左右。浆果极早熟。一般情况下，果实病害极少发生。抗霜霉病力中等，抗炭疽病力较弱。

嫩梢绿色，带紫红色，茸毛中等密。幼叶黄绿色，带紫红色，茸毛密。成龄叶片近圆形，较大，呈扭曲状，上表面有网状皱纹，下表面着生中等密混合毛，叶缘略上摺。叶片3或5裂，上、下裂刻均浅。锯齿较锐。叶柄洼拱形。两性花。二倍体。1978年培育而成，极早熟鲜食品种（见彩图2-18）。

19 郑州早玉 Zhengzhouzaoyu

亲本来源 由'葡萄园皇后'与'意大利'杂交而成。中国农业科学院郑州果树研究所在1982年培育而成，早熟鲜食品种。

主要特征 果穗圆锥形，较大，穗长17.6cm，穗宽13.5cm，平均穗重436.5g，最大穗重1050g。果穗大小整齐，果粒着生中等紧密。果粒长椭圆形，绿黄色或黄白色，大，纵径3.1cm，横径2.4cm，平均粒重7.0g，最大粒重13g。果粉薄。果皮较薄。果肉脆，爽口，汁多，味甜，稍有玫瑰香味。每果粒含种子1~4粒，多为2粒，平均1.4粒。可溶性固形物含量为15.5%~16.5%，滴定酸含量为0.47%。鲜食品质上等。

植株生长势中等。芽眼萌发率为90%以上。结果枝占芽眼总数的70.5%。每果枝平均果穗数为1.24个。副芽结实力强。早果性较好，产量高。在郑州地区，4月上、中旬萌芽，5月中、上旬开花，7月上、中旬浆果成熟。从萌芽至浆果成熟需95天，此期间活动积温为2200.3℃。

嫩梢紫红色，茸毛极稀。幼叶紫红，上表面有光泽，下表面有稀疏茸毛。叶片近圆形，中等大，绿色，较平展，叶缘略上卷，上表面

略有网状皱纹，下表面有中等密直立茸毛。叶片5裂，上、下裂刻均深。叶柄洼宽拱形。卷须分布不连续。枝条褐色。两性花。二倍体（见彩图2-19）。

20 朝霞无核 Zhaoxiawuhe

亲本来源 由'京秀'与'布朗无核'杂交而成。中国农业科学院郑州果树研究所与焦作市农林科学研究院在2014年培育而成，早熟品种。

主要特征 该品种果穗分枝形，无副穗，无歧肩，自然状态下穗长15.0～22.3cm，穗宽12.0～14.5cm，平均单穗质量580.0g，最大穗可达1120.9g。果粒成熟一致，但着色不一致。果粒着生紧密度中。果粒圆形，粉红色，果粒纵径1.72cm，横径1.53cm，平均单粒质量2.28g。果粉薄。果皮略有涩味。皮下色素浅。果肉中，汁中，有淡玫瑰香味。无核果率98.15%。可溶性固形物含量约为16.9%。此品种早熟鲜食品种。

植株生长势中等。两品种的丰产性均强。隐芽萌发力中等，副芽萌发力中等。芽眼萌发率为50%～70%。结果枝率70%。每果枝平均着生果穗数为1.2个。在河南焦作地区，3月下旬萌芽，5月上旬开花，7月上旬浆果始熟，7月中旬果实充分成熟（见彩图2-20）。

21 早香玫瑰 Zaoxiangmeigui

亲本来源 欧美杂种。巨玫瑰葡萄芽，由合肥市农业科学研究院等在2017年育成。早熟鲜食品种。

主要特征 果穗圆锥形带副穗，平均穗重710g，最大穗重1025g。果穗大小整齐，果粒着生中等紧密。果粒近圆形，紫黑色，纵经2.6cm，横经2.5cm，平均粒重11.3g。果粉厚，果皮易剥离。果肉脆，有玫瑰香味。可溶性固形物含量20.0%，果粒含种子1～3粒。与'巨玫瑰'相比具有着色早、成熟早、成熟后不落粒、挂果期长、耐储运等优点。

其花芽的分化情况良好，结果系数为1.5、结果枝率为62%，而双穗率是51.2%。在安徽省'早香玫瑰'3月26日前后萌芽，5月初开花，花期5～7天，7月下旬果实成熟，比'巨玫瑰'成熟期早10天左右，从萌芽到果实成熟120天左右，11月中下旬落叶。

嫩梢绿色，梢尖稍开张，嫩梢和幼叶密被白色茸毛。幼叶浅红色，叶缘钝锯齿，成龄叶片心脏形，深绿色。叶片3裂，下裂刻浅，开张，基部"V"形。叶柄中等长，浅红色。枝条横截面成圆形，枝条表面光滑，红褐色。卷须分布不连续，花序着生在3～4节（见彩图2-21）。

22 学优红 Xueyouhong

亲本来源 欧亚种。亲本为'罗萨卡'与'艾多米尼克'，由中国农业大学在2018年育成。中熟鲜食品种。

主要特征 该品种丰产性中等，冬芽成花能力强，果穗大小中等，平均500g，果穗紧实度中等。果粒大，平均粒质量8.9g，果粒椭圆形，果皮蓝紫色，皮薄；果肉脆硬，味香甜、多汁，可溶性固形物含量20.1%，品质上等，具有较好的树上挂和延迟采收能力。在北京地区萌芽期为3月下旬，开花期为5月中下旬，花为雌能花，需配置授粉品种，果实成熟期为8月中旬（见彩图2-22）。

23 北醇 Beichun

亲本来源 欧山杂种。亲本为'玫瑰香'与'山葡萄'，中国科学院植物研究所在1965年育成。晚熟酿酒品种。

主要特征 植株生长势强。隐芽萌发力强，副芽萌发力弱。芽眼萌发率为86.8%。结果枝占芽眼总数的95.76%。每果枝平均着生果穗数为2.17个。隐芽萌发的新梢结实力强，夏芽副梢结实力弱。一年生苗定植第2年可结果，正常结果树产果22500～30000kg/hm²。在北京地区，4月上旬萌芽，

5月上旬开花，9月中旬浆果成熟。从萌芽至浆果成熟需 156 天，此期间活动积温为 3481℃。浆果晚熟。抗寒性、抗旱性和抗湿性强。高抗白腐病、霜霉病和炭疽病。抗二星叶蝉能力中等。嫩梢黄绿色，早果性好。两性花。二倍体（见彩图 2-23）。

24 北丰 Beifeng

亲本来源 '蘡欧'杂种。亲本为'蘡薁葡萄'与'玫瑰香'，由中国科学院植物研究所在 2006 年育成，晚熟制汁品种。

主要特征 果穗圆锥形带副穗，大，穗长 23.1cm，穗宽 13.2cm，平均穗重 386.6g，最大穗重 389.6g。果穗大小整齐，果粒着生中等或较松。果粒椭圆形，紫黑色，中等大，纵径 1.9cm，横径 1.5cm，平均粒重 2.7g。果粉厚。果皮薄。果肉较软，有肉囊，汁多，味酸甜。每果粒含种子 1~3 粒，多为 2 粒。可溶性固形物含量为 19.1%~23.1%，含酸量为 0.75%，出汁率为 81.9%。用其制成的葡萄汁，红紫色，澄清，酸甜适度，品质中上等，符合中国人的口味。正常结果树一般产果 20000~25000kg/hm²。

植株生长势强。芽眼萌发率为 76.6%。结果枝占芽眼总数的 78.4%。每果枝平均着生果穗数为 2~3 个。隐芽萌发的新梢结实力强，夏芽副梢结实力弱。早果性好。在北京地区，4月中旬萌芽，5月底开花，9月下旬浆果成熟。从萌芽至浆果成熟需 163 天，此期间活动积温为 3828℃。浆果晚熟。抗寒、抗旱和抗病虫力均强。

嫩梢黄绿色。幼叶绿色，带暗红色晕，密布灰白色茸毛。成龄叶片大。叶片 3 或 5 裂，或全缘；裂刻浅或中等深，裂缝状或卵形空隙，底部圆形。锯齿为宽底三角形。叶柄洼开张拱形，基部宽，几乎平底或宽拱形。新梢生长直立。新梢节间背、腹侧均褐色。枝条横截面呈近圆形。枝条黄褐色。两性花。二倍体（见彩图 2-24）。

25 北红 Beihong

亲本来源 欧山杂种。亲本为'玫瑰香'与'山葡萄'，由中国科学院植物研究所在 1965 年选出，2008 年审定。晚熟酿酒品种。

主要特征 果穗圆锥形，少数有副穗。果穗较小，穗长 19.8cm，穗宽 12.2cm，平均穗重 160g，最大 290g，果粒着生紧密，大小整齐，果粒圆形，蓝黑色，着色一致，成熟一致。果粒小，纵径 1.34cm，横径 1.34cm，平均粒重 1.57g，最大粒重 2.0g。果皮较厚，无涩味。果汁红色，味酸甜，无香味。每果粒含种子 2~4 粒，多为 3 粒。可溶性固形物含量 23.8%~27.0%，可滴定酸含量 0.65%~0.92%，果汁红色，出汁率 62.9%。酿制的红葡萄酒，深宝石红色，澄清透明，有蓝莓和李子的香气，入口柔和，酒体平衡而醇厚，酒质上等。

植株生长势强。隐芽萌发力中等，副芽萌发力弱。芽眼萌发率为 71.1%。结果枝占芽眼总数的 98.1%。每果枝平均着生果穗数为 1.76 个。隐芽萌发的新梢结实力强，夏芽副梢结实力弱。早果性好。正常结果树产果 15000~18750kg/hm²。在北京地区，4月上旬萌芽，5月上旬开花，9月下旬浆果成熟。从萌芽至浆果成熟需 165 天左右，此期间活动积温为 3639.9℃。浆果晚熟。抗寒性和抗病性极强。

嫩梢黄绿色。梢尖开张，粉红色，密生灰白色茸毛。幼叶黄绿色，上表面有光泽，下表面有黄白色茸毛。成龄叶片心脏形，较大，深绿色，主要叶脉浅绿色，上表面较光滑，下表面有稀疏黄白色短茸毛和少数刚毛。叶片 3 裂，上裂刻浅，裂刻椭圆形。锯齿大而锐，三角形。叶柄洼拱形或矢形，基部近圆底宽广拱形。叶柄短于中脉，绿色有紫红晕。新梢生长直立。卷须分布不连续，2 分叉。新梢节间背侧和腹侧均淡灰色。冬芽红褐色，着色一致。枝条横截面呈椭圆形，表面淡灰色，有条纹，有稀疏茸毛，节部红褐色。节间长度及粗度均中等。两性花。二倍体(见彩图2-25)。

26　北玫　Beimei

亲本来源　欧山杂种。亲本为'玫瑰香'与'山葡萄'，由中国科学院植物研究所在1965年选出，2008年审定。晚熟酿酒品种。

主要特征　果穗圆柱或圆锥形，少数有副穗。果穗穗长16.8cm，穗宽10.6cm，平均穗重160g，最大220g。果粒着生中等紧密，大小整齐，果粒圆或近圆形，紫黑色，成熟一致。果粒纵径1.68cm，横径1.66cm，平均粒重2.6g。果皮厚，果粉中。果肉软，有肉囊，果汁红褐色。味酸甜，有玫瑰香味。每果粒含种子2~4粒，多为3粒。可溶性固形物含量20.4%~25.4%，可滴定酸含量0.64%~0.89%，出汁率65.0%。

植株生长势强。隐芽萌发力中等，副芽萌发力强。芽眼萌发率为82.7%。结果枝占芽眼总数的97.53%。每果枝平均着生果穗数为2.13个。隐芽萌发的新梢结实力强，夏芽副梢结实力弱。早果性好。正常结果树产果15000~18750kg/hm²(2.5m×1~2m，篱架)。在北京地区，4月上旬萌芽，5月上旬开花，9月下旬浆果成熟。从萌芽至浆果成熟需145天，此期间活动积温为3347.5℃。浆果晚熟。抗寒性较强。抗白腐病、炭疽病力较强，叶片易染葡霉病。

嫩梢绿色，有浅紫红色，密生灰白色茸毛。幼叶黄绿色，有浅紫红色晕，上表面有光泽，下表面有黄白色茸毛。成龄叶片心脏形，特大，浓绿色，主要叶脉浅绿色；上表面较光滑；下表面有稀疏的黄白色短茸毛，混生有少数刚毛。叶片5裂，上裂刻深，基部圆形；下裂刻深或中等深，基部椭圆形。锯齿大而钝，三角形。叶柄洼狭小拱形，基部近圆形。叶柄长于中脉，绿色。新梢生长直立。卷须分布不连续，长，2分叉。新梢节间

背侧红褐色，腹侧红褐色。冬芽暗褐色，着色一致。枝条横截面呈椭圆形，表面红褐色，有条纹，有极疏茸毛。节间中等长，中等粗。两性花。二倍体(见彩图2-26)。

27　北全　Beiquan

亲本来源　欧山杂种。亲本为'北醇'与'大可满'，由中国科学院植物研究所在1985年育成。晚熟酿酒品种。

主要特征　果穗圆锥形带副穗或圆柱形，较大，穗长18.8cm，穗宽15.1cm，平均穗重414.7g，最大穗重590g。果穗大小整齐，果粒着生紧密或极紧密。果粒近圆形或椭圆形，紫红色，较大，纵径2.1cm，横径1.9cm，平均粒重4.5g。果粉中等厚。果皮中等厚，稍涩易碎。果肉质地中等，汁中等多，味酸甜。每果粒含种子2~4粒，多为2粒。种子椭圆形，中等大，黄褐色，外表有较深横沟，种脐突出，喙短。种子与果肉易分离。可溶性固形物含量为15%~16%，含酸量为0.99%，出汁率为80%。酿酒品质上等。由它酿制的葡萄酒，淡黄色或近似无色，澄清透明，具悦人麝香味，柔和爽口，回味亦可。

植株生长势强。隐芽萌发力强。副芽萌发力中等。枝条成熟度好。结果枝占芽眼总数的58.8%~62.3%。每果枝平均着生果穗数为1.52~1.66个。隐芽萌发的新梢结实力强，夏芽副梢结实力弱。早果性好。正常结果树一般产果20000~25000kg/hm²(2.5m×1~2m，篱架)。在北京地区，4月中旬萌芽，5月中、下旬开花，9月上、中旬浆果成熟。从萌芽至浆果成熟需150~153天，此期间的活动积温为3379℃。浆果晚熟。抗寒、抗旱力强。抗黑痘病、霜霉病力强，抗白腐病力较弱。抗浮尘子力强。

嫩梢绿色。梢尖开张，紫红色，有稀疏白色茸毛。幼叶黄绿色，无附加色，上表面微有光泽，有稀疏白色茸毛，下表面密被灰白色茸毛。成龄叶片心脏形，中等

大或较大，主要叶脉绿色，叶片多皱，梢上翘，叶背有浓密短茸毛。叶片多为 5 裂，少数 7 裂，上裂刻深，下裂刻中等深或浅，开张。锯齿大而钝。叶柄洼闭合尖底椭圆形，少数开张矢形。叶柄与中脉等长，有紫红色。新梢生长直立。卷须分布不连续，尖端 2 分叉。新梢节间背、腹均黄色。冬芽暗褐色，着色一致。枝条横截面呈椭圆形，表面有条纹，黄色，着生极疏茸毛，无刺。节间中等长，中等粗。两性花。二倍体（见彩图 2-27）。

28 北玺 Beixi

亲本来源 欧山杂种。亲本为'玫瑰香'与'山葡萄'，由中国科学院植物研究所在 2013 年育成。晚熟酿酒品种。

主要特征 果穗圆锥形，平均穗重 137.9g。果粒近圆或椭圆形，紫黑色，平均粒重 2.2g。果实可溶性固形物 23.8%，可滴定酸含量 0.52%。出汁率 67.4%。植株生长势中等。芽眼萌发率 78.2%，枝条成熟度好，结果枝占芽眼总数的 94.4%，平均每一结果枝上的果穗数为 1.9 个。北京地区 4 月上旬萌芽，5 月中旬开花，9 月底浆果成熟。早果、丰产。抗寒性强，在北京不需要埋土防寒可安全越冬。'北玺'酿制的葡萄酒，酒色为深宝石红色，香气清新，有黑醋栗、蓝莓等小浆果气息，以及淡淡的玫瑰香气，酒体丰满、活泼，回味长（见彩图 2-28）。

29 北紫 Beizi

亲本来源 蘡欧杂种。亲本为'蘡薁葡萄'与'玫瑰香'，由中国科学院植物研究所在 2006 年育成。晚熟制汁品种。

主要特征 果穗圆锥形间或带副穗，大，穗长 23.5cm，穗宽 14.0cm，平均穗重 386.6g，最大穗重 808g。果穗大小整齐，果粒着生中等紧密或较紧密。果粒椭圆形，蓝黑或紫黑色，中等大，纵径 1.8cm，横径

1.7cm，平均粒重 2.8g。果粉厚。果皮中等厚。果肉较软，稍有肉囊，汁多，色艳，味酸甜。每果粒含种子 2~4 粒，多为 3 粒。种子与果肉易分离。可溶性固形物含量为 19.6%~21.5%，可滴定酸含量为 0.67%，出汁率为 78.8%。用其制成的葡萄汁，红紫色，澄清，微有清香，酸甜适口，品质中上等，适合大众口味。

植株生长势强。芽眼萌发率为 76.9%。结果枝占芽眼总数的 65.4%。每果枝平均着生果穗数为 2~3 个。正常结果树一般产果 15000~20000kg/hm²（2.5m×2m，篱架）。在北京地区，4 月中旬萌芽，5 月下旬开花，9 月下旬浆果成熟。从开花至浆果成熟需 164 天，此期间活动积温为 3842℃。浆果晚熟。抗寒、抗旱和抗病力均强。

嫩梢黄绿色。幼叶绿色，带暗红色晕，下表面密布灰白色茸毛。成龄叶片大。叶片 3 或 5 裂，上裂刻浅、具窄口、底部圆形，下裂刻不明显。锯齿大而钝，三角形。叶柄洼开张拱形，基部尖底狭小拱形。新梢生长直立。新梢节间背、腹侧均褐色。枝条横截面呈椭圆形，枝条灰褐色。两性花。二倍体（见彩图 2-29）。

30 北香 Beixiang

亲本来源 蘡欧杂种。亲本为'蘡薁葡萄'与'亚历山大'，由中国科学院植物研究所在 2006 年育成。晚熟制汁品种。

主要特征 果穗圆锥形，少数有副穗，平均穗重 194.8g。果穗大小整齐，果粒着生中等。果粒椭圆形，紫黑色，着色一致，成熟一致，平均粒重 2.2g。果粉厚。果皮厚，不易与果肉分离。肉质中等，有肉囊，汁多，味酸甜，可溶性固形物含量 18.6%，可滴定酸含量 0.63%，出汁率为 80.6%。用其制成的葡萄汁颜色红紫，澄清透明，酸甜适度，微有清香，品质上等。每果粒含种子多为 2 粒。

生长势强，结实性强。早果性好。从萌

芽至浆果成熟需 180 天，极晚熟。抗寒、抗旱和抗病、抗虫力均强。含糖量高，制成的葡萄汁酸甜适口，色泽佳，是制汁的优良品种。

嫩梢绿带紫红色，有少数灰白色茸毛，黄绿色，上表面有光泽，下表面被白色茸毛。成龄叶心形，中等大，叶面较光滑，下表面被白色茸毛，3 裂。两性花。二倍体（见彩图 2-30）。

31　新北醇　Xinbeichun

亲本来源　欧山杂种。'北醇'葡萄芽变，由中国科学院植物研究所在 2013 年育成。晚熟酿酒品种。

主要特征　果穗圆锥形。平均穗重 178.7g。果粒近圆或椭圆形，紫黑色，平均粒重 2.3g。与母本'北醇'相比，果实糖分高，含酸量低，可溶性固形物含量为 23.8%，可滴定酸含量为 0.57%，总酸含量仅为'北醇'的 70%。出汁率 66.7%。植株生长势较强。芽眼萌发率 81.77%，枝条成熟度好。结果枝占芽眼总数的 85.63%，平均每一结果枝上的果穗数为 1.9 个。北京地区 4 月上旬萌芽，5 月中旬开花，9 月底浆果成熟。早果、丰产性好。具有与母本'北醇'相近的抗寒性，在北京不需要埋土防寒可安全越冬。'新北醇'酿制的葡萄酒呈鲜亮的宝石红色，香气清新，具清凉、薄荷感，具有荔枝和树莓的香气。入口柔顺，酒体活泼，回味甜感明显，酸度感较低，明显优于'北醇'（见彩图 2-31）。

32　京超　Jingchao

亲本来源　欧美杂种。选自'巨峰'实生苗，中国科学院植物研究所在 1984 年育成。

主要特征　果穗圆锥形，有副穗，大，穗长 18.2cm，穗宽 13.3cm，平均穗重 466.7g，最大穗重 760g。果穗大小整齐，果粒着生中等紧密。果粒椭圆形，紫黑色，大，纵径 2.9cm，横径 2.7cm，平均粒重 13g，最大粒重 20g。果粉厚。果皮厚，韧。果肉较硬，汁多，味酸甜，有草莓香味。每果粒含种子 1~2 粒，多为 2 粒。种子椭圆形，大，褐色，外表有沟痕，种脐不突出，喙短粗。种子与果肉易分离。可溶性固形物含量为 16%~19%，可滴定酸含量为 0.58%。鲜食品质上等。

植株生长势较强。隐芽萌发力中等，副芽萌发力强。芽眼萌发率为 70.39%。结果枝占芽眼总数的 54.4%。每果枝平均着生果穗数为 1.68 个。隐芽萌发的新梢和夏芽副梢结实力均强。早果性好，一年生苗定植后第 2 年可结果，正常结果树产果 22500kg/hm²。在北京地区，4 月上、中旬萌芽，5 月中、下旬开花，8 月下旬浆果成熟。从萌芽至浆果成熟需 129~137 天，此期间活动积温为 2850.2℃。浆果中熟，比'巨峰'早熟 5 天左右。抗寒性、抗旱性和抗涝性均强。抗白腐病、霜霉病、炭疽病力强。抗二星叶蝉能力中等。

嫩梢绿色，带紫红色，茸毛中等密。幼叶黄绿色，带紫红色晕，上表面稍有光泽，下表面有浓密灰白色茸毛。成龄叶片圆形，大或中等大，深绿色；上表面无皱褶，主要叶脉绿色；下表面有黄白色弯曲茸毛，主要叶脉浅绿色。叶片 5 裂，上裂刻浅，基部椭圆形；下裂刻浅，基部矢形或窄缝形。锯齿为基部宽的三角形。叶柄洼开张矢形，基部扁平或尖底椭圆形。叶柄短于中脉，微带紫红色。新梢生长直立。卷须分布不连续，中等长，2 分叉。新梢节间背、腹侧均红褐色。冬芽红褐色，着色一致。枝条横截面呈近圆形或椭圆形，表面有条纹，红褐色，着生极疏茸毛，无刺。节间中等长，中等粗。两性花。四倍体（见彩图 2-32）。

33　京翠　Jingcui

亲本来源　欧亚种。亲本为'京秀'与'香妃'，由中国科学院植物研究所在 2007 年育成。早熟鲜食品种。

主要特征　果穗圆锥形，平均穗重

447.4g。果粒椭圆形，黄绿色，成熟一致，平均粒重7.0g，最大12.0g。果粉薄，皮薄。果肉脆，肉质细腻，汁中等多、味甜，可溶性固形物含量为16.0%~18.2%，可滴定酸含量为0.34%，品质上等。每果粒含种子1~2粒。

生长势中等。早果性好，极丰产，从萌芽至浆果成熟需95~115天。嫩梢黄绿，梢尖开张，密被白色茸毛。幼叶黄绿色，上表面有光泽，下表面茸毛密；成龄叶心脏形，中等大小，上表面无皱褶，下表面被有中等密度的茸毛，叶片5裂，上裂刻深，闭合，基部呈"U"形，下裂刻浅，开张，基部呈"V"形。锯齿两侧凸，叶柄洼开张椭圆形，基部"U"形。冬芽暗褐色，着色一致；枝条黄褐色。两性花（见彩图2-33）。

34 京大晶 Jingdajing

亲本来源 欧亚种。亲本为'葡萄园皇后'与'马纽卡'，由中国科学院植物研究所在1977年育成。晚中熟鲜食无核品种。

主要特征 果穗圆锥形，大，穗长21.5cm，穗宽14.7cm，平均穗重436g，最大穗重850g。果穗大小较整齐，果粒着生中等紧密。果粒椭圆形，红紫色或紫黑色，大，纵径2.1cm，横径1.6cm。平均粒重3.0g，最大粒重5g。果粉厚。果皮薄。果肉脆，汁中等多，味甜，风味极佳。无种子，少有不发育的种子。可溶性固形物含量为15.6%~19.8%，可滴定酸含量为0.59%~0.80%。

植株生长势较强。隐芽萌发力中等。副芽萌发力强。芽眼萌发率为70.2%，枝条成熟度良。结果枝占芽眼总数的32.2%。每果枝平均着生果穗数为1.08个。隐芽萌发的新梢和夏芽副梢结实力均弱。早果性好。正常结果树一般产果15000kg/hm²为好（2.5m×2m，篱架）。在北京地区4月中旬萌芽，5月下旬开花，8月上旬浆果成熟。从萌芽至浆果成熟需117~134天，此期间活动积温为2566.6~3073.1℃。浆果晚中熟。抗寒、抗旱力较强，

易感炭疽病。

嫩梢绿色，梢尖开张，浅紫色。幼叶绿色，带浅紫红色晕，上表面有光泽，下表面无茸毛。成龄叶片心脏形，中等大，绿色，无皱褶，上翘。叶片5裂，上裂刻深，基部椭圆形，下裂刻浅到中等深，基部矢形或成一窄缝。锯齿大而锐，两边凸的三角形。叶柄洼闭合椭圆形或开张矢形，叶柄绿色有红晕。新梢生长直立。卷须分布不连续，长，尖端2分叉。新梢节间背、腹侧均灰褐色。冬芽暗褐色，着色一致。枝条横截面呈椭圆形，表面有条纹，褐色有灰色斑纹，着生极疏茸毛，无刺。节间中等长、中等粗。两性花。二倍体（见彩图2-34）。

35 京丰 Jingfeng

亲本来源 欧亚种。亲本为'葡萄园皇后'与'红无籽露'，由中国科学院植物研究所在1977年育成。晚中熟鲜食品种。

主要特征 果穗长圆锥形，大，穗长21.6~27.2cm，穗宽15.5~17.3cm，平均穗重758.6g，最大穗重1400g。果穗大小整齐，果粒着生极紧。果粒椭圆形或近圆形，红紫色，大，纵径2.5cm，横径2.2cm，平均粒重6.8g，最大粒重10g。果粉中等厚。果皮中等厚，较脆。果肉较脆，汁多，味酸甜，无香味。每果粒含种子1~3粒，多为2粒。种子椭圆形，较大，红褐色，外表有较深沟痕，种脐突出，喙中等长。果肉与种子易分离。可溶性固形物含量为14%~17%，可滴定酸含量为0.84%。鲜食品质上等。

植株生长势较强。隐芽萌发力中等。副芽萌发力强。结果枝占芽眼总数的45.5%。每果枝平均着生果穗数为1.36个。隐芽萌发的新梢和夏芽副梢结实力均弱。早果性较好。正常结果树产果22500kg/hm²（2.5m×1~2m，篱架）。在北京地区，4月下旬萌芽，5月下旬开花，8月下旬浆果成熟。从萌芽至浆果成熟需123~139天，此期间活动积温为2969℃。浆果晚中熟。抗寒性、抗旱性强。较抗霜霉

病、炭疽病。易受蜂、蚁为害。

嫩梢黄绿色，有稀疏茸毛。幼叶黄绿色，带橙红色晕，上表面有光泽，下表面有稀疏茸毛。成龄叶片心脏形，中等大，绿色；上表面光滑无皱褶，平展，主要叶脉绿色；下表面无茸毛。叶片5裂，上裂刻深，基部椭圆形；下裂刻深，基部圆形。锯齿大，钝三角形。新梢生长直立。卷须分布不连续，2分叉。新梢节间背、腹侧均黄褐色。冬芽暗褐色，着色一致。枝条横截面呈近圆形，表面黄褐色，有条纹，着生极疏茸毛。节间中等长，粗。两性花。二倍体（见彩图2-35）。

36 京可晶 Jingkejing

亲本来源 欧亚种。亲本为'法国兰'与'玛纽卡'，由中国科学院植物研究所在1984年育成。早熟鲜食品种。

主要特征 果穗圆锥形，有副穗，较大，穗长21.1cm，穗宽13.37cm，平均穗重385.2g，最大675g。果穗大小整齐，果粒着生紧密。果粒卵圆形或椭圆形，紫黑色，较小，纵径1.8cm，横径1.5cm。平均粒重2.2g，最大粒重4g。果粉厚。果皮薄，脆，无涩味。果肉较脆，汁中等多，味甜，有玫瑰香味。无种子，少有瘪籽。可溶性固形物含量为15.2%～19.0%，可滴定酸含量为0.58%～0.72%，鲜食品质上等。

植株生长势较强。隐芽和副芽萌发力均强。芽眼萌发率为72.2%。结果枝占芽眼总数的54.3%。每果枝平均着生果穗数为1.39个。隐芽萌发的新梢结实力强，夏芽副梢结实力中等。早果性好，一年生苗定植第2年即可结果，正常结果树产果15000～18750kg/hm²。在北京地区，4月中旬萌芽，5月下旬开花，7月中、下旬浆果成熟。从萌芽至浆果成熟需92～103天，此期间活动积温为2158.8℃。浆果极早熟。抗寒性和抗旱性中等。抗霜霉病力中等，抗白腐病和炭疽病力弱。抗二星叶蝉能力中等。

嫩梢黄绿色。梢尖开张，暗红色，有稀疏茸毛。幼叶黄绿色，带紫红色晕，上表面有光泽，下表面茸毛少。成龄叶片多为圆形，少数心脏形，较大，浓绿色，叶缘上翘；上表面无皱褶，主要叶脉绿色；下表面有稀疏茸毛，主要叶脉浅绿色。叶片5裂，上裂刻深，基部矢形或椭圆形；下裂刻浅，基部矢形。锯齿大而锐，三角形。叶柄洼闭合，近无空隙。叶柄短于中脉，紫红色。新梢生长直立。卷须分布不连续，中等长，2分叉。新梢节间浅黄色。冬芽黄褐色，着色一致。枝条横截面呈近圆形，表面黄白色，有条纹，有极疏茸毛。节间中等长，较细。两性花。二倍体（见彩图2-36）。

37 京蜜 Jingmi

亲本来源 欧亚种。亲本为'京秀'与'香妃'，由中国科学院植物研究所在2007年育成。早熟鲜食品种。

主要特征 果穗圆锥形，平均穗重373.7g。果粒着生紧密，果穗大小整齐。果粒扁圆形或近圆形，大部分果粒有3条浅沟，黄绿色，成熟一致，平均粒重7.0g。果粉薄，皮薄。果肉脆，肉质细腻，汁中等多，味甜，玫瑰香味，可溶性固形物含量为17.0%～20.2%，可滴定酸含量为0.31%，品质上等。每果粒含种子多为3粒。

生长势中等。早果性好，丰产。早熟，从萌芽至浆果成熟需95～110天。嫩梢黄绿，梢尖开张，无茸毛。幼叶黄绿色，上表面有光泽，下表面无茸毛；成龄叶心脏形，小，上表面无皱褶，下表面无茸毛；叶片5裂，上裂刻较深，上裂片闭合，基部呈"U"形，下裂刻浅，开张，基部呈"V"形。锯齿两侧凸，叶柄洼开张椭圆形，基部"U"形。叶柄绿色有红晕，叶柄短于中脉。两性花（见彩图2-37）。

38　京香玉　Jingxiangyu

亲本来源　欧亚种。亲本为'京秀'与'香妃',由中国科学院植物研究所在 2007 年选出,2001 年审定。早熟鲜食品种。

主要特征　果穗圆锥形或圆柱形,双歧肩,平均穗重 463.2g。果粒着生中等紧密,果穗大小整齐。果粒椭圆形,黄绿色,平均粒重 8.2g。果粉薄,果皮中等厚。果肉脆,汁中等多,甜酸适口,有玫瑰香味,可溶性固形物含量为 14.5%~15.8%,可滴定酸含量为 0.61%,品质上等。每果粒含种子 1~3 粒,多为 2 粒。

嫩梢黄绿色,梢尖开张,无茸毛。幼叶黄绿色,上表面有光泽,下表面无茸毛;成龄叶心脏形,中等大,上表面无皱褶,下表面无茸毛,叶片 5 裂,上裂刻深,开张,基部呈"U"形,下裂刻较深,开张,基部呈"V"形。两性花。二倍体。生长势中等。早果性好,丰产。早熟,从萌芽至浆果成熟需 110~120 天。抗病性较强。耐储运,浆果不掉粒、不裂果(见彩图 2-38)。

39　京秀　Jingxiu

亲本来源　欧亚种。亲本为'潘诺尼亚'与'60-33'('玫瑰香'×'红无籽露'),由中国科学院植物研究所在 1994 年育成。属极早熟鲜食品种。

主要特征　果穗圆锥形,有副穗,大,穗长 20.2cm,穗宽 12.5cm,平均穗重 512.6g,最大穗重 1250g。果穗大小整齐,果粒着生紧密或极紧密。果粒椭圆形,玫瑰红或鲜紫红色,大,纵径 2.5cm,横径 2.0cm,平均粒重 6.3g,最大粒重 12g。果粉中等厚。果皮中等厚,较脆,无涩味,能食。果肉特脆,果汁中等多,味甜,低酸。每果粒含种子 1~4 粒,多为 1~2 粒。种子椭圆形,中等大,褐色发亮,外表有明显沟痕,种脐突出,喙细长而尖。种子与果肉易分离。可溶性固形物含量为 14.0%~17.6%,可滴定酸含量为 0.39%~

0.47%。鲜食品质上等。

植株生长势中等或较强。隐芽和副芽萌发力均强。芽眼萌发率为 63.8%,枝条成熟度好。结果枝占芽眼总数的 37.5%。每果枝平均着生果穗数为 1.21 个。隐芽萌发的新梢结实力强,夏芽副梢结实力弱。早果性好,产量高,一年生苗定植第 2 年即可结果,正常结果树产果 15000~18750kg/hm²(2.5m×1m,篱架)。在北京地区,4 月中旬萌芽,5 月下旬开花,7 月下旬浆果成熟。从萌芽至浆果成熟需 106~112 天,此期间活动积温为 2209.7℃。浆果极早熟。抗旱和抗寒力较强。叶片抗褐斑病和毛毡病力较强,果穗抗炭疽病和白腐病力较弱。不裂果,不脱粒,无日灼。抗二星叶蝉力较强,易遭蚧虫危害。

嫩梢绿色,有稀疏绵毛。梢尖开张,光滑无茸毛。幼叶绿色,带橙黄色晕,上表面有光泽,下表面茸毛少。成龄叶片近圆形,中等大,绿色,主要叶脉绿色,叶片梢上翘,上表面较光滑无皱褶,下表面无茸毛。叶片 5 裂,上裂刻深,基部椭圆或矢形;下裂刻浅,基部窄缝形或矢形。锯齿大而锐,三角形。叶柄洼开张,矢形或拱形,基部尖底或扁平。叶柄短于中脉,绿色,有紫红晕。新梢生长直立。卷须分布不连续,中等长,2 分叉。新梢节间背、腹侧均呈黄褐色。冬芽暗褐色。枝条横截面呈椭圆形,表面黄褐色,有条纹,着生极疏的茸毛。节间中等长,中等粗。两性花。二倍体(见彩图 2-39)。

40　京亚　Jingya

亲本来源　欧美杂种。'黑奥林'葡萄实生,由中国科学院植物研究所在 1992 年选出,2001 年审定。早熟鲜食品种。

主要特征　果穗圆锥形或圆柱形,有副穗,较大,穗长 18.7cm,穗宽 12cm,平均穗重 478g,最大穗重 1070g。果粒大小较整齐,果粒着生紧密或中等紧密。果粒椭圆形,紫黑色或蓝黑色,大,纵径 2.9cm,横径 2.6cm,

平均粒重 10.8g，最大粒重 20g。果粉厚。果皮中等厚，较韧。果肉硬度中等或较软，汁多，味酸甜，有草莓香味。每果粒含种子 1～3 粒，多为 2 粒。种子中等大，椭圆形，黄褐色，外表有沟痕，种脐不突出，喙较短，种子与果肉易分离。可溶性固形物含量为 13.5%～18.0%，可滴定酸含量为 0.65%～0.9%。鲜食品质上等。

植株生长势中等。隐芽和副芽萌发力均中等。芽眼萌发率为 79.85%。结果枝占芽眼总数的 55.17%。每果枝平均着生果穗数为 1.55 个。隐芽萌发的新梢结实力强，夏芽副梢结实力弱。早果性好，一年生苗定植第 2 年即可结果，正常结果树产果 18750～22500kg/hm² 在北京地区，4 月上旬萌芽，5 月中、下旬开花，8 月上旬浆果成熟。从萌芽至浆果成熟需 114～128 天，此期间活动积温为 2412.2℃。浆果早熟，比'巨峰'早 20 天左右。抗寒性、抗旱性和抗涝性均强。极抗白腐病、炭疽病和黑痘病。对叶蝉有一定抗性。

嫩梢绿色。梢尖开张，紫红色，有稀疏白色茸毛。幼叶绿色，带浅紫红色晕，上表面有光泽，下表面有浅红色茸毛。成龄叶片心脏形或近圆形，中等大，深绿色，主要叶脉绿色，叶缘上翘，上表面无皱褶，下表面密布灰白色茸毛。叶片 3 或 5 裂，上裂刻深，基部椭圆；下裂刻浅，基部楔形或窄缝形。锯齿小而锐，三角形。叶柄洼开张矢形，基部扁平或矢形。叶柄短于中脉，紫红色。新梢较细，生长直立。卷须分布不连续，中等长，2～3 分叉。新梢节间背、腹侧均褐色。冬芽褐色。枝条横截面呈近圆形，表面有条纹，红褐色，有稀疏茸毛。节间中等长，中等粗或较细。两性花。四倍体（见彩图 2-40）。

41 京艳 Jingyan

亲本来源 欧亚种。亲本为'京秀'与'香妃'，由中国科学院植物研究所在 2010 年育成。早熟鲜食品种。

主要特征 果穗圆锥形。平均质量 420g。果粒着生密度中等，椭圆形，玫瑰红或紫红色，果粒质量 6.5～7.8g，最大 10.5g，果皮中等厚，肉脆。种子多为 3 粒。可溶性固形物 15.0%～17.2%，可滴定酸 0.59%，味酸甜，肉质细腻，品质上等。与母本相比，果实着色对光照条件要求低，易着色；果实具有玫瑰香香味，果穗松散，可节省疏花疏果用工。

嫩梢黄绿。梢尖开张，有中等密度白色茸毛。幼叶黄绿色，叶背被白色茸毛。成龄叶心形，较小。叶片五裂，上裂刻较深，闭合，基部呈"U"形；下裂刻浅，开张，基部呈"U"形。叶柄洼半开张。叶片锯齿两侧凸。芽眼萌发率 89.6%，果枝百分率 58.5%，结果系数 0.96，每果枝果穗数 1.67，早果性、丰产性能强，成年树产量宜控制在 2.3kg/m² 左右。在北京地区露地 4 月上旬萌芽，5 月旬开花，8 月上旬果实充分成熟，早熟。果穗、果粒成熟一致。抗病性强。（见彩图 2-41）

42 京焰晶 Jingyanjing

亲本来源 欧亚种。亲本为'京秀'与'京早晶'，由中国科学院植物研究所在 2018 年育成。极早熟无核鲜食品种。

主要特征 果穗圆锥形带副穗，果粒着生密度中等，果穗极长，自然果穗最长 50cm，人工疏穗后平均 26.5cm，宽 12.4cm，果穗平均质量 426g，最大穗重 603g。果实红色，果粒卵圆或鸡心形，果粒平均质量 3g，最大 5.2g。果皮薄，果皮与果肉不易分离，果脐不明显，果肉与果刷难分离，果汁中。种子为胚败育 II 类型，每果粒有 1.2 个残核。果实可溶性固形物含量 16.8%，可滴定酸含量 0.38%。肉厚而脆，味甜。

植株生长势中等。露地栽培萌芽率 66.4%，果枝率 74.5%，每果枝均穗数 1.57 个，结果系数 1.32。副梢结实力中等。早果性好，极丰产。北京露地 4 月初萌芽，5 月 20

日左右开花，6月下旬进入转色期，7月20日左右果实充分成熟。从萌芽至浆果成熟需要98天。果实成熟后可在树上久挂，果肉仍很脆。果穗、果粒成熟一致。

嫩梢黄绿。梢尖开张。幼叶黄绿色。第一花序着生在2~5节，多数在2~3节。成龄叶片心脏形，中等大小，背面主脉有直立茸毛。叶片五裂，上裂刻较深，上裂片闭合，基部呈"U"形；下裂刻浅，开张，基部呈"V"形。叶柄洼半开张。叶片锯齿两侧直。新梢生长较直立。成熟枝条黄褐色。两性花。二倍体。

'京焰晶'为极早熟、无核型葡萄品种，味甜酸低，颜色亮丽，外形美观，促成栽培可实现更早上市。与生产中其他同类品种相比，'京焰晶'成熟期早于'京早晶''红光无核（火焰无核）''无核白鸡心''优无核'等无核品种，不易裂果，成熟后不掉粒，果穗、果粒大于'红光无核''奥迪亚无核'等，且抗病性强，果实成熟后在树上挂果期长，适宜于进行观光采摘（见彩图2-42）。

43　京莹　Jingying

亲本来源　欧亚种。亲本为'京秀'与'香妃'，由中国科学院植物研究所在2018年育成。中熟鲜食品种。

主要特征　果穗圆锥形，果粒着生密度中等，果穗长24cm，宽15cm，果穗平均质量440g。果实绿黄色或绿色。果粒椭圆形，长2.6cm，宽2.3mm。果粒质量8.2g。果粉薄，果皮中，果皮与果肉不易分离，果脐不明显，果肉与种子分离，果肉与果刷难分离，果汁中。成熟时果实可溶性固形物含量15.6%，可滴定酸含量0.5%。肉厚而脆，味酸甜，果实玫瑰香味较浓郁。种子多为3粒，种子小。

植株生长势中等。露地栽培芽眼萌发率71.7%，果枝百分率75.2%，结果系数1.15，每果枝的果穗数为1.55。副梢结实力强。早果性好，极丰产。在北京地区露地4月上旬萌芽，5月下旬开花，8月底果实充分成熟，从萌芽到浆果成熟需129天，中晚熟。果实成熟后可在树上挂到9月底，果肉仍很脆，风味更为浓郁。果穗、果粒成熟一致。

嫩梢黄绿。梢尖开张，有中等密度白色茸毛。幼叶黄绿色，幼叶叶背被白色茸毛。第一花序着生在2~5节。成龄叶片五角形，中等大小。叶片五裂，上裂刻较深，上裂片重叠，基部呈"U"形；下裂刻开张，基部呈"V"形。叶柄洼半开张。叶片锯齿两侧直。新梢生长较直立。成熟枝条黄褐色。两性花。二倍体（见彩图2-43）。

44　京优　Jingyou

亲本来源　欧美杂种。选自'黑奥林'葡萄实生苗，由中国科学院植物研究所在1994年选出，2001年审定。早熟鲜食品种。

主要特征　果穗圆锥形，有副穗，平均穗重543.7g。果粒着生紧密或中等紧密。果粒椭圆或近圆形，红紫色或紫黑色，平均粒重11.0g。果粉中等厚。果皮厚，与果肉易分离。果肉厚而脆，味甜，酸度低，微有草莓香味，可溶性固形物含量为14.0%~19.0%，可滴定酸含量为0.55%~0.73%，鲜食品质上等。每果粒含种子1~4粒。

生长势较强。早果性好。浆果早熟。嫩梢绿色，梢尖开张，带紫红色，有稀疏茸毛。幼叶绿色，带紫红色晕，上表面有光泽，下表面有稀疏茸毛；成龄叶近圆形或心脏形，大，下表面有稀疏黄白色茸毛，叶片5裂，上、下裂刻均深，叶柄绿色，短于中脉。两性花。四倍体（见彩图2-44）。

45　京玉　Jingyu

亲本来源　欧亚种。亲本为'意大利'与'葡萄园皇后'，由中国科学院植物研究所在1992年选出，2001年审定，早熟鲜食品种。

主要特征　果穗圆锥形，有副穗，大，穗长21.1cm，穗宽16.2cm，平均穗重

684.7g，最大穗重 1400g。果穗大小整齐，果粒着生中等紧密。果粒椭圆形，绿黄色，大，纵径 2.6cm，横径 2.1cm。平均粒重 6.5g，最大粒重 16g。果粉中等厚。果皮中等厚，脆，干旱年份稍有涩味。果肉脆，果汁多，味酸甜，无香味。每果粒含种子 1～2 粒，种子少。种子椭圆形，中等大，褐色，外表皮有明显沟痕，种脐突出，喙短。种子与果肉易分离。可溶性固形物含量为 13%～16%，可滴定酸含量为 0.48%～0.55%。鲜食品质上等。

植株生长势中等或较强。隐芽萌发力中等，副芽萌发力强。芽眼萌发率为 62.7%，枝条成熟度好。结果枝占芽眼总数的 30.7%。每果枝平均着生果穗数为 1.18 个。隐芽萌发的新梢结实力弱，夏芽副梢结实力强。早果性好，一年生苗定植第 2 年即可结果，正常结果树产果 22500kg/hm² 左右。在北京地区，4 月中、下旬萌芽，5 月下旬开花，8 月上旬果实成熟。从萌芽至浆果成熟需 97～115 天，此期间活动积温为 2321.3℃。浆果早熟。抗湿性强，抗旱性较差。较抗黑痘病、白腐病和霜霉病，易感炭疽病。抗二星叶蝉能力较强。

嫩梢黄绿，附紫红色。梢尖开张，有稀疏茸毛。幼叶黄绿色，密布紫红色，上表面光滑无茸毛，有光泽，下表面有稀疏茸毛。成龄叶片心脏形，较小或中等大，绿色，薄，上表面光滑无茸毛，主要叶脉绿色；下表面无茸毛，主要叶脉绿色，基部暗紫红色。叶片 5 裂，上裂刻深，基部矢形或椭圆形；下裂刻浅，基部窄缝形。锯齿大而锐，三角形。叶柄洼拱形或矢形，基部尖底矢形。叶柄与叶脉等长。叶柄紫红色。新梢生长较直立。卷须分布不连续，长，2 分叉。新梢节间背、腹侧均褐色。冬芽褐色，着色一致。枝条横截面呈椭圆形，表面有细条纹，暗褐色。节间长度和粗度均中等。两性花。二倍体（见彩图 2-45）。

46　京早晶　Jingzaojing

亲本来源　欧亚种。亲本为'葡萄园皇后'与'无核白'，由中国科学院植物研究所在 1984 年选出，2001 年审定。早熟鲜食无核品种。

主要特征　果穗圆锥形，有副穗，大，穗长 22.1cm，穗宽 14.7cm，平均穗重 427.6g，最大穗重 1250g。果穗大小整齐，果粒着生中等紧密。果粒椭圆形或卵圆形，绿黄色，中等大，纵径 2.0cm，横径 1.5cm。平均粒重 2.5～3g，最大粒重 5g。果粉中等厚或薄。果皮薄，脆，果肉脆，汁多，味酸甜。无种子，少有瘪籽。可溶性固形物含量为 16.4%～20.3%，可滴定酸含量为 0.47%～0.62%。鲜食品质上等。制干、制罐质量上等。

植株生长势强。隐芽萌发力中等，副芽萌发力强。芽眼萌发率为 71.3%。结果枝占芽眼总数的 29.2%。每果枝平均着生果穗数为 1.08 个。隐芽和夏芽萌发的新梢结实力均弱。早果性好，一年生苗定植第 2 年即可结果。正常结果树产果 15000～18700kg/hm²。在北京地区，4 月中旬萌芽，5 月下旬开花，7 月下旬浆果成熟。从萌芽至浆果成熟需 91～111 天，此期间的活动积温为 2418.6℃。浆果早熟。抗寒和抗旱性较强。易感白腐病和霜霉病。

嫩梢黄绿色。梢尖开张，光滑无茸毛。幼叶黄绿色，带浅紫红色晕，上表面有光泽，上、下表面均无茸毛。成龄叶片近圆形或心脏形，中等大或较大，暗绿色；上表面光滑发亮，主要叶脉绿色，基部紫红色；下表面无茸毛，主要叶脉浅绿色。叶片 5 裂，上、下裂刻均深，基部拱形、矢形或椭圆形。锯齿大而锐，三角形。叶柄洼矢形或拱形，基部扁平或尖底矢形。叶柄红褐色，短于中脉。卷须分布不连续，长，2 分叉。新梢节间背、腹侧黄色。冬芽褐色，着色一致。枝条横截面呈近圆形，表面黄色，有条纹。节间长，粗。两性花。二倍体（见彩图 2-46）。

47 京紫晶 Jingzijing

亲本来源 欧亚种。亲本为'葡萄园皇后'ב 马纽卡',由中国科学院植物研究所育成,早熟鲜食品种。

主要特征 果穗圆锥形带副穗,中等大或较大,穗长 20.3cm,穗宽 12.8cm,平均穗重 316.1g,最大穗重 700g。果粒着生紧密或中等紧密,果穗大小整齐。果粒椭圆或卵圆形,红紫色至紫黑色,中等大,纵径 2.2cm,横径 1.6cm。平均粒重 2.6~3.0g,最大粒重 4g。果皮薄,稍有涩味。果粉中等厚。果肉较脆或中等脆,汁中等多,酸甜适口,有玫瑰香味。无种子,有残骸。可溶性固形物含量为 15.2%~19.0%,含酸量为 0.57%~0.80%。品质中上等。着色一致,成熟一致。

植株生长势中等。隐芽萌发力强。副芽萌发力中等。芽眼萌发率为 65.9%。枝条成熟度好。结果枝占芽眼总数的 35%。每果枝平均着生果穗数为 1.21 个。隐芽萌发的新梢和夏芽副梢结实力均弱。早果性好。正常结果树一般产果 15000kg/hm²(2.5m×2m,篱架)。在北京地区,4 月中旬萌芽,5 月下旬开花,8 月上旬浆果成熟。从萌芽至浆果成熟需 103~118 天,此期间活动积温为 2344.2~2591.6℃。浆果早熟。抗寒、抗旱力较强。易感霜霉病和炭疽病。

嫩梢绿色。梢尖开张,暗红色,具稀疏茸毛。幼叶黄绿色,带浅紫红色晕,上表面有光泽,下表面茸毛少。成龄叶片圆形,较小,浓绿色,有皱褶。叶片 5 裂,上裂刻深,基部椭圆或矢形;下裂刻浅,基部矢形。锯齿大而锐,三角形。叶柄短,暗红褐色。新梢生长直立。卷须分布不连续,长,尖端 2 分叉。新梢节间背、腹侧均黄褐色,冬芽褐色,着色一致。新梢上无刺。枝条横截面呈近圆形或椭圆形;枝条表面有细条纹,黄色,着生极疏茸毛,无刺。枝条节间中等长,中等粗。两性花。二倍体(见彩图 2-47)。

48 北馨 Beixin

亲本来源 欧亚种。'山葡萄'与欧亚种品种杂交而来,由中国科学院植物研究所在 2013 年育成。晚熟酿酒葡品种。

主要特征 果穗圆锥形,平均质量 155.5g。果粒近圆形或椭圆形,紫黑色,平均单粒质量 3.62g。果皮厚,果粉厚,果肉与种子不易分离。果汁绿黄色,果实具有极微玫瑰香味,可溶性固形物含量 22.4%,可滴定酸含量 0.64%。出汁率 67.9%。平均每果粒含种子 3.2 粒。酿制的葡萄酒呈鲜亮的宝石红色,香气清新,具有玫瑰香气,入口甜美,酒体平衡,口感协调。

植株生长势较强。早结、丰产及稳产性强,成年树产量宜控制在 1.20kg/m² 左右。在北京地区,4 月上旬萌芽,5 月中旬开花,9 月下旬浆果成熟(见彩图 2-48)。

49 百瑞早 Bairuizao

亲本来源 '无核早红'葡萄植株芽变。由南京农业大学在 2014 年培育而成,极早熟品种。

主要特征 果穗圆锥形,大小整齐,穗长 23cm,穗宽 13cm,平均穗重 1400g,果粒着生紧凑。果粒红色圆形、无核,纵径 2.5cm,横径 2.3cm,平均粒重 9.2g,最大粒重 13g。果粉少、果皮薄、果肉软,可溶性固形物为 14.5%。

植株生长势强,隐芽萌发力中等,芽眼萌发率 95%,成枝率 90%,枝条成熟度高,每果枝平均着生果穗数 1.7 个,隐芽萌发的新梢结实力一般。在江苏徐州地区,一般为 3 月 20~28 日期间萌芽,5 月 13~17 日期间开花,7 月 3 日左右浆果成熟(见彩图 2-49)。

50 钟山红 Zhongshanhong

亲本来源 欧亚种。由南京农业大学从欧亚种'魏可'的实生单株选育而成,晚熟葡萄品种。

主要特征　果穗圆锥形或圆锥形带副穗，果粒椭圆至卵圆形，果顶略有凹陷，果粒着生中等紧密。果粉均厚，可剥皮。果肉肥厚而脆，汁较多，味酸甜，风味浓。可滴定酸含量为 0.44% ~ 0.65%，可溶性固形物含量22% ~ 23%。

植株生长势强，芽眼萌发率为 80% ~ 95%。结果枝占芽眼总数 80% 以上。每果枝平均着生果穗数为 1.8 个。结实力强，丰产。副芽结实力较强，副梢结实力强，二次果能正常成熟。在江苏 4 月上旬萌芽，5 月中旬开花，9 月中旬 ~ 10 月上旬浆果成熟，晚熟可至10 月下旬(见彩图 2-50)。

51　钟山翠　Zhongshancui

亲本来源　欧亚种。由南京农业大学从'翠峰'的实生单株选育而成，晚熟葡萄品种。

主要特征　果穗圆锥形，平均穗重 600 ~ 900g。果粒椭圆形，单重 25.6g，着生紧密。果皮薄而翠，黄绿色，果粉均厚。果肉较硬，味酸甜，可溶性固形物含量 16% ~ 18%。无核，风味佳，鲜食品质上等(见彩图 2-51)。

52　小辣椒　Xiaolajiao

亲本来源　欧亚种。亲本为'美人指'与'大独角兽'，由张家港市神园葡萄科技有限公司在 2013 年育成。中熟品种。

主要特征　果穗圆锥形，平均穗质量450g。果粒弯束腰形，果粒中大，粒重 7 ~ 8g，着生紧凑。果粒鲜红色，果粉薄，果皮中等厚，无涩味，肉脆多汁，可溶性固体形含量为 17.5% ~ 20.0%，纯甜爽口。

植株生长势强，隐芽萌发力中等。芽眼萌发率95%，成枝率90%，枝条成熟度中等。每果枝平均着生果穗数量 1.9 个。隐芽萌发的新梢结实力中等。在江苏张家港地区，3 月 27日至 4 月 3 日萌芽，5 月 13 ~ 20 日开花，8 月20 日浆果开始成熟。该品种果形非常奇特，

成熟后像一个个红色的小辣椒挂成一穗，非常漂亮(见彩图 2-52)。

53　东方玻璃脆　Dongfangbolicui

亲本来源　欧亚种。神园公司在 2018 年杂交培育，天然无核。中熟品种。

主要特征　果穗中等大，果粒大小均匀着生紧密，自然粒重 6 ~ 7g，处理后 12 ~ 15g，无种子，果粒圆形，粉红色，色泽艳丽，果粉较厚，果肉硬脆，有清香味，果皮，不易剥离，可溶性固形物含量 20% ~ 23%，风味甜。在张家港地区 8 月中旬开始成熟。无核皮源，果肉特，汁液多，有香味，色泽鲜艳，耐储运果皮稍有涩味(见彩图 2-53)。

54　东方绿巨人　Dongfanglüjuren

亲本来源　欧亚种。2018 年神园公司杂交培育，天然无核。中晚熟品种。

主要特征　果穗大，穗重 600 ~ 800g，果粒大，着生中等，果粒极大，平均粒重 15g 以上，最大 25g，黄绿色，果肉较脆，可溶性固形物含量 17% ~ 19%。风味清甜。在张家港地区色 8 月中下旬成熟。果粒特大，丰产、耐储运、果实甜、多汁。没有香味，糖度偏低(见彩图 2-54)。

55　园金香　Yuanjinxiang

亲本来源　欧美杂种。亲本为'阳光玫瑰'与'蜜而脆'。2018 年神园公司育成。早熟品种。

主要特征　果穗中大，穗重 500 ~ 650g，果粒大小均匀，着生中等紧密，平均粒重11.8g，无核处理后粒重 12 ~ 15g，最大超过20g。果粒近圆形，黄绿色，有点透明。果粉中厚，果肉较隐，有玫瑰香味，果皮薄，无涩味，可溶性固形物含量 19% ~ 23%。果梗与果粒难分离，不掉粒，不裂果。风味浓郁，品质上乘。在张家港地区，7 月下旬开始成

熟，同比'阳光玫瑰'早 25 天。成熟早，果粒大，无果锈，耐储运，管理简单。果实有种子，需要无核处理（见彩图 2-55）。

56 园红玫 Yuanhongmei

亲本来源 欧亚种。亲本为'圣诞玫瑰'与'贵妃玫瑰'，2018 年神园公司育成。早熟品种。

主要特征 果穗较大，穗重 600~750g，果粒大小均匀，着生中等紧密，平均粒重 11.3g，最大 15g，种子 2~3 粒。果粒卵圆形，鲜红色到亮红色，色泽鲜艳，果粉较厚，果肉硬度中等，有清香味，果皮中厚易剥离，可溶性固形物含量 18%~20%，风味甜。在张家港地区 7 月底开始成熟。果粒大，色泽鲜艳，穗形美观，有清香味。果实有种子（见彩图 2-56）。

57 园绿指 Yuanlüzhi

亲本来源 欧亚种。亲本为'美人指'与'7-7'（'美人指'实生后代），神园公司与南京农业大学合作 2018 年育成。早熟品种。

主要特征 果穗大，穗重 650~850g，果粒大小较均匀，着生中等紧密，平均粒重 7.9g，最大 12g，种子 1~2 粒。果粒长圆形，黄绿色，果粉浅，果肉硬度中等，多汁，无香味，果皮中厚，风味清淡，可溶性固形物含量 17%~19%，品质上等。在张家港地区 7 月底开始成熟。丰产、稳产，外观美，成熟早。糖度偏低，果实没有香味（见彩图 2-57）。

58 园脆香 Yuancuixiang

亲本来源 欧亚种。亲本不详。2016 年神园公司选育。早熟品种。

主要特征 果穗大，穗重 700~1000g 果粒大，圆形，平均果粒重 11.081g，最大粒重超过 13g。果粒大小均匀一致，外形美观；果实深红色，色泽美观，整穗着色均匀一致，果粉厚，皮薄水多，有香味：可溶性固形物含量达 19% 以上，最高达 24%。在张家港地区 7 月下旬成熟。极丰产，抗病抗逆、有香味，皮薄肉，口感极佳。充分成熟后有轻微裂果（见彩图 2-58）。

59 园红指 Yuanhongzhi

亲本来源 欧亚种。亲本为'美人指'与'亚历山大'，由神园公司 2016 年选育。早熟品种。

主要特征 果穗中大，穗重 500~700g。果粒长，长椭圆形，近似手指，平均果粒重 6.2g，最大粒重 9g。果粒大小均匀一致，外形美观；果实红色，色泽美观，整穗着色均匀一致果粉较薄，果皮薄汁多；果肉软，风味甜，品质佳，可溶性固形物含量达 19% 以上，最高达 24%。在张家港地区 7 月下旬成熟。外观奇特，口感细嫩，风味佳。有轻微的日烧现象（见彩图 2-59）。

60 黑美人 Heimeiren

亲本来源 欧亚种。'美人指'实生苗选育，由张家港市神园葡萄科技有限公司在 2013 年育成。中熟品种。

主要特征 果长圆锥形，大小整齐，平均穗重 850g。果粒长椭圆形，蓝黑色，大，平均粒重稳 9.5g，果粒着生紧凑。果粉薄，果皮薄。果肉较软。每果粒含种子 1~3 个。可溶性固形物含量为 16%~17.5%。

植株生长势强，枝条成熟度中等。每果枝平均着生果穗数 1.7 个。隐芽萌发的新梢结实力中等。在张家港地区 8 月中下旬成熟。'黑美人'是为数不多的被国际认可的我国自主选育的优质葡萄品种。该品种目前已在日本开始推广栽培，该品种信息收录于世界知名葡萄育种专家植原宏（日本）的著作中（见彩图 2-60）。

61 藤玉 Tengyu

亲本来源 欧美杂种。亲本为'藤稔'与'紫玉'，由张家港市神园葡萄科技有限公司在2015年育成。中熟品种。

主要特征 果穗圆柱形，无副穗。果粒近圆形，平均粒重15.3g，果粒着生紧密。果色紫红、紫黑色，果粉厚，果皮厚，有涩味。果肉中等脆，汁多，无肉囊，味酸甜，有淡玫瑰香味。可溶性固形物含量17%~20%。

植株生长势强。芽眼萌发率为83.3%，结果枝占芽眼总数的66.7%，每果枝平均着生果穗数1.25个。在张家港地区3月下旬萌芽，5月上旬开花，8月上旬浆果成熟，从萌芽至浆果成熟需120~130天（见彩图2-61）。

62 园巨人 Yuanjuren

亲本来源 欧亚种。亲本为'维多利亚'与'紫地球'。神园公司2015年选育。中熟品种。

主要特征 果穗松散型，大小整齐。穗重700~900g。果粒着生松散，果粒长圆形，果粉较厚，紫黑色，皮极薄。果粒大，均粒重20g左右，最大自然粒重超过25g。可溶性固形物含量15%。无裂果。在张家港地区8月上旬开始成熟（见彩图2-62）。

63 园野香 Yuanyexiang

亲本来源 欧亚种。亲本为'矢富萝莎'与'高千穗'，由张家港市神园葡萄科技有限公司2010年育成。中熟鲜食品种。

主要特征 果穗圆锥形，中等大，大小整齐，平均穗重450g。果粒着生较松。果粒椭圆形，中大，平均粒重6.5g，最大粒重9g，果肉脆硬，有浓郁的玫瑰香味。果粒着生牢固，不裂果，不落粒。可溶性固形物含量为18%~19%。果粉薄，果皮厚，果色鲜红到紫红色。

植株生长势强。隐芽萌发力中等。芽眼萌发率95%，成枝率90%，枝条成熟度中等。

每果枝平均着生果穗数1.9个。隐芽萌发的新梢结实力中等。在张家港地区8月中下旬开始成熟（见彩图2-63）。

64 园意红 Yuanyihong

亲本来源 欧亚种。亲本为'大红球'与'意大利'，由张家港市神园葡萄科技有限公司在2010年育成。中熟鲜食品种。

主要特征 果穗大，分枝形。平均穗重650g。果粒着生较松散，果粒近圆形，鲜红到紫红色，平均粒重8.9g，最大粒重12g，可溶性固形物含量为17%~18%。果粉薄，果皮中，无涩味。果肉脆，果汁浅黄色，味甜。鲜食品质上等。

植株生长势中庸。隐芽萌发力中等。芽眼萌发率90%，成枝率60%，枝条成熟度好。每果枝平均着生果穗数0.7个隐芽萌发的新梢结实力弱。在张家港地区8月中旬开始成熟（见彩图2-64）。

65 园玉 Yuanyu

亲本来源 欧亚种。亲本为'白罗莎'与'高千穗'，由张家港市神园葡萄科技有限公司等在2013年育成。中熟品种。

主要特征 果穗分枝形，穗大。果穗均重650g，最大超过200g，着生紧密果粒短椭圆形，黄绿色，果粉中等，果皮薄，果肉软汁多，味甜，有玫瑰香味，果粒整齐，粒重9~12g，可溶性固形物含量为17%~18%，品质优异，外观光洁亮丽，耐储运。

植株长势中庸，枝条成熟度好。每果枝平均着生果穗数0.7个。在张家港地区8月上中旬开始成熟，比'白罗莎'早15~20天，无核处理还要早1周（见彩图2-65）。

66 早夏香 Zaoxiaxiang

亲本来源 欧美杂种。'夏黑'葡萄芽变。由张家港市神园葡萄科技有限公司2015年7

月育成。属极早熟无核品种。

主要特征 果粒近圆形，自然粒重 3.5g 左右果色紫红偏紫黑色。果皮较厚，果粉厚，无涩味，果皮与果肉易分离。肉质较硬，无籽，浓郁草莓香，味酸甜，汁少。可溶性固形物为 17.7%~22.0%。

植株生长势中庸偏旺。芽眼萌发率 95%，成枝率 98%。每果枝平均着生果穗数 1.5 个。在张家港地区 3 月下旬萌芽，5 月中旬开花，6 月下旬果实成熟，果实生育期 90~95 天，属极早熟无核品种（见彩图 2-66）。

67 园香妃 Yuanxiangfei

亲本来源 欧亚种，'红巴拉多'与'爱神玫瑰'。由张家港市神园葡萄科技有限公司育成。品种权保护申请中。

主要特征 果穗中大，450~600g，中等紧密，果粒卵圆形，红色到暗红色，平均粒重 8.9g，有玫瑰香味，果皮中等厚，果肉脆，果粉薄，可溶性固形物含量 18%~23%（见彩图 2-67）。

68 东方金珠 Dongfangjinzhu

亲本来源 欧美杂种，'阳光玫瑰'实生。由张家港市神园葡萄科技有限公司育成。品种权保护申请中。

主要特征 果穗小，粒重 250~400g，着生中等紧密，果粒大小均匀，平均粒重 2.7g，有浓郁玫瑰香味，果皮薄，果肉脆，果粉中等厚，可溶性固形物含量 18%~23%（见彩图 2-68）。

69 紫金早生 Zijinzaosheng

亲本来源 欧美杂种。由江苏省农业科学院园艺研究所以'金星无核'葡萄的新梢单芽茎段秋水仙素诱变处理后筛选获得的早熟葡萄新品种。2015 年通过鉴定。

主要特征 果穗圆锥形，较整齐，平均穗重 317.4g。果粒圆形或短椭圆形，平均果粒重

5.2g。果皮紫黑色，果粉厚，有光泽。果肉较软，瘪籽。不裂果。果实平均可溶性固形物含量 17.2%。可滴定酸含量 0.66%。多汁，有玫瑰香味。植株生长势中等，结果母枝短梢修剪时，芽眼萌发率 95%~100%，结果枝率 90%~95%，每个结果枝平均着生果穗 1.7 个，产量 1100kg/667m² 左右。在江苏地区 3 月 22 日左右萌芽，5 月 3 日左右开花，6 月 20 日左右浆果转色，7 月 12 日左右果实成熟期，两性花（见彩图 2-69）。

70 紫金早 Zijinzao

亲本来源 欧美杂种。为'京亚'实生后代，由江苏省农业科学院园艺研究所育成。中熟鲜食品种。

主要特征 果穗圆柱形，无副穗，穗重 350.0~500.0g。果粒着生中等紧密。果粒大，倒卵形，平均粒重 9.5~11.0g。果皮紫黑色，中等厚，果粉中等多。果肉黄绿色，肉质较脆多汁，可溶性固形物含量为 12.5%~14.8%，甜酸适口，品质优于'京亚'。种子 1~2 粒。

树势生长健壮。结实性好。丰产性好。新梢黄绿色，茸毛白色稀少。幼叶黄绿色，叶面有光泽，下表面茸毛中等密；成龄叶心脏形；大，3~5 裂，锯齿中等偏锐。两性花。四倍体。从萌芽至果实充分成熟需 110 天左右（见彩图 2-70）。

71 瑞都科美 Ruidukemei

亲本来源 亲本为'意大利'与'Muscat Louis'，由北京市林业果树科学研究院等在 2016 年育成。中熟鲜食品种。

主要特征 果穗圆锥形，有副穗，单或双歧肩，全穗果粒大小较整齐一致。果粒均重 9.0g，果皮黄绿色，中等厚，果粉中，果皮较脆，无或稍有涩味。果肉具有玫瑰香味，香味程度中或浓，果肉质地中或较脆，硬度中等，风味酸甜，可溶性固形物含量

17.20%，可滴定酸含量 0.50%。

该品种树势中庸或稍旺，结果系数 1.74，平均产量 1500kg/667m²。在北京地区，4 月中下旬萌芽，5 月下旬开花，8 月中下旬果实成熟。新梢 8 月上中旬开始成熟。从萌芽至浆果成熟需要 120 天左右（见彩图 2-71）。

72　爱神玫瑰　Aishenmeigui

亲本来源　欧亚种。亲本为'玫瑰香'与'京早晶'，由北京市农林科学院林业果树研究所在 1994 年育成。极早熟鲜食品种。

主要特征　果穗圆锥形，带副穗，平均穗重 220.3g。果粒椭圆形，平均粒重 2.3g，汁中等多，味酸甜，有玫瑰香味，可溶性固形物含量为 17.0%～19.0%，可滴定酸含量为 0.71%。果色红紫色或紫黑色，果皮中等厚，果肉中等脆，鲜食品质上等。

植株生长势较强。隐芽萌发力强。芽眼萌发率为 81.75%，枝条成熟度好。结果枝占芽眼总数的 59.8%。每果枝平均着生果穗数为 1.48 个。隐芽萌发的新梢结实力和夏芽副梢结实力均中等。早果性好。正常结果树一般产果 17088kg/hm²。在北京地区，4 月 13～19 日萌芽，5 月 25～31 日开花，7 月 26～28 日浆果成熟。从萌芽至浆果成熟需 103 天，此期间活动积温为 2219.6℃（见彩图 2-72）。

73　翠玉　Cuiyu

亲本来源　欧亚种。亲本为'玫瑰香'与'京早晶'，由北京市农林科学院林业果树研究所在 1986 年育成。早熟鲜食品种。

主要特征　果穗圆锥形带副穗，平均穗重 633.0g，最大穗重 1350g。果穗大小整齐。果粒近圆形，中等大，平均粒重 3.8g，着生中等紧密，可溶性固形物含量为 14.4%，总糖含量为 12.99%，可滴定酸含量为 0.61%。果粉薄，果色黄绿色，果皮较厚，有涩味。果肉脆，汁中等多，味酸甜，略有玫瑰香味。鲜食品质中上等（见彩图 2-73）。

74　峰后　Fenghou

亲本来源　欧美杂种。'巨峰'的实生后代，由北京市农林科学院林业果树研究所在 1999 年育成。晚熟鲜食品种。

主要特征　果穗圆锥形或圆柱形，带副穗，中等大，平均穗重 418.1g，最大穗重 687g。果粒短椭圆形或倒卵形，平均粒重 12.8g，最大粒重 19.5g，着生中等紧密，可溶性固形物含量为 17.87%，总糖含量为 15.96%，可滴定酸含量为 0.58%。果色紫红色，果粉中等厚，果皮厚，较脆，略有涩味。果肉硬脆，汁中等多，味甜，略有草莓香味。鲜食品质上等。

植株生长势极强。隐芽萌发率弱。芽眼萌发率为 75.38%。成枝率为 90%，枝条成熟度中等。结果枝占芽眼总数的 50.83%。每果枝平均着生果穗数为 1.52 个。隐芽萌发的新梢结实力弱，夏芽副梢结实力中等。早果性中等。在北京地区，4 月 12～23 日萌芽，5 月 18～28 日开花，9 月 7～19 日浆果成熟。从萌芽至浆果成熟需 147 天，此期间活动积温为 3632.3℃（见彩图 2-74）。

75　瑞都脆霞　Ruiducuixia

亲本来源　欧亚种。亲本为'京秀'与'香妃'，由北京市农林科学院林业果树研究所在 2007 年育成。中熟鲜食品种。

主要特征　果穗圆锥形，无副穗和歧肩，平均穗重 408.0g。果粒椭圆形或近圆形，紫红色，色泽一致，平均粒重 6.7g。果粉薄。果皮薄较脆，稍有涩味。果肉脆，硬，酸甜多汁，可溶性固形物含量为 16.0%。树势中庸或稍旺，丰产性强。果实中熟，生长期为 110～120 天（见彩图 2-75）。

76　瑞都红玫　Ruiduhongmei

亲本来源　欧亚种。亲本为'京秀'与'香妃'。由北京市农林科学院林业果树研究所在

2013 年育成。早中熟鲜食品种。

主要特征 果穗圆锥形，有副穗，单岐肩较多，平均单穗重 430.0g；，果粒椭圆形或圆形，平均单粒重 6.6g，最大单粒重 9g；果粒大小较整齐一致，着生密度中或紧。果皮紫红或红紫色，色泽较一致，果皮中等厚，果粉中，果皮较脆，无或稍有涩味；果肉有中等香味程度的玫瑰香味，果肉质地较脆，硬度中，酸甜多汁；可溶性固形物 17.2%；在北京地区一般 4 月中下旬萌芽，5 月下旬开花，8 月中或下旬果实成熟。新梢 8 月中下旬开始成熟。果实生长发育期为 75~80 天，早熟品种（见彩图 2-76）。

77 瑞都红玉 Ruiduhongyu

亲本来源 欧亚种。'瑞都香玉'葡萄的红色芽变。由北京市农林科学院林业果树研究所在 2014 年育成。早中熟鲜食品种。

主要特征 果穗圆锥形，个别有副穗，单或双岐肩平均单穗重 404.71g。果粒长椭圆形或卵圆形，平均单粒重 5.52g，最大单粒重 7g，果粒大小较整齐一致，果粒着生密度松散。果皮紫红或红紫色，色泽较一致。果皮薄至中等厚，果粉中，果皮较脆，无或稍有涩味。果肉具有淡或中等香味程度的玫瑰香味。果肉质地较脆，硬度中等，酸甜多汁，肉无色，可溶性固形物 18.2%。

树势中庸或稍旺，节间中等长度，丰产性强，产量构成要素与对照品种基本相当。多年平均萌芽率 53.16%，结果枝率为 70.30%，结果系数为 1.70。较丰产，在北京地区 4 月中旬萌芽，5 月下旬开花，8 月上中旬果实成熟，早熟品种（见彩图 2-77）。

78 瑞都香玉 Ruiduxiangyu

亲本来源 欧亚种。亲本为'京秀'与'香妃'，由北京市农林科学院林业果树研究所在 2007 年育成。早熟鲜食品种。

主要特征 果穗长圆锥形，有副穗或岐肩，平均单穗重 432g。果粒椭圆形或卵圆形，平均单粒重 6.3g，最大单粒重 8g，可溶性固形物 16.2%，果粒着生较松。果皮薄黄绿色，较脆，稍有涩味。果粉薄，果肉质地较脆，硬度中等，酸甜多汁，有玫瑰香味，香味中等。果梗抗拉力中等，横断面为圆形。在北京地区一般 4 月中旬萌芽，5 月下旬开花，8 月中旬果实成熟。新梢 8 月中旬开始成熟（见彩图 2-78）。

79 瑞都无核怡 Ruiduwuheyi

亲本来源 欧亚种。亲本为'香妃'与'红宝石无核'，由北京市农林科学院林业果树研究所在 2009 年育成。中晚熟鲜食品种。

主要特征 果穗圆锥形，有副穗，单岐肩较多，平均单穗重 459.0g。果粒椭圆形或近圆形，色泽一致，大小较整齐一致，平均单粒重 6.2g。果粉薄。果色红紫色，果皮薄，较脆，无涩味。果肉质地较脆，硬度中，酸甜多汁，肉无色，无香味，可溶性固形物含量为 16.2%。生长期为 110 天左右（见彩图 2-79）。

80 瑞都早红 Ruiduzaohong

亲本来源 欧亚种。亲本为'京秀'与'香妃'，由北京市农林科学院林业果树研究所在 2014 年育成。早熟鲜食品种。

主要特征 果穗圆锥形，基本无副穗，单或双岐肩，穗长 20.24cm，宽 13.02cm，平均单穗重 432.79g，穗梗长 4.69cm，果梗长 1.01cm，果粒着生密度中或紧。果粒椭圆形或卵圆形，长 25.57mm，宽 22.10mm，平均单粒重 6.9g，最大单粒重 13g。果粒大小较整齐一致，果皮紫红或红紫色，色泽较一致。果皮薄至中等厚，果粉中，果皮较脆，无或稍有涩味。果实成熟中后期果肉具有中等香味程度的清香味。果肉质地较脆，硬度中等，酸甜多汁，肉无色。果梗抗拉力中或难等，横断面为圆形。可溶性固形物 16.5%。

树势中庸或稍旺，节间中等长度，丰产性强，多年平均结果枝率可达48.43%，结果系数为1.23，花序结果位置多在新梢的第2~7节间，在北京地区，在合理栽培密度和连年稳产优质栽培条件下，产量控制在1500~2000kg/667m²较为合理。在北京地区一般4月中下旬萌芽，5月下旬开花，7月上中旬果实开始着色，8月上中旬果实成熟。新梢7月底8月初开始成熟。果实生长发育期为70~80天（见彩图2-80）。

81　瑞锋无核　Ruifengwuhe

亲本来源　欧美杂种。'先锋'葡萄芽变，由北京市农林科学院林业果树研究所在2004年育成。中晚熟鲜食品种。

主要特征　果穗圆锥形，自然状态下果穗松，平均穗重200.0~300.0g。果粒近圆形，蓝黑色，平均粒重4.9g。果肉软，可溶性固形物含量为17.9%，可滴定酸含量为0.62%。无核率98.08%。用赤霉素处理后坐果率明显提高，果穗紧，平均穗重753.27g；果粒紫红色，平均粒重11.2g；果粉厚，果皮韧，中等厚，无涩味；果肉较硬，较脆，多汁；风味酸甜，略有草莓香味，可溶性固形物含量为16%~18%，无籽率100%。

树势较强。丰产性强。中晚熟，从萌芽至果实成熟需要大约150天。抗病力强，抗旱、抗寒能力中等，栽培容易。不裂果。嫩梢开张，花青素着色强，茸毛极密。幼叶黄色，厚，花青素着色程度强，上表面无光泽，茸毛极密。成龄叶心脏形，厚，5裂，裂片重叠多，叶缘锯齿双侧直，叶柄洼宽拱形，叶下表面密被毡毛，成叶基本无花青素着色。两性花（见彩图2-81）。

82　香妃　Xiangfei

亲本来源　欧亚种。亲本为'73-7-6'（'玫瑰香'ד 莎巴珍珠'）与'绯红'，由北京市农林科学院林业果树研究所在2000年育成。

早熟鲜食品种。

主要特征　果穗圆锥形带副穗，中等大，穗长15.1cm，穗宽10.8cm，平均穗重322.5g，最大穗重503.4g。果穗大小整齐，果粒着生中等紧密。果粒近圆形，绿黄色或金黄色，大，纵径2.4cm，横径2.4cm，平均粒重7.6g，最大粒重9.7g。果粉中等厚。果皮薄，脆，有涩味。果肉硬脆，汁中等多，味酸甜，有浓郁玫瑰香味。每果粒含种子3~4粒，多为3粒。种子卵圆形，中等大，黄褐色，外表无横沟。种子与果肉易分离。有小青粒。可溶性固形物含量为15.03%，总糖含量为14.25%，可滴定酸含量为0.58%。鲜食品质上等。

植株生长势较强。隐芽萌发力强。芽眼萌发率为75.4%，枝条成熟度良好。结果枝占芽眼总数的65.55%。每果枝平均着生果穗数为1.82个。隐芽萌发的新梢和夏芽副梢结实力均强。早果性好。正常结果树一般产果22200kg/hm²（3m×2m，单壁篱架）。在北京地区，4月17日萌芽，5月27日开花，8月10日浆果成熟。从萌芽至浆果成熟需116天。浆果早熟。抗逆性中等。抗葡萄灰霉病、穗轴褐枯病力较强，抗白腐病、霜霉病、炭疽病、黑痘病和白粉病力中等。常年无大量虫害发生。

嫩梢绿黄色。梢尖半开张，绿黄色，密被茸毛。幼叶橙黄色，上表面有光泽，下表面茸毛密。成龄叶片心脏形，中等大，绿色，叶缘上卷；上表面无皱褶，主要叶脉花青素着色极浅；下表面有中等密丝毛或腺毛，主要叶脉无花青素着色。叶片5裂，上裂刻深，基部"U"形；下裂刻浅，基部"U"形。锯齿双侧凸形。叶柄洼窄拱形，基部"U"形。叶柄与主脉基本等长，绿色。新梢生长半直立，有中等密或稀疏茸毛。卷须分布不连续，中等长，3分叉。新梢节间背侧和腹侧均绿色具红色条纹。冬芽花青素着色中等。枝条横截面呈椭圆形，表面黄褐或暗褐色，有细槽状条纹。节间短，中等粗。两性花。二倍体（见彩图2-82）。

83　艳红　Yanhong

亲本来源　欧亚种。亲本为'玫瑰香'与'京早晶'，由北京市农林科学院林业果树研究所在 1986 年育成。晚中熟鲜食品种。

主要特征　果穗圆锥形带副穗，中等偏大，穗长 18.9cm，穗宽 12.5cm，平均穗重 415.3g，最大穗重 800g。果穗大小整齐，果粒着生中等紧密。果粒椭圆形，紫红色，较大，纵径 2.5cm，横径 1.7cm。平均粒重 5.2g，最大粒重 7.5g。果粉薄。果皮薄，脆。果肉较脆，汁多，味甜。每果粒含种子 1~3 粒，多为 3 粒。种子卵圆形，中等大，暗褐色，外表无横沟。种子与果肉易分离。偶有小青粒。可溶性固形物含量为 15.1%，总糖含量为 13.78%，可滴定酸含量为 0.94%。鲜食品质中上等。

植株生长势中等。隐芽萌发率强。结果枝占芽眼总数的 36.3%~48.3%。每果枝平均着生果穗数为 1.42~1.5 个。隐芽萌发的新梢结实力中等，夏芽副梢结实力强。早果性好。正常结果树一般产果 15000~25000kg/hm²（3.0m×1.5m，单壁篱架）。在北京地区，4 月 16 日萌芽，5 月 27 日开花，9 月 5~9 日浆果成熟。从萌芽至浆果成熟需 143 天，此期间活动积温为 3260.8℃。浆果晚中熟。抗逆性中等。抗灰霉病、穗轴褐枯病力较强，抗白腐病、霜霉病、炭疽病、黑痘病和白粉病力中等。常年无虫害大量发生。

嫩梢绿色。梢尖绿色，有稀疏茸毛。幼叶绿色，带浅褐色晕，上表面有光泽，下表面无茸毛。成龄叶片心脏形，中等大，绿色；上表面无皱褶，主要叶脉花青素着色浅；下表面无茸毛，主要叶脉绿色。叶片 5 裂，上裂刻深，基部"U"形；下裂刻深，基部"U"形。锯齿双侧凸形。叶柄洼闭合椭圆形，基部"U"形。叶柄短，红绿色。新梢生长半直立，无茸毛。卷须分布不连续，短，3 分叉。新梢节间背侧绿色具红条纹，腹侧绿色。冬芽花青素着色深。节间中等长，中等粗。两性花。

二倍体（见彩图 2-83）。

84　早玛瑙　Zaomanao

亲本来源　欧亚种。亲本为'玫瑰香'与'京早晶'，由北京市农林科学院林业果树研究所在 1986 年育成。早熟鲜食品种。

主要特征　果穗圆锥形，较大，穗长 15.6cm，穗宽 10.9cm，平均穗重 388.1g，最大穗重 500g。果穗大小整齐，果粒着生较紧密。果粒椭圆形，紫红色，较大，纵径 2.3cm，横径 1.8cm。平均粒重 4.2g，最大粒重 9g。果粉中等厚。果皮薄，脆。果肉脆，汁多，味酸甜。每果粒含种子 2~4 粒，多为 3 粒。可溶性固形物含量为 16.3%，总糖含量为 15.98%，可滴定酸含量为 0.52%。鲜食品质上等。

植株生长势中等偏弱。隐芽萌发力较强。结果枝占芽眼总数的 45.4%~52.5%。每果枝平均着生果穗数为 1.5~1.7 个。隐芽萌发的新梢和夏芽副梢结实力均强。早果性好。正常结果树一般产果 2930.4kg/hm²（3.0m×1.5m，单壁篱架）。在北京地区，4 月 11~18 日萌芽，5 月 23~29 日开花，8 月 4~6 日浆果成熟。从萌芽至浆果成熟需 113 天左右，此期间活动积温为 2522.2℃左右。浆果早熟。抗寒性较强，抗旱、抗涝和抗高温力中等。抗灰霉病、穗轴褐枯病力较强，抗白腐病、霜霉病、炭疽病、黑痘病、白粉病力中等。常年未见虫害发生。

嫩梢绿色，带浅褐色，无茸毛。幼叶绿色，带浅褐色，上表面有光泽，下表面无茸毛。成龄叶片心脏形，中等大，绿色；上表面无皱褶，主要叶脉花青素着色深；下表面无茸毛，主要叶脉花青素着色弱。叶片 5 裂，上裂刻深，基部"U"形；下裂刻较深，基部"U"形。锯齿双侧直形，较锐。叶柄洼开张椭圆形，基部"U"形。叶柄短，红色。新梢生长半直立。卷须分布不连续，中等长，2 分叉。新梢节间背侧绿色具红色条纹，腹侧绿色。

冬芽花青素着色浅。节间中等长，中等粗。两性花。二倍体（见彩图2-84）。

85　早玫瑰香　Zaomeiguixiang

亲本来源　欧亚种。亲本为'玫瑰香'与'莎巴珍珠'，由北京市农林科学院林业果树研究所在1994年育成。早熟鲜食品种。

主要特征　果穗短圆锥形，中等大，穗长14.9cm，穗宽11.1cm，平均穗重271.7g，最大穗重450g。果穗大小整齐，果粒着生中等紧密。果粒近圆形，玫瑰红色或紫红色，中等大，纵径1.9cm，横径1.8cm，平均粒重3.8g。果粉薄。果皮薄，脆，略有涩味。果肉中等脆，汁中等多，味酸甜，有浓郁玫瑰香味。每果粒含种子1~3粒。种子与果肉易分离。有小青粒。可溶性固形物含量为15.5%，总糖含量为13.92%，可滴定酸含量为0.65%。鲜食品质上等。

植株生长势较强。隐芽萌发率强。结果枝占芽眼总数的56.2%。每果枝平均着生果穗数为1.3个。隐芽萌发的新梢结实力强，夏芽副梢结实力中等。早果性好。正常结果树一般产果26307kg/hm²（3m×1.5m，单壁篱架）。在北京地区，4月12~24日萌芽，5月24~30日开花，8月4~11日浆果成熟。从开花至浆果成熟需114天，此期间活动积温为2543.1℃。浆果早熟。果穗抗白腐病力中等。

嫩梢绿色，带淡红褐色。梢尖有稀疏茸毛。幼叶绿色，带淡红褐色，上表面无光泽，下表面茸毛稀。成龄叶片心脏形，中等大，绿色；上表面无皱褶，无光泽，主要叶脉花青素着色深；下表面有稀疏刺毛，主要叶脉花青素着色浅。叶片3或5裂，上裂刻深，基部"U"形；下裂刻深，基部"U"形。锯齿双侧直形。叶柄洼开张椭圆形，基部"U"形。叶柄中等长，红色。新梢生长半直立。卷须分布不连续，短，2分叉。新梢节间背侧和腹侧红色。冬芽花青素着色深。两性花。二倍体（见彩图2-85）。

86　紫珍珠　Zizhenzhu

亲本来源　欧亚种。亲本为'玫瑰香'与'莎巴珍珠'，由北京市农林科学院林业果树研究所在1986年育成。早熟鲜食品种。

主要特征　果穗圆锥形，中等大或较大，穗长16.95cm，穗宽11.02cm，平均穗重412.5g，最大穗重600g。果穗大小整齐，果粒着生紧密。果粒椭圆形，紫红色，中等大，纵径2.0cm，横径1.8cm，平均粒重4.1g。果粉中等厚。果皮中等厚，脆，略有涩味。果肉中等脆，汁中等多，味酸甜，有玫瑰香味。每果粒含种子2~3粒。种子与果肉易分离。可溶性固形物含量为14.3%，总糖含量为13.68%，可滴定酸含量为0.82%。鲜食品质中上等。

植株生长势强。隐芽萌发率强。结果枝占芽眼总数的44.73%~68.34%。每果枝平均着生果穗数为1.5~1.8个。隐芽萌发的新梢结实力强，夏芽副梢结实力中等。早果性好。正常结果树一般产果36186kg/hm²（3m×1.5m，单壁篱架）。在北京地区，4月11~18日萌芽，5月23~28日开花，8月6~7日浆果成熟。从开花至浆果成熟需114天，此期间活动积温为2545.5℃。浆果早熟。果穗抗白腐病力中等。

嫩梢绿色，带紫红色。梢尖有稀疏茸毛。幼叶绿色，带紫红色晕，上表面无光泽，下表面茸毛稀。成龄叶片心脏形，较大，绿色；上表面有皱褶，主要叶脉花青素着色深；下表面有稀疏丝毛，主要叶脉花青素着色浅。叶片5裂，上裂刻深，基部"U"形；下裂刻较深，基部"U"形。锯齿双侧直形。叶柄洼闭合椭圆形，基部"U"形。叶柄中等长，红绿色。新梢生长半直立，无茸毛。卷须分布不连续，短，3分叉。新梢节间背侧和腹侧均绿色具红色条纹。冬芽花青素着色深。两性花。二倍体（见彩图2-86）。

87 惠良刺葡萄 Huiliangciputao

亲本来源 '刺葡萄'。由福安市经济作物站在 2015 年培育而成,晚熟品种。

主要特征 果穗圆锥形,穗重 50~230g,长度约 15~28cm,每果穗有果实 20~60 粒,最多的可达 100 粒,自然生长果穗紧密度稀。果粒长圆形,纵横径比为 1.1:1,重 2.2~3.5g,整齐,蓝黑色,果粉厚;果肉颜色中,果皮与果肉可分离,具肉囊,肉质软,果肉与种子不易分离,果汁颜色深,多汁味甜,香气淡。种子 2~4 粒,倒卵椭圆形,棕褐色,种脐明显,耐储运。

植株生长势强,萌芽率高,新梢生长量大。在福建地区 2 月下旬至 3 月初开始出现伤流,3 月中旬最重。鳞片松动期 3 月下旬,4 月初发芽,5 月初始花,5 月中旬盛花,花期 8 天左右。生理落果在花后 20 天左右(5 月下旬)。6 月中旬新梢开始成熟,7 月底果实着色,8 月下旬果实完全成熟,果实发育期 130 天左右。成熟果可留树延迟 30 天采收,11 月中下旬落叶,全年生长期 180 天。此品种为晚熟鲜食加工兼用品种(见彩图 2-87)。

88 美红 Meihong

亲本来源 亲本为'红地球'与'6-12',由甘肃省农业科学院在 2016 年育成。中熟品种。

主要特征 果穗圆锥形,穗形整齐、紧凑,果穗长,平均穗质量 716g;果粒长圆形,大小均匀,平均单粒质量 9.1g,着生中等紧密。果皮紫红色,果肉脆、硬,汁液多,酸甜爽口;可溶性固形物含量为 17.9%,总糖为 13.8%,总酸为 0.30%,维生素 C 含量 1.7%。

植株生长势较强,平均萌芽率 88.0%,结果枝率 79.0%,果枝平均果穗数 1.5 个;成熟枝条红褐色;节间平均长度 13.8cm;成花容易,第 1 花序一般着生在第 3~5 节,果实

挂树时间长。早果,丰产,适宜中、短梢修剪。在兰州地区,4 月下旬萌芽,6 月初始花,7 月中旬开始着色,8 月下旬果实成熟,从萌芽到果实成熟为 123 天左右(见彩图 2-88)。

89 醉人香 Zuirenxiang

亲本来源 欧美杂种。亲本为'巨峰'与'卡氏玫瑰',由甘肃省农业科学院果树研究所在 2000 年育成,中熟品种。

主要特征 果穗圆锥形。果粒卵圆形,平均粒重 9.0g,着生中等紧密。果色淡玫瑰红色,果皮中厚,易剥离。果肉软,肉囊黄绿色,多汁,浓甜爽口,可溶性固形物含量 18.0%~23.0%,具有浓郁的玫瑰香、草莓香兼酒香味,品质极佳。从萌芽至成熟需 129 天左右(见彩图 2-89)。

90 水源 1 号 Shuiyuan 1

亲本来源 从野生'毛葡萄'芽变单株中选育的植物,由广西罗城仫佬族自治县水果生产管理局在 2012 年选育而成。晚熟鲜食品种。

主要特征 果穗近圆柱形,平均穗长 13.6cm,宽 8.4cm,果粒着生密度中等,穗中等大,最大穗重 209g,平均穗重 163g。果粒紫黑色,果面无果粉。果粒近圆形,果平均长 1.52cm,宽 1.48cm,平均单粒重 1.81g。果肉白色,果汁极淡粉红色,每粒浆果有种子 1~4 粒,浆果含可溶性固形物为 15.3%。有少量草莓香味。含总糖 11.2g/100g,含总酸 8.56g/kg,含维生素 C10.4mg/100g,含 K126mg/100g。6 月上旬开花,9 月下旬成熟。

树势中等。一年生茎浅绿色,有细茸毛,徒长枝基部常有稀疏淡红色毛。多年生枝黄褐色,徒长枝基部常有软刺。结果母枝茎粗平均 9.5mm;结果枝节间平均长 4.3cm,结果枝茎粗平均 8.1mm。叶心脏形,无缺刻,单叶互生,叶片平展。叶片长平均 13.9cm,宽平均 11.4cm。叶柄长平均 7.8cm。复总状

花序，白色，雌能单性花，雄蕊退化，第 1 花序多着生于结果枝的第 2、3 节上，每穗有花蕾 710~980 朵（见彩图 2-90）。

91　水源 11 号　Shuiyuan 11

亲本来源　从野生'毛葡萄'芽变单株中选育的植物，由广西区水果生产技术指导总站在 2012 年选育而成。晚熟鲜食品种。

主要特征　果穗近长圆柱形，穗长 15.3cm，宽 8.4cm，果粒紫黑色，果面无果粉。果粒近圆形，果平均长 1.76cm，宽 1.71cm，最大单粒重 2.8g，平均单粒重 2.2g。果肉淡白色，果汁极淡粉红色。含总糖 5.31g%，含总酸 1.18%，含维生素 C9.5mg/100g，可溶性固型物 11.5%。百粒种子数 319 粒。在广西，6 月上旬开花，9 月下旬成熟。

在广西地区，树势中等。一年生茎浅绿色，有稀疏淡黄色细茸毛。多年生枝黄褐色，徒长枝基部常有软刺。结果母枝茎粗平均 9.6mm；结果枝节长平均 4.26cm，结果枝茎粗平均 5.9mm。叶心脏形，无缺刻，单叶互生，叶片平展。叶片长平均 10.72cm。叶宽平均 8.19cm。叶柄长平均 7.5cm。复总状花序，白色，单性雌花，雄蕊退化，每穗有花蕾 450~1200 朵，平均 913 朵（见彩图 2-91）。

92　野酿 2 号　Yeniang 2

亲本来源　野生'毛葡萄'变异植株选育。由广西植物组培苗有限公司在 2012 年育成。酿酒品种。

主要特征　果穗圆锥形，平均穗重 182.9g。果粒圆形，平均纵、横径为 1.32cm×1.34cm，粒重 1.55g，果皮黑紫色，有小黑点状果蜡。每果平均有种子 3.6 粒，褐色。果实可溶性固形物含量平均为 11.8%，出汁率 72.8%，总糖（以葡萄糖计）9.73g/100mL，总酸（以酒石酸计）1.49g/100mL、单宁 63.3mg/100mL。较耐寒、抗湿热（见彩图 2-92）。

93　甜峰 1 号　Tianfeng 1

亲本来源　'巨峰'葡萄。由宜州市水果生产管理局在 2011 年育成。属鲜食品种。

主要特征　果粒椭圆形，百粒果重 980g。果肉质地较硬，较爽脆，风味清甜，微具草莓香味。植株生长势中等，幼叶绿色，边缘紫红色，背面密披白色茸毛。成龄叶片中，心脏形，较厚，4~6 裂，4 深 2 浅，平展，叶背，叶面具短茸毛。主侧蔓灰褐色，新梢黄褐色，卷须间隔性，花穗中等大，两性花（见彩图 2-93）。

94　桂葡 2 号　Guipu 2

亲本来源　亲本为'毛葡萄'与'B. Lane Du Bois'，由广西农业科学院在 2012 年育成。酿酒品种。

主要特征　果穗呈圆柱形，平均长为 7.75cm，宽为 5.2cm，平均穗重 93.7g，平均每穗果粒数 44.4 个，果粒着生紧凑，为圆形，大小整齐，直径 1.29~1.49cm，平均单果重 2.57g，果皮刚转色时为浅紫红色，充分成熟时果皮为紫色至紫黑色，有少量果粉，成熟较一致，可溶性固形物含量为 15.6%，出汁率 68.3%，人工栽植可进行两茬果栽培，冬果可溶性固形物含量可达到 18.7%；每果种子数为 2.6 粒，种子与果肉易分离。

嫩梢黄绿色，无茸毛，幼叶表面紫红色带黄绿色，有光泽，背面灰紫色，茸毛较少或无茸毛。叶片为肾形，厚度中等，平展叶梢向上，三裂，裂刻浅，锯齿钝，叶面平滑，有光泽，叶片绿色，叶脉黄绿色，叶背茸毛中等多为毡毛，老熟叶片叶柄黄绿色，长 12.8cm。一年生老熟枝节间颜色为青绿色带些褐色，节间最短为 2cm，最长为 14cm，当年新梢长 8m 左右，卷须 2 叉状分支，以着生 2 节间歇一节者为主（见彩图 2-94）。

95 桂葡 3 号 Guipu 3

亲本来源 欧美杂种。'金香'葡萄芽变，由广西农业科学院在 2014 年育成。中熟鲜食品种。

主要特征 果穗圆锥形，果粒为椭圆形，平均穗重 430.0g，粒重 5.5g，成熟时果皮为黄色。果肉可溶性固形物为 17%～21%。嫩梢黄绿色，有茸毛，1 年生成熟枝条黄褐色。幼叶黄绿色，有茸毛；成叶心脏形，绿色，叶片中等大小，薄而平整，叶片 3 裂或 5 裂，锯齿两侧凸，叶柄洼开张，叶背有茸毛。第 1 花序着生在结果枝的第 2～5 节。第一茬果 4 月上旬开花，6 月中旬成熟，第二茬果 10 月上旬开花，12 月下旬成熟（见彩图 2-95）。

96 瑶下屯 Yaoxiatun

亲本来源 广西地方品种。晚熟鲜食品种。

主要特征 果穗圆锥形间或带小副穗，穗长 27.3cm、宽 175cm，平均穗重 737.6g，最大穗重 2kg。果穗大小整齐。果粒着生较紧密，椭圆形，黄绿色，大，纵径 2.5～3.0cm，横径 2.1～2.4cm，平均粒重 8.3g，最大粒重 11g。果粉中等厚，果皮较薄，脆。果肉脆，汁多，味酸甜。每果粒含种子 2～4 粒，多为 3 粒。种子与果肉易分离。可溶性固形物含量 16.6%～18.2%，总糖含量 13.2%～16.2%，可滴定酸含量 0.31%～0.61%。鲜食品质上等。

树势中等，隐芽萌发力中等，萌发的新梢结实力中等，夏芽副梢结实力强。芽眼萌发率为 86.48%。结果枝占芽眼总数的 67.79%。每果枝平均着生果穗数为 1.42 个。早果性好。正常结果树一般产果 25000kg/hm² 。在广西地区，4 月 15 日萌芽，5 月 28 日开花，9 月 22 日浆果成熟。从萌芽至浆果成熟需 160 天间活动积温为 3586.1℃。浆果晚熟。抗黑痘病力较差，抗虫力中等。梢尖闭合，淡绿色，带紫红色，有极稀疏茸毛。幼叶黄绿色，带浅褐色，上表面有光泽，下表面有稀疏茸毛。成龄叶片心脏形，中等大，绿色，上表面无皱褶，下表面无茸毛。叶片 5 裂，上裂刻深，闭合，基部"U"形；下裂刻浅，开张，基部"V"形。叶片锯齿一侧凸一侧直。叶柄注宽拱形，基部"U"形。新梢生长直立，无茸毛，节间背侧绿色微具红色条纹，腹侧绿色。卷须分布不连续，中等长，3 分叉。冬芽绿色，着色浅。枝浅褐色，节部暗红色。节间中等长，中等粗。两性花，二倍体（见彩图 2-96）。

97 垮龙坡 Kualongpo

亲本来源 广西地方品种。晚熟鲜食兼酿酒品种。

主要特征 果穗圆锥形，多带副穗，大或中等大，穗长 17～29cm，宽 9.5～10cm，平均穗重 373.5g，最大穗重 536.2g。果穗不太整齐。果粒着生疏密不一致，近圆形，黄绿色，纵径 15～20em、横径 20cm，平均粒重 5.4g，最大粒重 65g。果粉厚，果皮厚，易与果肉剥离。果肉柔软有肉囊，汁中等多，味甜，有玫瑰香味。每果粒含种子 1～5 粒，多为 3～4 粒。种子易与果肉分离。可溶性固形物含量 21.2%～23.8%，可滴定酸含量 0.375%～0.803%，出汁率为 70%左右。鲜食品质上等。用其酿制的酒，色鲜艳，酸味和涩味均小，香味清淡，但整体风味较差。

幼叶绿黄色，叶脉间常黄色量。成龄叶片心脏形，中等大或大，厚，坚切，深绿色，上表面有光泽，下表面密生褐色茸毛，基部叶脉上有刺状毛。叶片 3 或 5 裂，上裂刻中等深或浅，下裂刻浅或不明显叶缘呈粉红色，锯齿钝，圆顶形。叶柄洼多闭合重叠，枝条暗常色，有紫红色条纹和不明显黑褐色斑点，附有较厚的灰白色粉，节间短而细。两性花。芽眼萌芽率为 61.9%～67.2%。结果枝占芽眼总数的 31.6%～46.2%。4 月 9～25 日萌芽，5 月 23 日至 6

月 12 日开花 9 月 10~26 日浆果成熟。从萌芽至浆果成熟需 144~16 天，此期间活动积温为 3064.7~3473.7℃（见彩图 2-97）。

98 桂葡 4 号 Guipu 4

亲本来源 欧美杂种。'巨峰'葡萄的粉红色果皮芽变单株。由广西农业科学院在 2014 年育成。早熟鲜食品种。

主要特征 果穗圆锥形，果粒为椭圆形，平均穗重 350.0g，粒重 8.5g，成熟时果皮为粉红色，果粉中等厚。果肉质细，皮薄肉软，汁多，有浓郁的草莓香味，果肉可溶性固形物为 16%~21%，每果粒含种子 1~3 粒，多为 1 粒，大，棕褐色，种子与果肉易分离。4 月上旬开花，6 月上旬至 7 月上旬成熟。嫩梢黄绿色，有茸毛，1 年生成熟枝条黄褐色。幼叶浅绿色，有茸毛；成叶近圆形，绿色，叶片中等大小，叶片 5 裂，裂刻浅，开张，上表面较光滑，下表面有黄白色绵毛，锯齿两侧凸，叶柄洼开张，为宽广拱形。两性花（见彩图 2-98）。

99 桂葡 5 号 Guipu 5

亲本来源 '黑后'的早熟、紫黑色果皮芽变单株。由广西农业科学院在 2014 年育成。中晚熟酿酒品种。

主要特征 果穗圆锥形，果粒为近球形，果粒紧凑，平均穗重 300.0g，粒重 2.8g，成熟时果皮为紫黑色，果皮厚，种子较大，果粉厚，果实出汁率 75.00%。果肉可溶性固形物为 15%~20%。在广西，4 月中旬开花，7 月下中上旬成熟；第二茬 10 月上旬开花。嫩梢黄绿色，有茸毛，1 年生成熟枝条黄褐色。幼叶黄绿色，有茸毛；成叶心脏形，绿色，叶色中等，叶片中等大小，薄而平整，叶片浅 5 裂，锯齿两侧凸，叶柄洼开张，叶背无茸毛。第 1 花序着生在结果枝的第 2~5 节。12 月下旬成熟。（见彩图 2-99）

100 桂葡 6 号 Guipu 6

亲本来源 品种来源于野生葡萄资源，由广西农业科学院在 2015 年育成。中晚熟酿酒品种。

主要特征 果穗圆锥形，果穗中等大且整齐，有副穗，果粒为椭圆形，果粒中等大，成熟时果皮为紫黑色；果肉质细，皮薄肉软，果肉可溶性固形物一茬果为 17%~19%，二茬果为 19%~21%。

嫩梢黄绿色，有茸毛，1 年生成熟枝条黄褐色。幼叶紫红色，叶背有茸毛；成叶心脏形，绿色，叶片中等大小，薄而平整，叶片 3 裂或 5 裂，上裂刻中等深，下裂刻浅，锯齿两侧凸，叶柄洼开张，叶背有茸毛。第 1 花序着生在结果枝的第 2~5 节。一茬果平均穗重 282.3g，粒重 2.4g；二茬果平均穗重 230.3g，粒重 2.2g，果粒大小均匀。第一茬果萌芽期 3 月上至中旬，开花期 4 月上旬，果实成熟期 7 月上、中旬，从萌芽至浆果成熟 120 天左右；第二茬果萌芽期 9 月上旬，开花期 10 月上旬，果实成熟期 12 月下旬，从萌芽至浆果成熟 120 天左右（见彩图 2-100）。

101 桂葡 7 号 Guipu 7

亲本来源 '玫瑰香'葡萄芽变，由广西农业科学院在 2014 年育成。早中熟鲜食品种。

主要特征 果穗为圆锥形，果粒着生中等紧密，果粒形状为椭圆，果皮中厚，玫红色，有果粉，成熟期一致，不裂果，不落粒。果肉脆甜多汁，有浓郁的草莓香味，果肉可溶性固形物一茬果为 18%~20%，二茬果为 20%~22%，每果粒含种子 1.7 粒，种子与果肉易分离，具有浓郁的玫瑰香味。嫩梢黄绿色，有茸毛，1 年生成熟枝条黄褐色。

幼叶浅绿色，有茸毛；成叶近圆形，绿色，叶片中等大小，叶片 5 裂，裂刻浅，开张，上表面较光滑，下表面有黄白色绵毛，锯齿两侧凸，叶柄洼开张，为宽广拱形。两

性花，第 1 花序主要着生在结果枝的第 2~5
节。在正常管理的条件下一茬果粒重 3.0g，
二茬果粒重 2.8g(见彩图 2-101)。

102 凌丰 Lingfeng

亲本来源 亲本为'毛葡萄'与'粉红玫瑰'。由广西农业科学院在 2005 年育成。早熟酿酒品种。

主要特征 果穗长圆锥形，部分果穗有副穗，平均长 15.7cm、宽 11.1cm，穗柄长约 5.8cm，平均穗重为 208g。果粒圆形，平均粒重 1.06g，大小整齐，着生紧凑，果皮刚转色时为浅紫红色，完全成熟时为紫黑色，有少量果粉，果面光滑美观，种子与果肉易分离，果汁紫红色，具有浓厚的'山葡萄'特有的香气，种子中等大小，灰褐色，每果粒有种子 2.1 个。

植株生长势强，当年新梢生长可达 4.65m。卷须三叉状分歧，一般着生两节间隔 1 节，嫩梢黄绿色，幼叶表面带紫红色，茸毛稍稀，叶脉为黄绿色，成年叶心脏形，绿色，五裂，厚度中等，叶面平滑，背面青灰色，茸毛较大，花序大，平均每穗花序 293 朵花，花朵小，柱头粗短，雄蕊直立，高于柱头，花粉量大，为两性花(见彩图 2-102)。

103 凌优 Lingyou

亲本来源 亲本为'毛葡萄'与'白玉霓'。由广西农业科学院在 2005 年育成。早熟酿酒品种。

主要特征 果穗呈长圆锥形，平均穗重 151.5g。平均每穗果粒数 112 个；果粒着生紧凑、圆形，大小整齐，直径 1.21~1.41cm。单果重 1.10~1.66g。可溶性固形物含量 17.0%。成熟时果皮为紫黑色，有少量果粉。果面光滑美观。果实出汁率较高。平均为 71.8%。果汁紫红色。具有浓厚的'山葡萄'特有的香气。总糖含量 11.0g/100mL。总酸含量 0.90g/100mL。

嫩梢黄绿色，茸毛中等。幼叶表面黄绿色。有光泽，背面灰白色。茸毛密生。叶片心脏形，较厚，平展。三裂或五裂，叶面浓绿色有光泽。叶脉黄绿色。秋冬季叶色转黄。叶背茸毛数中等。1 年生枝为褐色，节间最短为 0.8cm。最长 9.5cm。当年新梢长达 5m，卷须三叉状分歧(见彩图 2-103)。

104 牛奶白 Niunaibai

亲本来源 河北省张家口市宣化区地方品种。晚熟鲜食品种。

主要特征 果穗平均长 22.0cm、宽 15.0cm，平均穗重 600g，最大穗重 2000g，圆锥形，无歧肩，有副穗，紧密度中等。果粒平均纵径长 3.0cm、横径 2.0cm，平均粒重 8.3g，长圆形。果粉薄，果皮黄绿色，厚度薄。果肉无颜色，质地脆，汁液少有淡淡的青草味，可溶性固形物含量 20.0%左右。

幼叶黄绿色，叶下表面叶脉间匍匐茸毛极疏，叶脉间直立毛极疏。成龄叶呈心脏形，平均叶长 18.0cm、宽 17.0cm，裂片数为五裂或三裂，上缺刻深。叶柄洼基部"V"形，轻度开张。叶缘锯齿为双侧凸，革质光滑。两性花。全树成熟期一致，成熟时有轻微落果现象，在当地 4 月上旬萌芽，5 月上旬开花，9 月下旬果实成熟，平均产量 1500kg/667m²(见彩图 2-104)。

105 金田红 Jintianhong

亲本来源 欧亚种。亲本为'玫瑰香'与'红地球'，由河北科技师范学院和昌黎金田苗木有限公司合作在 2011 年育成。晚熟鲜食品种。

主要特征 果穗圆锥形，单歧肩，有副穗，平均穗重 799.0g。果粒卵圆形，紫红色，平均粒重 10.1g，果粉中等厚。果皮中等厚、韧，无涩味。果肉脆，有中等玫瑰香味，可溶性固形物含量为 20.0%。

植株生长势中庸。果穗及果粒成熟表现一致，成熟后无落粒现象。从萌芽到浆果成熟需 157 天。新梢半直立，茸毛极疏，节间背侧红

色，腹侧绿带红色。幼叶上表面紫红色，有光泽；成龄叶心脏形，锯齿形状双侧凸，5裂，上裂片重叠多，基部"V"形，下裂片开张，基部"V"形。叶柄中短。两性花（见彩图2-105）。

106 金田蜜 Jintianmi

亲本来源 欧亚种。其母本'9603'是'里扎马特'和'红双味'杂交后代中选育出的中熟品系，父本'9411'由'凤凰51'和'紫珍珠'杂交后代中选育出。由河北科技师范学院和昌黎金田苗木有限公司在2007年合作育成。属极早熟鲜食品种。

主要特征 果穗圆锥形，平均穗重616.0g。果粒近圆形，绿黄色，平均粒重7.8g。果粉中等厚。果皮薄、脆。果肉较脆，有香味，可溶性固形物含量为14.5%，品质上等。每果粒含1~3粒种子。幼叶上表面紫红色，有光泽，茸毛极疏；成龄叶近圆形，叶缘下卷，锯齿双侧直；叶片5裂，上、下裂刻基部均为"U"形。两性花。生长势中庸，萌芽率高。丰产性强。极早熟，从萌芽到浆果成熟需100天左右。果穗及果粒成熟一致，成熟时不落粒（见彩图2-106）。

107 李子香 Lizixiang

亲本来源 欧亚种，东方品种群。原产地和品种来源不详，是我国的一个古老地方品种。在河北省张家口市宣化镇零星栽培历史悠久，当地群众认为其浆果略带李子香味，故称'李子香'。晚熟鲜食品种。

主要特征 果穗歧肩圆锥形，大，穗长18~24.5cm，穗宽14~18.5cm，穗重391~815g，最大穗重1000g。果穗不整齐，果粒着生紧密。果粒椭圆形，紫红色，较大，纵径1.8~2.4cm，横径1.6~2.1cm，平均粒重5.2g。果粉中等厚。果皮薄，透明。果肉稍脆，汁多，味酸甜。每果粒含种子1~4粒，多为1粒。种子与果肉易分离。可溶性固形物含量为16%，可滴定酸含量为0.898%。鲜食

品质中等。

植株生长势强，新梢生长旺盛。芽眼萌发率为61.5%~62.4%。结果枝占芽眼总数的38.8%~42.7%。每果枝平均着生果穗数为1.06~1.19个。产量中等。在河北宣化5月1日萌芽，6月18日开花，9月下旬浆果成熟。在河北昌黎4月13~22日萌芽，5月26日~6月6日开花，9月13~17日浆果成熟。从萌芽至浆果成熟需149~154天，此期间活动积温为3221.2~3434.2℃。在北京4月22日萌芽，5月29日开花，9月12日浆果成熟。从萌芽至浆果成熟需144天。

幼叶黄绿色，叶脉间带紫红色。成龄叶片心脏形，中等大，深绿色，上表面光泽，下表面叶脉分叉处有刺状毛。叶片5裂，上裂刻中等深或深，下裂刻浅，基部尖形。锯齿浅而密，基部宽，圆顶形。叶柄洼大多开张椭圆形，基部圆形。枝条黄褐色，密生黑色小斑点。节间中等长，较粗，节粗大。雌能花（见彩图2-107）。

108 龙眼 Longyan

亲本来源 欧亚种。是我国古老的葡萄品种，栽培历史悠久。在东北、华北、西北等地均有栽培。晚熟鲜食兼酿酒品种。

主要特征 果穗圆锥形，多呈五角形，带副穗和歧肩，平均穗重694.0g。果粒着生中等紧密。果粒近圆形，紫红色，平均粒重6.1g，最大粒重12.0g。果粉厚。果皮中等厚，坚韧。果肉致密，较柔软，白绿色，果汁多，味酸甜，无香味，可溶性固形物含量为20.4%，最高含量达22.0%，可滴定酸含量为0.90%，出汁率为75.0%，品质优良。每果粒含种子2~4粒。

植株生长势强。丰产性好。隐芽和副芽萌发力均强。芽眼萌发率为92.4%。成枝率为85.5%，枝条成熟度良好。结果枝占芽眼总数的49%。每果枝平均着生果穗数为1.27个。隐芽萌发的新梢结实力中等，夏芽副梢

结实力弱。早产性好，直插建园第 3 年可产果 1270kg/666.7m²。丰产性好。正常结果树一般产果 30000kg/hm²。在河北怀来盆地，4 月 20 日萌芽，6 月 5 日开花，10 月 5 日浆果成熟。从萌芽到浆果成熟所需天数为 168 天，此间活动积温为 3600℃。

嫩梢绿色，有稀疏白色茸毛，表面有光泽。上表面有稀疏茸毛，下表面有中等密茸毛；上、下表面均有稀疏茸毛，叶面有光泽；成龄叶肾形，中等大。叶片 3 或 5 裂，上裂刻深，下裂刻浅或较深。两性花。二倍体（见彩图 2-108）。

109　西山场 1 号　Xishanchang 1

亲本来源　河北省秦皇岛市昌黎县地方品种。晚熟鲜食品种。

主要特征　果穗圆柱形间或带副穗，亦有分枝形，中等大或小，穗长 17.5~29.5cm、宽 6.8~9.0cm，平均穗重 218.3g，最大穗重 310g。果穗长，果粒着生疏散，椭圆形，黄绿色，大，纵径 2.1~2.4cm、横径 1.9~2.2cm，平均粒重 5.2g，最大粒重 6.4g。果粉厚，果皮厚，坚韧，易与果肉剥离。果肉软，有肉囊，汁多，味酸甜，浆果充分成熟时有淡青草香味。每果粒含种子 3~5 粒，多为 4 粒。种子大，易与果肉分离，无小青粒。可溶性固形物含量为 17.4%，可滴定酸含量为 0.82%。鲜食品质中等。

嫩梢毛极密，梢尖茸毛着色浅。成熟枝条呈暗褐色，幼叶颜色为黄绿色，叶下表面叶脉间毛疏；叶脉间直立毛密。成龄叶长 10cm、宽 7cm，楔形，叶裂片数为 5 裂，上缺刻中等深，开张。叶缘锯齿双侧四。叶柄洼基部"V"形、开张。每结果枝上平均果穗数 1 个，结果枝占 80%。副梢结实力强，成熟期轻微落粒。单株平均产量 500kg，单株最高 750kg。萌芽始期 4 月中旬，始花期 5 月中旬，果实始熟期 9 月中旬，果实成熟期 9 月下旬（见彩图 2-109）。

110　西山场 2 号　Xishanchang 2

亲本来源　河北省秦皇岛市昌黎县地方品种。晚熟鲜食品种。

主要特征　果穗圆锥形，有的有副穗，小，穗长 15.1cm，宽 9.1cm 平均穗重 252.5g，最大穗重 400g 左右。果穗大小不整齐果粒着生中等紧密或较稀疏，近圆形，红色，中等大纵径 1.9cm、横径 1.9cm，平均粒重 4.8g，最大粒重 5g。果粉中等厚，果皮厚，韧，微涩。果肉软，有肉囊，汁少，黄白色，味甜酸，有草莓香味。每果粒含种子 2~5 粒，多为 3 粒。种子大，与果肉较难分离。可溶性固形物含量为 17%~20%，可滴定酸含量为 0.39%~0.90%，出汁率为 73%。鲜食品质中等。用其所制葡萄汁，酸甜，香味浓郁。

嫩梢茸毛密，梢尖茸毛着色浅，成熟枝条暗褐色。幼叶黄绿色，毛中等密，叶下表面时脉间毛密，叶脉间直立茸毛密。成龄叶长 11cm、宽 15cm，楔形，叶裂片 5 裂；上缺刻深。叶缘锯齿双侧凹，叶柄洼基部"V"形，开张。每结果枝上平均果穗数 1 个，结果枝占 70%。副梢结实力中等，全树成熟期一致。单株平均产量 100kg，最高产量 200g 萌芽始期 4 月中旬，始花期 5 月中旬，果实始熟期 9 月中旬，果实成熟期 9 月下旬（见彩图 2-110）。

111　宝光　Baoguang

亲本来源　由'巨峰'与'早黑宝'杂交而成。由河北省农林科学院昌黎果树研究所在 2013 年培育而成，中熟品种。

主要特征　嫩梢梢尖半开张，茸毛着色中；叶大 5 裂，五角形。成熟枝条光滑，红褐色。果穗大、较紧，平均穗重 716.9g；果粒极大，平均单粒重 13.7g；果实紫黑色，容易着色；果粉较厚；果肉较脆，果皮较薄，果实香味独特，同时具有玫瑰香和草莓香味 2 种香味；风味甜，可溶性固形物含量达 18.0% 以上，可滴定酸含量为 0.47%，固酸比 38.3，品质极佳；结实力强，丰产稳产，3～5年平均产量 2062.7kg/667m²。在着色、肉质、香气、品质、产量等性状上均超过其母本'巨峰'(见彩图 2-111)。

112 超康丰 Chaokangfeng

亲本来源 由'大粒康拜尔'杂交而成。由河北省农林科学院昌黎果树研究所在 1987 年培育而成，早熟品种。

主要特征 果穗圆锥形，大小整齐，穗长 23cm，穗宽 13cm，平均穗重 1400g，果粒着生紧凑。果粒红色圆形、无核，纵径 2.5cm，横径 2.3cm，平均粒重 9.2g，最大粒重 13g。果粉少、果皮薄、果肉软，可溶性固形物为 14.5%。

植株生长势强，隐芽萌发力中等，芽眼萌发率 95%，成枝率 90%，枝条成熟度高，每果枝平均着生果穗数 1.7 个，隐芽萌发的新梢结实力一般。在江苏徐州地区，一般为 3 月 20～28 日期间萌芽，5 月 13～17 日期间开花，7 月 3 日左右浆果成熟。抗逆，此品种为熟酿酒/鲜食品种(见彩图 2-112)。

113 超康美 Chaokangmei

亲本来源 由'大粒康拜尔'杂交而成。由河北省农林科学院昌黎果树研究所在 1987 年培育而成，早熟品种。

主要特征 果穗圆柱形或圆锥形，中等或大，穗长 16～18cm，穗宽 11～14cm，平均穗重 308.8g，最大穗重 691g。果粒着生紧密。果粒近圆形，蓝黑色，极大，纵径 2.4～2.7cm，横径 2.3～2.8cm，平均粒重 9.7g，最大粒重 13.5g。果粉和果皮均厚，皮与果肉较难分离。果肉软，汁多，味甜酸，有浓草莓香味。每果粒含种子 1～4 粒，多为 1 粒。可溶性固形物含量为 14.6%，可滴定酸含量为 0.66%。

植株生长势中等偏强。芽眼萌发率为 71.3%。结果母枝占芽眼总数的 53.7%。每果枝平均着生果穗数为 1.49 个。产量高。在河北昌黎 4 月 11～20 日萌芽，5 月 22～26 日开花，8 月 7～12 日浆果成熟(见彩图 2-113)。

114 超康早 Chaokangzao

亲本来源 由'大粒康拜尔'杂交而成。由河北省农林科学院昌黎果树研究所在 1987 年培育而成，早熟品种。

主要特征 果穗圆锥形，大小整齐，穗长 23cm，穗宽 13cm，平均穗重 1400g，果粒红色圆形、无核，纵径 2.5cm，横径 2.3cm，平均粒重 9.2g，最大粒重 13g。果粉少、果皮薄、果肉软，可溶性固形物为 14.5%。

植株生长势强，隐芽萌发力中等，芽眼萌发率 95%，成枝率 90%，枝条成熟度高，每果枝平均着生果穗数 1.7 个，隐芽萌发的新梢结实力一般。在江苏徐州地区，一般为 3 月 20～28 日期间萌芽，5 月 13～17 日期间开花，7 月 3 日左右浆果成熟(见彩图 2-114)。

115 春光 Chunguang

亲本来源 由'巨峰'与'早黑宝'杂交而成。由河北省农林科学院昌黎果树研究所在 2013 年培育而成，早熟品种。

主要特征 果穗圆锥形，大小整齐，穗长 23cm，穗宽 13cm，平均穗重 1400g，果粒着生紧凑。果粒红色圆形、无核，纵径 2.5cm，横径 2.3cm，平均粒重 9.2g，最大粒重 13g。果粉少、果皮薄、果肉软，可溶性固形物为 14.5%。

植株生长势强，隐芽萌发力中等，芽眼萌发率 95%，成枝率 90%，枝条成熟度高，每果枝平均着生果穗数 1.7 个，隐芽萌发的新梢结实力一般。在江苏徐州地区，一般为 3 月 28 日至 4 月 6 日期间萌芽，5 月 10～17 日期间开花，7 月 3 日左右浆果成熟。抗逆，此品种为早熟酿酒/鲜食品种(见彩图 2-115)。

116　峰光　Fengguang

亲本来源　由'巨峰'与'玫瑰香'杂交而成。由河北省农林科学院昌黎果树研究所在2013年培育而成，中熟品种。

主要特征　果穗圆锥形，大小整齐，穗长23cm，穗宽13cm，平均穗重1400g，果粒着生紧凑。果粒红色圆形、无核，纵径2.5cm，横径2.3cm，平均粒重9.2g，最大粒重13g。果粉少、果皮薄、果肉软，可溶性固形物为14.5%。在江苏徐州地区，一般为3月20~28日期间萌芽，5月13~17日期间开花，7月3日左右浆果成熟。抗逆，此品种为熟酿酒/鲜食品种。植株生长势强，隐芽萌发力中等，芽眼萌发率95%，成枝率90%，枝条成熟度高，每果枝平均着生果穗数1.7个，隐芽萌发的新梢结实力一般（见彩图2-116）。

117　红标无核　Hongbiaowuhe

亲本来源　别名'8612'。由'郑州早红'与'巨峰'杂交而成。由河北省农林科学院昌黎果树研究所在2003年培育而成，早熟品种。

主要特征　果穗中大，圆锥形，平均果穗质量210g。果粒着生中等紧密，近圆形，平均果粒质量4.0g。果皮紫黑色，果粉及果皮中厚，果肉肥厚、较脆。品质优良，酸甜适口，可溶性固形物含量15.4%。在河北昌黎地区4月16~17日萌芽，5月25日左右开花，6月底开始着色，7月25日左右果实成熟。植株生长势强。萌芽率68.8%，结果枝占新梢总数的84.8%，每果枝平均果穗数2.1个，副梢和副芽结实力强（见彩图2-117）。

118　蜜光　Miguang

亲本来源　由'巨峰'与'早黑宝'杂交而成。由河北省农林科学院昌黎果树研究所在2013年培育而成，早熟品种。

主要特征　果穗圆锥形，大小整齐，穗长23cm，穗宽13cm，平均穗重1400g，果粒着生紧凑。果粒红色圆形、无核，纵径2.5cm，横径2.3cm，平均粒重9.2g，最大粒重13g。果粉少、果皮薄、果肉软，可溶性固形物为14.5%。在江苏徐州地区，一般为3月20~28日期间萌芽，5月13~17日期间开花，7月3日左右浆果成熟。抗逆，此品种为早熟酿酒/鲜食品种。植株生长势强，隐芽萌发力中等，芽眼萌发率95%，成枝率90%，枝条成熟度高，每果枝平均着生果穗数1.7个，隐芽萌发的新梢结实力一般（见彩图2-118）。

119　无核8612　Wuhe 8612

亲本来源　由'郑州早红'与'巨峰'杂交而成。河北省农林科学院昌黎果树研究所在1988年培育而成，早熟品种。

主要特征　果穗圆锥形。平均穗重200~300g。果粒着生较紧。果粒椭圆形，紫黑色，平均粒重4g。果粉中等厚。果肉较脆，味甜。可溶性固形物含量为15%。鲜食品质优。在河北省昌黎地区，4月中旬萌芽，5月下旬开花，7月下旬浆果成熟。浆果早熟。抗病性强。此品种为早熟鲜食品种。植株生长势较强。结实力强，每果枝平均着生果穗数为2个（见彩图2-119）。

120　无核早红（8611）
Wuhezaohong（8611）

亲本来源　由'郑州早红'与'巨峰'杂交而成。河北省农林科学院昌黎果树研究所在2000年培育而成，早熟品种。

主要特征　果穗圆锥形，平均穗重190g。果粒近圆形，鲜红色或紫红色，中等大，平均粒重4.5g。果皮和果粉均中等厚。果肉较脆，酸甜适口。可溶性固性物含量为14.5%。在河北省昌黎地区，4月中旬萌芽，5月下旬开花，7月下旬浆果成熟。适应性强，抗旱，耐盐碱。抗病力强，对白腐病、霜霉病、黑痘病的抗性与'巨峰'相似。此品种为早鲜食品种。植株生长势强。结实力强，每果枝平均着生果穗数为 2.23 个。夏芽副梢结实力强，易结 2 次果(见彩图 2-120)。

121　霞光　Xiaguang

亲本来源　由'玫瑰香'与'京亚'杂交而成。河北省农林科学院昌黎果树研究所在 2009 年培育而成，中熟品种。

主要特征　果穗圆锥形，穗重 500.0～800.0g。果粒着生疏松，果穗整齐度高。果粒近圆形，紫黑色，平均粒重 12.5g。果肉较脆，口感甜，具有中等草莓香味，可溶性固形物含量 17.8%。在河北昌黎地区 8 月下旬成熟。此品种为中熟鲜食品种。生长势强；萌芽率高，果枝率为 81.9%；结实力强，结果系数高，每结果枝平均 1.59 穗；副梢结实力极强，易结二次果；果实坐果率高(见彩图 2-121)。

122　月光无核　Yueguangwuhe

亲本来源　由'玫瑰香'与'巨峰'杂交而成。河北省农林科学院昌黎果树研究所在 2009 年培育而成，中熟品种。

主要特征　果穗整齐，平均穗重 500.0～800.0g。果粒近圆形，紫黑色，色泽美观，经膨大素处理后平均单粒重 9.0g。果肉较脆，口感甜至极甜，具有中等草莓香味，可溶性固形物含量为 19.5%。无种子。生长势强，结实力极强，结果系数极高。副梢的结实力强，容易结二次果。丰产。抗逆性强，抗旱性较强。在河北昌黎 8 月下旬成熟，此品种为中熟鲜食品种(见彩图 2-122)。

123　金田 0608　Jintian 0608

亲本来源　由'秋黑'与'牛奶'杂交而成。河北科技师范学院在 2007 年培育而成，早熟品种。

主要特征　果穗圆锥形，大小整齐，穗

长 23cm，穗宽 13cm，平均穗重 1400g，果粒着生紧凑。果粒红色圆形、无核，纵径 2.5cm，横径 2.3cm，平均粒重 9.2g，最大粒重 13g。果粉少、果皮薄、果肉软，可溶性固形物为 14.5%。在江苏徐州地区，一般为 3 月 20～28 日期间萌芽，5 月 13～17 日期间开花，7 月 3 日左右浆果成熟。抗逆，植株生长势强，隐芽萌发力中等，芽眼萌发率 95%，成枝率 90%，枝条成熟度高，每果枝平均着生果穗数 1.7 个，隐芽萌发的新梢结实力一般(见彩图 2-123)。

124　金田翡翠　Jintianfeicui

亲本来源　由'凤凰 51'与'维多利亚'杂交而成。河北科技师范学院在 2010 年培育而成，晚熟品种。

主要特征　果穗圆锥形，双歧肩，有副穗。平均单穗质量 920g，果穗大小为 16.3cm×15.2cm，穗梗长 9.6cm，果穗较紧密。果粒近圆形，平均单粒质量 10.6g，平均大小为 2.7cm×2.4cm，整齐。果皮黄绿色，着色一致，中等厚、脆、果粉薄。果肉白色，肉质脆，多汁，可溶性固形物含量 17.5%，味甜。果汁 pH3.8。全株果穗及果粒成熟一致，不落粒。在冀东地区 4 月 13～16 日开始萌芽，6 月 1～2 日为始花期，9 月上中旬成熟，从萌芽到浆果成熟需 155 天左右。此品种为晚熟鲜食品种。植株生长势中庸，萌芽率高，副芽结实力强(见彩图 2-124)。

125　金田无核　Jintianwuhe

亲本来源　由'牛奶'与'皇家秋天'杂交而成。河北科技师范学院在 2011 年培育而成，极晚熟品种。

主要特征　果穗圆锥形，平均穗重 915.0g。果粒着生紧密。果粒长椭圆形，无核，紫红色，平均粒重 7.4g。果粉中等厚。果皮厚度中等，脆。果肉较脆，有清香味，味酸甜，可溶性固形物含量为 18.0%，品质上等。从萌

芽到浆果成熟需 164~169 天。成熟后无落粒现象。在冀东地区 4 月 16 日至 17 日开始萌芽，6 月 2 日为始花期，9 月 30 日至 10 月 3 日成熟。此品种为极晚熟鲜食品种。生长势较强，萌芽率高，结实力弱（见彩图 2-125）。

126 金田蓝宝石 Jintianlanbaoshi

亲本来源 由'秋黑'与'牛奶'杂交而成。河北科技师范学院在 2010 年培育而成，晚熟品种。

主要特征 果穗圆锥形，大小整齐，穗长 23cm，穗宽 13cm，平均穗重 1400g，果粒着生紧凑。果粒了蓝色圆形、无核，纵径 2.5cm，横径 2.3cm，平均粒重 9.2g，最大粒重 13g。果粉少、果皮薄、果肉软，可溶性固形物为 14.5%。在江苏徐州地区，一般为 3 月 20~28 日期间萌芽，5 月 13~17 日期间开花，7 月 3 日左右浆果成熟。抗逆，此品种为晚熟酿酒/鲜食品种。植株生长势强，隐芽萌发力中等，芽眼萌发率 95%，成枝率 90%，枝条成熟度高，每果枝平均着生果穗数 1.7 个，隐芽萌发的新梢结实力一般（见彩图 2-126）。

127 金田玫瑰 Jintianmeigui

亲本来源 由'玫瑰香'与'红地球'杂交而成。河北科技师范学院在 2007 年培育而成，中早熟品种。

主要特征 果穗圆锥形，中等紧密，平均穗重 608.0g。果粒圆形，紫红到暗紫红色，平均粒重 7.9g。果粉中等厚。果皮中等厚、韧。果肉中等脆，多汁，含糖量高，有浓郁玫瑰香味，可溶性固形物含量为 20.5%，味甜，品质上等。含种子 3~4 粒。在冀东地区，4 月 13~15 日萌芽，5 月 26~31 日开花，8 月 14~22 日成熟，从萌芽到浆果成熟需 124~131 天。此品种为熟/鲜食品种。植株生长势中庸，萌芽率高，副芽萌发力强（见彩图 2-127）。

128 金田美指 Jintianmeizhi

亲本来源 由'牛奶'与'美人指'杂交而成。由河北科技师范学院在 2010 年培育而成，晚熟品种。

主要特征 果穗圆锥形，无歧肩、无副穗，平均穗重 500.0g 左右。果粒长椭圆形，鲜红色，平均粒重 8.6g。果粉中等。果皮厚度中等，脆，无涩味。果肉脆，多汁，有香味，可溶性固形物含量为 20.2%。果梗短，抗拉力强。从萌芽到浆果成熟需 165 天。在冀东地区 4 月 13~16 日开始萌芽，6 月 1~2 日为始花期，9 月下旬至 10 月上旬果实成熟。此品种为晚熟鲜食品种。植株生长势强，隐芽萌发力中等，芽眼萌发率 95%，成枝率 90%，枝条成熟度高，每果枝平均着生果穗数 1.7 个，隐芽萌发的新梢结实力一般（见彩图 2-128）。

129 秦龙大穗 Qinlongdasui

亲本来源 由'里扎马特'杂交而成。河北科技师范学院在 1995 年培育而成，早熟品种。

主要特征 果穗长圆锥形，极大，穗长 30~35cm，穗宽 15~20cm，平均穗重 2500g，最大穗重 7350g。果穗大小较整齐，果粒着生较紧密。果粒长圆形或长圆柱形，玫瑰红色，极大，纵径 3~4cm，横径 1.5~2.0cm，平均粒重 17g，最大粒重 29g。果粉中等厚。果皮薄，较脆，无涩味。果肉硬，脆，汁少，淡绿色，有清香味。每果粒含种子 1~2 粒，或无种子，或软核。种子梨形，有较浅的横沟，种脐凹，喙较长。种子与果肉易分离。可溶性固形物含量为 11%~14%。在河北昌黎地区，4 月上、中旬萌芽，5 月下旬开花，7 月下旬至 8 月上旬浆果成熟。此品种为早熟鲜食品种。植株生长势较强。隐芽萌发力较强，副芽萌发力强。芽眼萌发率为 63.7%。成枝率为 80%，枝条成熟度中等。结果枝占芽眼总数的 33.3%。每果枝平均着生果穗数为 1.3 个。夏芽副梢结实力较弱（见彩图 2-129）。

130 紫脆无核 Zicuiwuhe

亲本来源 由'皇家秋天'与'牛奶'杂交而成。河北省林业技术推广总站在 2010 年培育而成，中熟品种。

主要特征 果穗长圆锥形，紧密度中等，平均穗重 425.6g，最大 1500g；果粒长椭圆形，整齐度一致，平均单粒重 7.5g。经奇宝处理后，果粒大小均匀。果实自然无核；果实自然生长状态下紫黑色，套袋后果粒为紫红色，果穗果粒着色均匀一致，色泽美观；果粉较薄，果皮厚度中等，较脆，与果肉不分离；果肉质地脆，颜色淡青色，淡牛奶香味，极甜；果汁量中等，出汁率 91%，可溶性固形物含量 21%~26.5%，含酸量 3.72‰，鲜食品质极佳。果实附着力较强，不落果。植株生长势强，隐芽萌发力中等，芽眼萌发率 95%，成枝率 90%，枝条成熟度高，每果枝平均着生果穗数 1.7 个，隐芽萌发的新梢结实力一般。在河北省昌黎地区，'紫脆无核' 4 月 15~18 日萌芽，5 月 30 日左右开花，7 月 8~10 日果实开始上色，8 月 15 日左右成熟，从萌芽至成熟需 122 天（见彩图 2-130）。

131 紫甜无核 Zitianwuhe

亲本来源 由'皇家秋天'与'牛奶'杂交而成。河北省林业技术推广总站在 2010 年培育而成，晚熟品种。

主要特征 果穗长圆锥形，紧密度中等，平均单穗质量 500g，果粒长椭圆形，无核，整齐度一致，平均单粒质量 5.6g。经处理后，平均单穗质量 918.9g，最大单穗质量 1200g，平均穗长 21.5cm，果粒大小均匀，平均单粒质量 10g，果实自然无核，自然生长状态下呈紫黑至蓝黑色，套袋果实呈紫红色，果穗、果粒着色均匀一致，色泽美观；果粉较薄，果皮厚度中等，较脆，与果肉不分离；果肉

质地脆，颜色淡青色，淡牛奶香味，风味极甜；果汁含量中等，出汁率 85%，可溶性固形物含量 20%~24%，果实含酸量 3.84‰。果实附着力较强，不落果。在河北省昌黎地区，一般在 4 月 16~18 日萌芽，6 月 1~2 日开花，7 月底果实开始上色，9 月 12 日左右成熟，从萌芽至成熟需 148 天。此品种为晚熟鲜食品种。长势中庸，早果性好，丰产，抗病性和适应性较强，在我国北方栽培可以顺利防寒越冬（见彩图 2-131）。

132 中秋 Zhongqiu

亲本来源 由'巨峰玫瑰'杂交而成。河北农业大学在 2006 年培育而成，晚熟鲜食品种。

主要特征 果穗双歧肩圆锥形，平均穗重 500g，最大穗重 1300g。果粒着生中等紧密，果粒圆形，平均单粒重 12g，最大粒重 16g。果皮中厚，深紫色，果肉较硬，适口性好，具玫瑰香味，可溶性固形物含量 17.2%，余味香甜，风味品质极佳。果刷粗而长，着生极牢固，不落粒，耐储运。在张家口地区果实 9 月底成熟，成熟后可留树保鲜至深秋下霜再摘，不坏果，而且品质更佳。耐旱，耐瘠薄，抗霜霉病、白腐病能力强于'巨峰'（见彩图 2-132）。

133 巨玫 Jumei

亲本来源 由'玫瑰香'与'巨峰'杂交而成。由河北农业大学在 2009 年培育而成，中晚熟品种。

主要特征 果穗中等大，平均穗重 480g 左右，果粒紧密适中；平均粒重 9.0g 左右，最大粒重 14g 以上。可溶性固形物含量 18%，最高达 23%。果实近圆形，深紫色，果皮薄，果霜厚，果肉多汁，皮肉易分离，甜而爽口，玫瑰香味浓郁、绵柔，并微有'巨峰'的清香味，口感好，风味品质极佳。该品种兼具'玫瑰香'与'巨峰'的优点，抗病性近于'巨峰'，适应性优于'玫瑰香'。

植株生长强壮，萌芽率高，葡萄早果性好，坐果能力强，果粒均匀，无裂果。丰产性强，枝条成熟度好，综合抗性强。扦插苗第 2 年见果，第 4 年进入盛果期，盛果期产 2000kg/667m² 左右。葡萄树挂时间长，商品性好。果实成熟期为 9 月中下旬，成熟后可在树上挂 2 个月以上。此品种为中晚熟鲜食品种（见彩图 2-133）。

134　爱博欣 1 号　Aiboxin 1

亲本来源　从‘巨峰’自然杂种实生苗中选育。由河北爱博欣农业有限公司在 2012 年培育而成，极早熟品种。

主要特征　果穗双歧肩圆柱形，平均穗重 850g，最大穗重 2100g。果粒着生紧密，果粒大，粒重 10～12.8g，近圆形，紫黑色，全着色。果皮较厚，果肉较硬，果肉淡绿色，汁多，味酸甜，有浓郁的草莓香味；可溶性固形物含量 17.5%～19%，最高可达 21%。每果粒含种子 1～2 粒，与果肉易分离。在河北保定一般年份 3 月 26～30 日（气温 12～22℃，15cm 地温 9～10℃）出现伤流，4 月 10～15 日伤流停止；4 月 9～13 日（气温 11～31℃，15cm 地温 13～18℃）萌芽；5 月 11～15 日初花，5 月 13～17 日盛花期（气温 13～27℃，15cm 地温 16～21℃），5 月 18～20 日盛花末期；6 月 22 日左右果粒开始着色，7 月上旬果实成熟。萌芽到成熟需 95～100 天此品种为极早熟鲜食品种。植株长势旺盛，枝条生长容易控制（见彩图 2-134）。

135　红乳　Hongru

亲本来源　由‘红指’枝条扦插育成。由河北爱博欣农业有限公司在 2003 年培育而成，晚熟品种。

主要特征　果穗圆锥形，中等大，整齐，单穗质量 500～700g，最大 1100g；果粒肾形，大小均匀，鲜红色，果肉白色，肉脆极甜，可溶性固形物含量 21%～23%，最高达 25%；果实生长期 160 天以上，较‘红指’晚熟 15～20

天，鲜食品质极佳。附着力较强，不裂果，耐储运，抗逆性强。在河北地区 3 月 31 日出现伤流，4 月 14 日停止，比‘红指葡萄’早开始 7 天，结束时间基本一致。4 月 5 日芽膨大、开裂，4 月 11 日进入绒球期，4 月 10 日萌芽，4 月 16 日开绽，萌芽较整齐；5 月 18 日进入初花期，5 月 19～20 日进入盛花期，5 月 26 日为盛花末期；7 月 23 日果粒开始着色，9 月底果实逐渐成熟。此品种为晚熟鲜食品种（见彩图 2-135）。

136　早红珍珠　Zaohongzhenzhu

亲本来源　由‘绯红’杂交而成。冀鲁果业发展合作会社在 2003 年培育而成，极早熟品种。

主要特征　该品种果实紫红色，均匀一致，酸甜可口，含可溶性固形物 16.5%，平均单粒重 10g，平均果穗重 750g，松紧适度，无脱粒裂果现象。该品种在河北廊坊地区 6 月 20 日自然上色，6 月 28 日自然成熟，7 月 10 日左右采摘上市结束（见彩图 2-136）。

137　康百万无核白　Kangbaiwanwuhebai

亲本来源　河南省郑州市巩义市康百万景区地方品种。晚熟鲜食品种。

主要特征　果穗圆锥形，大，穗长 21m、宽 13cm，平均穗重 510g 最大重 700g，大小整齐。果粒着生中等紧密，椭圆形，黄绿色，极大，纵径 3.3cm、横径 2.6cm，平均粒重 1.32g。果粉中等厚，果皮中等厚切，无涩味。果肉较脆，汁多，味甜每果粒含种子 1～4 粒，多为 2 粒。种子中等大，褐色，种脐大且回陷、喙长而粗，与果肉易分离，可溶性固形物含量为 16.4%。鲜食品质中上等。

嫩梢绿色。幼叶黄绿色，叶缘带粉红色，上表面无光泽，下表面密生茸毛。成龄时片心脏形或近圆形，大，绿色，主要叶脉绿色，上表面粗糙，下表面密生状毛。叶片 3 成 5

裂，上裂刻浅成中等深，下裂刻浅或无。叶缘锯齿锐。卷须分布不连续。两性花。结果枝占芽眼总数的43.0%。每果枝平均着生果穗数为1.3个。夏芽副梢结实力强。早果性好。正常结果树产果25000g/hm²。在郑州地区，5月4日萌芽，6月15日开花，10月5日浆果成熟。从萌芽至浆果成熟需155天，此期间活动积温为3020℃。浆果晚熟。抗寒、抗涝和抗病虫性强（见彩图2-137）。

138 仲夏紫 Zhongxiazi

亲本来源 由'红旗特早玫瑰'株变而成。由焦作市农林科学研究院在2008年培育而成，极早熟品种。

主要特征 果穗为圆锥形，个别果穗有歧肩，果粒着生紧密，果穗整齐度较一致。果穗平均单穗重725.0g，最大单穗重1380.0g。果粒近圆形，其纵径1.99～2.63cm，横径1.90～2.49cm，平均单粒重8.8g，最大单粒重13.6g，果粒大小均匀。充分成熟的'仲夏紫'葡萄为紫红色至紫黑色。果粉多。果皮中厚。多数果粒有种子2～3粒，极少数为4粒。果肉淡绿色，肉质稍脆，硬度中等偏小，无肉囊，汁液中多、淡红色，初熟期无明显酸涩味，完熟后玫瑰香味浓郁，风味甜，品质极上等。可溶性固形物含量为16.00%左右，总糖含量14.50%。葡萄成熟后不落粒，不易裂果，极耐粗放采摘、装运和储藏销售。

植株生长势中等，结果枝抽生节位低，一般从第2节开始抽生结果枝，结果枝节间长8.1～12.3cm、粗0.5～1.0cm。平均结果系数为1.5，坐果率高，自然坐果率42.00%～48.00%，副梢结实能力中强。在河南省商丘市，4月上旬萌芽，5月中旬开花，果实膨大期6月下旬，6月下旬葡萄开始着色，7月上旬果实成熟，果实发育期为45～50天，7月中旬新梢开始成熟，11月中旬落叶。此品种为极早熟鲜食品种（见彩图2-138）。

139 峰早 Fengzao

亲本来源 '巨峰'芽变。由河南省濮阳市林业科学院在2014年培育而成，早熟品种。

主要特征 果穗圆锥形，大小整齐，穗长23cm，穗宽13cm，平均穗重1400g，果粒着生紧凑。果粒红色圆形、无核，纵径2.5cm，横径2.3cm，平均粒重9.2g，最大粒重13g。果粉少、果皮薄、果肉软，可溶性固形物为14.5%。植株生长势强，隐芽萌发力中等，芽眼萌发率95%，成枝率90%，枝条成熟度高，每果枝平均着生果穗数1.7个，隐芽萌发的新梢结实力一般。在江苏徐州地区，一般为3月20～28日期间萌芽，5月13～17日期间开花，7月3日左右浆果成熟（见彩图2-139）。

140 洛浦早生 Luopuzaosheng

亲本来源 '京亚'芽变而来。由河南科技大学在2004年培育而成，极早熟品种。

主要特征 果穗圆锥形，大小整齐，穗长23cm，穗宽13cm，平均穗重1400g，果粒着生紧凑。果粒红色圆形、无核，纵径2.5cm，横径2.3cm，平均粒重9.2g，最大粒重13g。果粉少、果皮薄、果肉软，可溶性固形物为14.5%。植株生长势强，隐芽萌发力中等，芽眼萌发率95%，成枝率90%，枝条成熟度高，每果枝平均着生果穗数1.7个，隐芽萌发的新梢结实力一般。在江苏徐州地区，一般为3月24日左右萌芽，5月16日左右开花，7月3日左右浆果成熟（见彩图2-140）。

141 玫瑰红 Meiguihong

亲本来源 亲本为'罗也尔玫瑰'与（'玫瑰香'בπ山葡萄'）由黑龙江省齐齐哈尔市园艺研究所在1993年育成。属抗寒鲜食品种。

主要特征 果穗圆锥形，少数有副穗，平均穗重187.52g。果粒紫红色，近圆形，着生中等紧密，平均粒重3.54g果实风味甜，微有草莓香。可溶性固形物含量 17.67% ~ 21.00%、酸含量 1.13%。品质中上。丰产，5 年生树每平方米产量 2.6 ~ 3.2kg，抗寒力强，在齐齐哈尔市下架埋土 10cm 即可安全越冬。防寒埋土量比同样条件下栽培的'红香水'品种减少 50% ~ 70%。较抗黑痘病和白腐病。生长势强，萌芽率高，结实力强。雌能花(见彩图 2-141)。

142 牡山 1 号 Mushan 1

亲本来源 从'山葡萄'自然实生苗中选出。由黑龙江省农业科学院在 2010 年育成。中熟酿酒制汁品种。

主要特征 果穗圆锥形，有副穗，穗长 17cm、宽 15cm，果粒着生中度紧密。平均穗重 195g，最大穗重 650g。平均粒重 1.13g。果粒黑色，有果粉，果梗短粗。种子 2 ~ 4 粒。果肉绿色，与果皮易分离。可溶性固形物含量 16%。出汁率 60%。加工的葡萄汁、酿制的葡萄酒、葡萄籽提取的'山葡萄'籽油，品质好，效益好。

嫩梢绿色，有稀疏茸毛。萌芽率 90%，成枝力强。自然着果率 35%，结果枝率 95% 以上，每花序平均有花朵 400 ~ 800 朵，第 1 个花序多着生在结果枝的第 1 ~ 2 节。幼叶卵圆形，黄绿色，长 25.6cm、宽 23.1cm，同一株上的叶片有无裂刻和较浅三裂刻；叶柄洼少数闭合，叶柄近柄洼处紫红色，叶片平展。两性花(见彩图 2-142)。

143 凤凰葡萄 Fenghuangputao

亲本来源 湖北省随州市地方品种。晚熟鲜食品种。

主要特征 果穗圆锥形或圆柱形，间或带副穗，中等大，穗长 13.75cm、宽 10.83m，平均穗重 418.1g，最大穗重 687g，果穗大小不太整齐。果粒着生中等紧密，短椭圆形或倒卵形紫红色，大，纵径 3.1cm、横径 2.7cm，平均粒重 12.8g，最大粒重 19.5g。果

粉中等厚，果皮厚，较脆，略有涩味。果肉硬脆，汁中等多，味甜，略有草莓香味。每果粒含种子 1 ~ 3 粒，多为 1 ~ 2 粒。种子长卵形、大，外表无横沟，种脐稍可见，与果肉易分离。有小青粒。可溶性固形物含量为 17.87%，总糖含量为 15.96%，可滴定酸含量为 0.58%。鲜食品质上等。

嫩梢茸毛密，着色浅。成熟枝为红褐色叶黄绿色，茸毛疏，下表面叶脉间匍匐茸毛密，叶脉间直立茸毛疏。成龄叶长 18cm、宽 13cm，心脏形。叶裂片数多于 7 裂，上缺刻深，开张。两性花，四倍体。隐芽萌发率弱，芽眼萌发率为 75.38%，成枝率为 90%，枝成熟度中等。结果枝占芽眼总数的 50.83%，每果枝平均着生果穗数为 1.52 个。隐芽萌发的新梢结实力弱，夏芽副梢结实力中等，早果性中等。在湖北地区，4 月 12 ~ 23 日萌芽，5 月 18 ~ 28 日开花，9 月 7 ~ 19 日浆果成熟。从萌芽至浆果成熟需 147 天，此期间活动积温为 3632.3℃(见彩图 2-143)。

144 关口葡萄 Guankouputao

亲本来源 湖北省恩施土家族地方品种。晚熟鲜食品种。

主要特征 果穗圆柱形，间或带副穗，中等大，穗长 14.70cm、穗宽 11.24cm，平均穗重 432g。果穗大小不太整齐。果粒着生中等紧密，近圆形，黄绿色，中等大，纵径 1.9 ~ 2.1cm、横径 1.8 ~ 2.0cm。平均粒重 6.5g，最大粒重 9.5g。果粉中等厚，果皮厚，较脆。果肉硬脆，汁中等多味甜。每果粒含种子 1 ~ 3 粒，多为 1 ~ 2 粒。鲜食品质上等。

嫩梢茸毛疏，梢尖茸毛着色浅，半开张，成熟枝条呈红褐色。幼时颜色为黄绿色，毛极疏，叶下表面叶脉间毛密，叶脉间直立毛极疏。成龄叶长 13cm，宽 14m，近圆形，叶裂片 5 裂，上缺刻深，开张。叶柄基部"V"形，开叠类型为开张，叶片锯齿双侧凸。隐

芽萌发率弱，新梢结实力弱，夏芽副梢结实力中等。芽眼萌发率为 68.21%，成枝率为 84%，枝条成熟度中等。结果枝占芽眼总数的 55.43%，每果枝平均着生果穗数为 1.5 个。早果性中等。4 月 12~23 日萌芽，5 月 18~28 日开花，9 月 7~19 日浆果成熟。从萌芽至浆果成熟需 145 天。抗涝、抗高温能力较强，抗寒、抗旱、抗盐碱力中等，抗白腐病、霜霉病、黑痘病和白粉病力较强，抗炭疽病、灰霉病和穗轴褐病力中等。常年无特殊虫害（见彩图 2-144）。

145 壶瓶山 1 号 Hupingshan 1

亲本来源 湖南省常德市石门县壶瓶山镇地方品种。晚熟鲜食品种。

主要特征 果穗圆柱形，无歧肩，平均长 16.0cm、宽 5.8cm，穗梗长 7cm。果粒平均纵径长 1.6cm、横径 1.6cm，平均粒重 3.0g，椭圆形。果粉厚，果皮蓝黑色，厚，有肉囊，汁少。果肉无香味，可溶性固形物含量 14.0%左右。

植株生长势强。副梢结实力弱，全树成熟期一致，成熟期落粒中等，无二次结果习性。单株平均产量 50kg，最高 125kg，每 667m² 产量 3000kg。萌芽始期 3 月下旬，始花期 4 月下旬，果实始熟期 7 月下旬，果实成熟期 9 月下旬。

嫩梢茸毛极疏，梢尖茸毛着色浅，成熟枝条黄褐色。幼叶红棕色，叶下表面叶脉间有极疏匍匐茸毛，叶脉间有极疏直立毛。成龄叶长 11.7cm、宽 10.6cm，心脏形，全缘。叶缘锯齿。叶柄洼基部"V"形，树形开张。雌能花（见彩图 2-145）。

146 紫罗兰 Ziluolan

亲本来源 湖南省怀化市地方品种。中熟鲜食品种。

主要特征 果穗圆锥形，无歧肩，平均长 17.0cm、8.0cm，平均穗重 220g，最大穗重 300g，穗梗长 7cm。果粒平均纵径长 1.9cm、横径 1.5cm，平均粒重 2.4g，椭圆形。果粉中等，果皮紫黑色，厚，有肉囊，汁少。果肉无香味可溶性固形物含量 16.0%左右。

植株生长势强。开始结果年龄为 2 年，副梢结实力弱，全树成熟期一致，完全成熟后有中等落果现象，无二次结果习性。单株平均产量 100kg，最高 200kg，每 667m² 产量 2250kg。主要物候期萌芽始期，在怀化地区 3 月下旬，始花期 4 月下旬果实始熟期 7 月下旬，果实成熟期 9 月中旬。

嫩梢无茸毛，梢尖茸毛不着色，成熟枝条为黄褐色。幼时绿色带有黄斑，无茸毛，叶下表面叶脉间无茸毛，叶脉间有极疏直立茸毛，心脏形。叶柄洼基部"V"形，开叠类型为轻度开张。叶缘锯齿呈双侧凸。两性花（见彩图 2-146）。

147 湘酿 1 号 Xiangniang 1

亲本来源 东亚种。秋水仙素诱变处理怀化普通'刺葡萄'种子后筛选，由湖南农业大学在 2011 年育成。属酿酒品种。

主要特征 果穗圆锥形。果皮紫黑色，厚而韧，其上有较厚的白色果粉，平均粒重 4.2g，种子 3 粒左右。可溶性固形物 18%~19%，总糖含量 14%~16%，总酸含量 0.2%~0.4%，每 100g 鲜重维生素 C 含量 14.5~17.0mg。枝及叶柄部位着生皮刺，刺直立或先端稍弯曲，长 2~4mm，卷须分枝。叶心形、宽卵形至卵圆形，顶端短渐尖，有时有不明显的 3 浅裂，基部心形，边缘有具深波状锯齿，除下面叶脉和脉腋有短柔毛外，无毛，叶柄疏生小皮刺（见彩图 2-147）。

148 紫秋 Ziqiu

亲本来源 芷江侗族自治县农业局对湘西'刺葡萄'野生资源进行调查研究的基础上，在 2005 年选育出葡萄新品种'紫秋'刺葡萄。为鲜食与加工兼用型品种，结果早。

主要特征 果穗圆锥形，有副穗，平均重 227.0g。果粒椭圆形，紫黑色，平均粒重 4.5g。果粉厚，果皮厚而韧。果肉绿黄色，有肉囊，多汁，味甜，有香气，可溶性固形物含量为 14.5%，酸 0.34%，出汁率 61%。每果粒含种子 3~4 粒，果肉与种子不易分离。

植株树势强，结实性强。果实发育期 130 天左右。新梢、叶柄及叶脉上密生直立或先端弯曲的刺状物，三年生以上枝蔓皮刺随老皮脱落。嫩梢呈黄绿色。新叶前期为浅紫色，后转绿。成龄叶心脏形，较厚而大，叶缘呈波浪形，叶面有光泽，呈网状皱，叶上、下表面茸毛稀，上表面蜡质层厚，下表面主、侧脉突起。两性花（见彩图 2-148）。

149 左山一 Zuoshanyi

亲本来源 '山葡萄'。1985 年中国农业科学院特产研究所从东北'山葡萄'中选育而成。在山东的高密县、内蒙古赤峰、宁夏银川等地有少量栽培。早熟酿酒品种。

主要特征 果穗圆锥形，有歧肩，平均穗重 78.7g。果粒着生中等紧密。果粒圆形，黑色，平均粒重 0.9g。果粉厚。果皮厚，韧。果肉软，有肉囊，汁多，紫红色，味酸，具'山葡萄'果香。可溶性固形物含量为 13.3%，总糖含量为 11.34%，可滴定酸含量为 3.39%，单宁含量为 0.07%，出汁率为 51.0%。每果粒含种子 2~4 粒，多为 4 粒。

植株生长势极强。抗寒力极强。可作为酿造优质'山葡萄'酒的原料。隐芽萌发力中等。副芽萌发力强。芽眼萌发率为 94.1%，成枝率为 88.12%，枝条成熟好。结果枝占芽眼总数的 94.5%。每果枝平均着生果穗数为 1.78 个。隐芽萌发的新梢结实力弱，夏芽副梢结实力中等。定植第 2 年有 18.7% 的植株开花结果。正常结果树一般产果 11098 ~ 13047kg/hm²（2.5m×1.0m）。在吉林市左家地区，4 月 30 日萌芽，6 月 7 日开花，9 月 10 日

浆果成熟。从开花至浆果成熟需 96 天，此期间的活动积温为 1124.6℃。

嫩梢绿色，梢尖开张，浅绿色，有白色茸毛，无光泽。幼叶黄绿色，上表面有光泽，下表面茸毛较少；成龄叶心脏形，大，有光泽，上表面泡状，下表面有极稀茸毛；叶片近全缘或 5 裂。雌能花。二倍体（见彩图 2-149）。

150 左山二 Zuoshaner

亲本来源 '山葡萄'。1991 年中国农业科学院特产研究所选从当地野生'山葡萄'中选育出的优良单株。在我国东北及内蒙古自治区有少量栽培。早熟酿酒品种。

主要特征 果穗歧肩圆锥形，平均穗重 109.3g，最大穗重 163.0g。果粒圆形，黑色，平均粒重 1.0g，最大粒重 1.3g。果皮厚，韧。果肉软，有肉囊，汁多，深紫红色，味酸，具'山葡萄'果香。每果粒含种子 3~4 粒，种子与果肉不易分离。可溶性固形物含量为 16.0%，总可滴定酸含量为 1.66%，单宁含量为 0.07%，出汁率为 62.0%。

植株生长势强。萌芽至浆果成熟需 125 天左右。隐芽萌发力中等。副芽萌发力强。芽眼萌发率为 87.8%，成枝率为 76.13%，枝条成熟中等。结果枝占芽眼总数的 86.6%。每果枝平均着生果穗数为 2.0 个。隐芽萌发的新梢结实力弱，夏芽副梢结实力中等。

嫩梢黄绿色。梢尖开张，浅黄色，有茸毛，有光泽。幼叶黄绿色，边缘紫红色晕，上表面有光泽，下表面茸毛较少。成龄叶心脏形，大，有光泽，上表面泡状，下表面有少量茸毛。叶片全缘或 5 裂，叶柄长，紫红色。雌能花。二倍体（见彩图 2-150）。

151 北国红 Beiguohong

亲本来源 '左山二''山葡萄'杂交而来。由中国农业科学院特产研究所在 2016 年培育而成，中熟酿酒品种。

主要特征　果穗圆锥形，有副穗，平均穗重 154.9g，果粒着生中等疏松，在气候较好的吉林省集安市麻线乡的生产试验园，穗长 17.8cm，穗宽 11.7cm，平均穗重 178.1g。果粒黑色圆形，每果粒含种子 2~4 粒，暗褐色，可见种脐，纵径 cm，横径 cm，平均粒重 1.25g。果粉厚，果皮较厚，果肉绿色，无肉囊，可溶性固形物为 16.20%~19.80%。

植株生长强健，树势中庸。成龄树萌芽率 92.5%，开花前套袋自花授粉坐果率 26.8%，生产建园自然授粉坐果率平均为 37.4%、结果枝率 100%。在吉林地区，一般为 4 月下旬至五月上旬期间萌芽，6 月上旬开花，9 月中旬左右浆果成熟（见彩图 2-151）。

152　北国蓝　Beiguolan

亲本来源　'左山一''双庆'杂交而来。由中国农业科学院特产研究所在 2015 年培育而成，中熟酿酒品种。

主要特征　果穗圆锥形，平均穗质量 141.2g，果粒着生中等疏松。果粒圆形，平均单粒质量 1.43g，果皮蓝黑色，有个别小青粒，果粉厚。果皮中厚。每果粒含种子 2~4 粒，可见种脐。果肉绿色，无肉囊，果实可溶性固形物含量 15.90%~21.10%，可滴定酸含量 1.83%~2.63%，总酚含量 1.31%~1.68%，单宁含量 0.21%~0.39%，出汁率 57.20%。

植株生长健壮，隐芽萌发力中等，芽眼萌发率 95%，成枝率 90%，枝条成熟度高，每果枝平均着生果穗数 1.7 个，隐芽萌发的新梢结实力一般。在吉林市左家地区 5 月上旬萌芽，萌芽率 93.2%，6 月上旬开花，自然坐果率 35.4%，结果系数 2.19，9 月中旬果实充分成熟（见彩图 2-152）。

153　北冰红　Beibinghong

亲本来源　'左优红''86-24-53'杂交而来。由中国农业科学院特产研究所在 2008 年

培育而成，中熟酿酒品种。

主要特征　果穗为长圆锥形，大部分有副穗，果穗长宽平均为 18.2cm×11.7cm~24.6cm×10.6cm，果穗紧，略有小青粒，最大单穗重 1328.2g，平均穗重 145.2~215.2g。果粒蓝黑色圆形，果粒平均重 1.30~1.56g，果粒 1.30g。果皮较厚，韧性强。果肉绿色，无肉囊，可溶性固形物含量为 18.9%~25.8%，总酸 1.32%~1.48%，出汁率 67.1%。每果粒含种子 2~4 粒。植株生长势强，从萌芽至浆果成熟需 138~140 天。在吉林市地区 5 月上旬萌芽，6 月中旬开花，9 月下旬果实成熟。抗寒力近似贝达葡萄，抗霜霉病（见彩图 2-153）。

154　双丰　Shuangfeng

亲本来源　'山葡萄'。由'通化 1 号''双庆'杂交而来。由中国农业科学院特产研究所在 1995 年培育而成，早熟酿酒品种。

主要特征　果穗双歧肩圆锥形，中等大，穗长 14.8cm，穗宽 9.1cm，平均穗重 117.9g，最大穗重 253.9g。果穗大小整齐，果粒着生紧密。果粒黑色圆形，纵径 1.1cm，横径 1.1cm，平均粒重 0.8g，最大粒重 1.2g。每果粒含种子 3~4 粒，多为 3 粒。种子梨形，小，深褐色，外表无横沟，种脐不突出，喙短。种子与果肉不易分离。果粉厚，果皮薄、韧，果肉软，有肉囊，汁多，深紫红色，味酸，具'山葡萄'果香。可溶性固形物含量为 14.3%，总糖含量为 11.3%，可滴定酸含量为 2.03%，单宁含量为 0.05%，出汁率为 57.0%。

植株生长势中等。隐芽和副芽萌发力均强。芽眼萌发率为 90.98%，成枝率为 70.21%，枝条成熟差。结果枝占芽眼总数的 88.51%。每果枝平均着生果穗数为 1.85 个。从萌芽至浆果成熟约 130 天。在吉林市左家地区，4 月 28 日萌芽，6 月 6 日开花，9 月 9 日浆果充分成熟。抗寒性极强，抗旱性强，抗盐碱能力中等，抗涝性弱（见彩图 2-154）。

155 双红 Shuanghong

亲本来源 '通化3号''双庆'杂交而来。由中国农业科学院特产研究所和通化葡萄酒公司在1998年培育而成,早熟酿酒品种。

主要特征 果穗单歧肩圆锥形,中等大,穗长16.1cm,穗宽9.3cm,平均穗重127.0g。果穗大小整齐,果粒着生中等紧密。果粒蓝黑色圆形,平均粒重0.8g。每果粒含种子2~4粒,多为2粒。种子梨形,小,深褐色,外表无横沟,种脐不突出,喙短。种子与果肉不易分离。果粉厚,果皮薄、韧,果肉软,有肉囊,汁多,深紫红色,味酸,具'山葡萄'果香。可溶性固形物含量为15.6%,可滴定酸含量为1.96%,单宁含量为0.06%,出汁率为55.7%。

植株生长势强,隐芽和副芽萌发力均强。芽眼萌发率为91.21%,成枝率为89.81%,枝条成熟好。结果枝占芽眼总数的89.56%。每果枝平均着生果穗数为2.05个。在吉林市左家地区,4月30日萌芽,6月6日开花,9月10日浆果成熟。从萌芽至浆果成熟127~138天。抗旱性极强,抗高温性强,抗盐碱能力中等,抗涝性弱。用其酿造的甜红'山葡萄'酒,深宝石红色,清亮,果香、酒香明显,协调舒顺,浓郁爽口,余香绵长,'山葡萄'典型性强(见彩图2-155)。

156 双庆 Shuangqing

亲本来源 来源于在吉林省蛟河市天北公乡发现的一株野生'山葡萄'两性花单株。由中国农业科学院特产研究所和吉林省吉林市长白'山葡萄'酒公司在1975年培育而成,早熟酿酒品种。

主要特征 果穗双歧肩圆锥形,穗长14.0cm,穗宽8.8cm,平均穗重40.0g。果穗大小整齐,果粒着生中等紧密。果粒黑色圆形,纵径0.9cm,横径0.9cm,平均粒重0.6g,最大粒重0.7g。每果粒含种子2~3粒。

种子梨形,小,深褐色,外表无横沟,种脐不突出,喙短。种子与果肉不易分离。果粉厚,果皮薄、韧,果肉软,有肉囊,汁少,深紫红色,味酸,具'山葡萄'果香。可溶性固形物含量为13.4%,总糖含量为11.49%,可滴定酸含量为2.37%,单宁含量为0.07%,出汁率50.0%。

植株生长势中等。隐芽萌发力弱,副芽萌发力中等。芽眼萌发率为94.3%,成枝率为70.22%,枝条成熟差。结果枝占芽眼总数的93.0%。每果枝平均着生果穗数为2.05个。从萌芽至浆果充分成熟需130~135天。在吉林市左家地区,5月3日萌芽,6月6日开花,9月5日浆果成熟。抗旱性极强,抗高温及抗盐碱能力中等,抗涝性弱(见彩图2-156)。

157 双优 Shuangyou

亲本来源 '山葡萄'。由吉林农业大学和中国农业科学院特产研究所在1988年培育而成,早熟酿酒品种。

主要特征 果穗单歧肩圆锥形,平均穗重132.6g。果粒蓝黑色圆形,纵径1.1cm,横径1.1cm,平均粒重1.2g,最大粒重2g。每果粒含种子3~4粒,多为3粒。种子梨形,小,褐色,外表无横沟,种脐不突出,喙短。种子与果肉不易分离。果粉厚,果皮薄、韧,果肉软,有肉囊,汁多,紫红色,味酸,具'山葡萄'果香。可溶性固形物含量为14.6%,总糖含量为12.3%,可滴定酸含量为2.23%,单宁含量为0.07%,出汁率为64.69%。

植株生长势强。隐芽萌发力强。副芽萌发力中等。芽眼萌发率为93.6%,成枝率为70.2%,枝条成熟中等。结果枝占芽眼总数的95.9%。每果枝平均着生果穗数为2.13个。从萌芽至浆果成熟需130~135天。在吉林市左家地区,5月1日萌芽,6月7日开花,9月7日浆果成熟。抗旱性强,抗高温及抗盐碱能力中等,抗涝性弱。抗白粉病、白腐病、炭疽病、灰霉病、黑痘病和穗轴褐枯病，不抗霜霉病。此品种为早熟酿酒品种，用其酿造的甜红'山葡萄'酒，酒色浓艳，果香浓郁，酒香绵长，酒体丰满，醇厚纯正，'山葡萄'典型性强（见彩图2-157）。

158　雪兰红　Xuelanhong

亲本来源　山欧杂种。由'左优红''北冰红'杂交而来。由中国农业科学院特产研究所在2012年培育而成，中熟酿酒品种。

主要特征　果穗圆锥形，穗长、宽15.8cm×8.1cm。果穗紧，略有小青粒，最大穗质量1236.1g，平均145.2g，比对照品种'左优红'（140.7g）高4.5g。果粒着生紧密，圆形、蓝黑色，果粉厚，果肉绿色，无肉囊，单粒质量1.39g，比对照品种'左优红'（1.34g）高0.05g。每果粒含种子2~4粒。可溶性固形物含量16.2%~21.8%，平均19.5%，比对照品种高0.4个百分点。总酸12.4~15.6g/L，单宁0.333~0.398g/L，出汁率55.3%~62.1%。萌芽至浆果成熟需139~143天。在吉林省东南地区栽培5月上旬萌芽，6月上旬开花，8月中下旬新梢开始成熟，9月中、下旬果实成熟。萌芽率94.3%，结果枝占萌芽总数的100%，每果枝平均花序数1.86个。自然授粉率33.9%（见彩图2-158）。

159　左红一　Zuohongyi

亲本来源　山欧杂种。由'79-26-58'（'左山二'ד小红玫瑰'）、'74-6-83'（'山葡萄73121'ד双庆'）杂交而来。由中国农业科学院特产研究所在1998年培育而成，早熟酿酒品种。

主要特征　果穗圆锥形带副穗，穗长16.8cm，穗宽10.3cm，平均穗重156.7g，平均穗重156.7g。果穗大小不整齐，果粒着生疏松。每果粒含种子3~4粒，多为3粒。种子梨形，小，灰褐色，外表无横沟，种脐不突出，喙短。种子与果肉易分离。果粒蓝黑

色圆形，平均粒重1.0g，最大粒重1.3g。果粉薄。果皮薄，韧。果肉软，有肉囊，汁多，紫红色，味酸，具'山葡萄'果香。可溶性固形物含量为16.9%，总糖含量为14.1%，可滴定酸含量为1.54%，单宁0.03%，出汁率61.9%。

植株生长势中等。隐芽萌发力强，副芽萌发力弱。芽眼萌发率95.4%，成枝率为74.79%，枝条成熟中等。结果枝占芽眼总数的81.9%。每果枝平均着生果穗数1.86个。隐芽萌发的新梢结实力强，夏芽副梢结实力弱。从萌芽至浆果成熟需120~125天。在吉林市左家地区，5月11日萌芽，6月12日开花，9月2日浆果成熟。抗寒性强，抗旱性强，抗盐碱能力中等，抗涝性弱。不抗霜霉病（见彩图2-159）。

160　左优红　Zuoyouhong

亲本来源　山欧杂种。由'79-26-18'（'左山二'ד小红玫瑰'）、'74-1-326'（'73134'ד双庆'）杂交而来。由中国农业科学院特产研究所在2005年培育而成，中熟酿酒品种。

主要特征　果穗圆锥形，部分果穗有歧肩，平均穗重144.8g。果粒圆形，蓝黑色，平均重1.4g。果粉较厚。果皮与果肉易分离。果肉绿色，无肉囊，可溶性固形物含量为18.5%，出汁率为66.4%，果实总酸含量1.45%，单宁含量0.03%。每果粒含种子2~4粒。

嫩梢黄绿色。幼叶浅绿色，成龄叶绿色，中等大小，较厚，具褶，浅3裂，下裂刻较深，叶片上缘平展、下部呈漏斗形。两性花。二倍体。生长势强。从萌芽至浆果成熟需125天左右。用于酿造干红'山葡萄'酒（见彩图2-160）。

161　公酿1号　Gongniang 1

亲本来源　欧山杂种。由'玫瑰香''山葡萄'杂交而来。由吉林省农业科学院果树研究

所 1951 年培育而成。中熟酿酒品种。

主要特征 果穗圆锥形，有歧肩或带副穗，穗长 15.0cm，穗宽 8.3cm，平均穗重 132.1g。果粒着生较紧密。果粒蓝黑色圆形，径 1.4cm，横径 1.4cm，平均粒重 1.7g。果肉软，汁较多、淡红色，味甜酸。每果粒含种子 1~4 粒，多为 3 粒。可溶性固形物含量为 20.0%，含糖量为 18.81%，可滴定酸含量为 0.928%，出汁率为 71.2%。

植株生长势强。结果枝占芽眼总数的 83.7%。每果枝平均着生果穗数为 2.2 个。隐芽萌发力弱，副梢萌发力强。在吉林省公主岭地区，5 月 4 日萌芽，6 月 5 日开花，9 月 9 日浆果成熟。在河南郑州地区，4 月 9 日萌芽，5 月 10 日开花，8 月 15 日浆果成熟（见彩图 2-161）。

162　公酿 2 号　Gongniang 2

亲本来源 山欧杂种。由'山葡萄''玫瑰香'杂交而来。由吉林省农业科学院果树研究所培育而成。中晚熟酿酒兼鲜食品种。

主要特征 果穗圆锥形，有歧肩或带副穗，中等大，平均穗重 154.4g。果粒着生疏松。果粒近圆形，蓝黑色，纵径 1.4cm，横径 1.3cm，平均粒重 1.9g。果肉软，汁较多、淡红色，味甜酸，可溶性固形物含量为 21.3%，含糖量为 18.7%，可滴定酸含量为 1.00%，出汁率为 68.2%。每果粒含种子多为 3 粒。

植株生长势强。结果枝占芽眼总数的 75.2%。每果枝平均着生果穗数为 1.9 个。在吉林省公主岭地区，5 月 7 日萌芽，6 月 10 日开花，9 月 8 日浆果成熟。在河南郑州地区，4 月 10 日萌芽，5 月 9 日开花，8 月 25 日浆果成熟。此品种为可以酿酒也可以鲜食（见彩图 2-162）。

163　公主白　Gongzhubai

亲本来源 欧美杂种。由'公酿二号''白香蕉'杂交而来。吉林省农业科学院果树研究

所在 1992 年培育而成，中熟品种。

主要特征 果穗圆锥形或圆柱形，穗长 15cm，穗宽 11cm，平均穗重 190g，最大穗重 300g；果粒着生紧密，果粒近圆形，平均粒重 2.1g；果皮黄绿色，易与果肉分离，果粉薄；果肉软而多汁，味甜，可溶性固形物含量 16%~18%。每果粒含种子 3~4 粒，种子与果肉不易分离。植株生长势较强，萌芽率高，结果枝占总芽眼数的 57%，平均每结果枝生果穗 1.4~1.6 个。在公主岭地区 5 月初萌芽，6 月上旬开花，9 月中旬浆果成熟（见彩图 2-163）。

164　公主红　Gongzhuhong

亲本来源 欧美杂种。由'康太''早生高墨'杂交而来。由吉林省农业科学院果树研究所 2004 年培育而成，中熟品种。

主要特征 果穗圆锥形，穗长 23cm，穗宽 13cm，平均穗重为 326.0g。果粒紫黑色圆形，纵径 2.5cm，横径 2.3cm，平均粒重 9.0g，最大粒重 13g。果皮较厚，有肉囊，种子 1~2 粒，汁多，玫瑰红色，具有草莓香味，出汁率 75%，品质中上，可溶性固形物含量为 16.0%，含酸量为 0.45%。植株生长势中庸，隐芽萌发力中等，芽眼萌发率 95%，成枝率 90%，枝条成熟度高，每果枝平均着生果穗数 1.7 个，隐芽萌发的新梢结实力一般。在江苏徐州地区，一般为 3 月 20~28 日期间萌芽，5 月 13~17 日期间开花，7 月 3 日左右浆果成熟。抗逆，此品种为酿酒/鲜食品种（见彩图 2-164）。

165　通化 3 号　Tonghua 3

亲本来源 '山葡萄'。由吉林通化葡萄酒公司在 1991 年培育而成，早熟品种。

主要特征 果穗圆锥形，大小整齐，穗长 23cm，穗宽 13cm，平均穗重 1400g，果粒着生紧凑。果粒红色圆形、无核，纵径 2.5cm，横径 2.3cm，平均粒重 9.2g，最大

粒重 13g。果粉少、果皮薄、果肉软，可溶性固形物为 14.5%。植株生长势强，隐芽萌发力中等，芽眼萌发率 95%，成枝率 90%，枝条成熟度高，每果枝平均着生果穗数 1.7 个，隐芽萌发的新梢结实力一般。在江苏徐州地区，一般为 3 月 20~28 日期间萌芽，5 月 13~17 日期间开花，7 月 3 日左右浆果成熟。抗逆，此品种为早熟酿酒/鲜食品种（见彩图 2-165）。

166 通化 7 号 Tonhua 7

亲本来源 '山葡萄'。由吉林通化葡萄酒公司在 1991 年培育而成，早熟品种。

主要特征 果穗圆锥形，大小整齐，穗长 23cm，穗宽 13cm，平均穗重 1400g，果粒着生紧凑。果粒红色圆形、无核，纵径 2.5cm，横径 2.3cm，平均粒重 9.2g，最大粒重 13g。果粉少、果皮薄、果肉软，可溶性固形物为 14.5%。植株生长势强，隐芽萌发力中等，芽眼萌发率 95%，成枝率 90%，枝条成熟度高，每果枝平均着生果穗数 1.7 个，隐芽萌发的新梢结实力一般。在江苏徐州地区，一般为 3 月 20~28 日期间萌芽，5 月 13~17 日期间开花，7 月 3 日左右浆果成熟。抗逆，此品种为早熟酿酒/鲜食品种（见彩图 2-166）。

167 碧香无核 Bixiangwuhe

亲本来源 欧亚种。别名'旭旺 1 号'。'郑州早玉''莎巴珍珠'杂交而成。由吉林农业科技学院在 2004 年培育而成，早熟品种。

主要特征 果穗圆锥形，带歧肩，平均穗重 600.0g，果粒着生紧凑。果粒黄绿色圆形，无核，平均粒重 4.0g，果肉脆、无肉囊，具玫瑰香味，可溶性固形物含量 22.0%~28.0%，含酸量低。采用单干立架，短梢修剪；夏剪采用不留梢"一遍净"措施。密植栽培，单株营养面积 0.5~0.75m²，单株负载量为 5~6kg。保护地优质栽培采取摘穗肩，掐

穗尖和套袋等果穗整形措施，加强根外钾肥的追施，注意防治绿盲春蟓。露地早熟栽培注意防治黑痘病。此品种为早熟鲜食品种（见彩图 2-167）。

168 绿玫瑰 Lvmeigui

亲本来源 '秦龙大穗''莎巴珍珠'杂交而成。由吉林农业科技学院在 2004 年培育而成，早熟品种。

主要特征 果穗圆锥形带歧肩，大而整齐，平均单穗质量 1.0kg。果粒圆形，黄绿色，平均单粒质量 6g；果实不落粒，不裂果，不回软，挂架期和货架期长；果皮薄、脆、香，具弹性，皮肉不分离；自然无核，具浓郁的玫瑰香味，无肉囊，可切片，口感好；可溶性固形物含量 18%~22%，维生素 C0.628mg/g，总糖 23.89%，总酸 0.30%，转色即可食用。萌芽率 70%~75%，结果枝率达 75%~80%。花序着生于第 5~6 节，坐果率高，丰产性强。早花早果，定植第 2 年即可直接进入盛果期。植株长势中庸偏上，枝蔓分布均匀。早熟性极好，开花至成熟 50 天，萌芽至采收 90 天，比亲本早熟 12 天。日光温室栽培一般端午节（6 月上旬）前后充分成熟。耐热、耐高温、抗寒、抗旱、抗病性强（见彩图 2-168）。

169 吉香 Jixiang

亲本来源 是在吉林省吉林市郊区红升葡萄园内发现的'白香蕉'品种的芽变。由吉林省农业学校在 1976 年培育而成，中熟品种。

主要特征 果穗圆锥形间或带副穗，穗长 21.7cm，穗宽 15.0cm，平均穗重 400~600g，最大穗重 1200g，偶见 2000g 者。果穗大小整齐，果粒着生紧密。果粒绿黄色卵圆形或椭圆形，纵径 2.6cm，横径 2.2cm，平均粒重 9.2g，最大粒重 12.9g。每果粒含种子 1~3 粒，多为 1 粒。种子与果肉易分离。果粉薄。果皮薄。果肉软，汁多，味酸甜，

有草莓香味。可溶性固形物含量为 14% ~ 17%，可滴定酸含量为 0.72%，出汁率为 85.1%。植株生长势强。芽眼萌发率为 50%~60%，枝条生长粗壮、成熟度好。结果枝占芽眼总数的 57.0%。每果枝平均着生果穗数为 1.3 个。副梢结实力较强。可自花结实。在河南郑州地区，4 月中旬萌芽，5 月中旬开花，8 月上旬浆果成熟。鲜食品质上等。制汁品质好。此品种为中熟鲜食、制汁兼用品种（见彩图 2-169）。

170 南太湖特早 Nantaihutezao

亲本来源 欧美杂种。'三本提'芽变，在江苏常州武进区某果园发现。

主要特征 果穗圆锥形，单穗重 780g 右，最大 900g 左右。果粒着生中等紧密，果粒处理后重 10 ~ 11g，椭圆形，浓黑色，果粉厚，果皮与果肉易分离。果肉硬脆，香甜可口，无涩味，兼有'巨峰'葡萄的草香味，可溶性固形物含量为 18% 以上，品质佳，风味好。在张家港地区，3 月底萌芽，5 月上旬开花，6 月中旬果实开始转色，7 月上旬开始成熟，属特早熟品种，物候期比'巨峰'早 25 ~ 30 天。早熟，丰产稳产，抗病耐贮，有草香味，皮不涩，口感佳。花前要拉花，要疏花、疏果，果实成熟早，容易引起鸟类虫害的侵袭。管理粗放时会出现坐果不稳、大小果等，影响果穗外观和产量（见彩图 2-170）。

171 宿晓红 Suxiaohong

亲本来源 欧亚种。别名'小黑葡萄'。亲本不详，由江苏省宿迁县林果站在 1954 年育成。早熟酿酒品种。

主要特征 果穗圆锥形，有副穗，平均穗重 120.0g。果粒着生疏松。果粒圆形，黑紫色，平均粒重 2.0g。果粉中等厚。果皮中等厚，较脆，无涩味。果肉软，汁中等多，绿色，味酸甜。可溶性固形物含量为 14.0% ~ 17.0%，可滴定酸含量为 0.8% ~ 1.0%，出汁

率为 55.0%。每果粒含种子 3~4 粒。

植株生长势强。早果性强。结实力强，丰产。隐芽萌发力强，副芽萌发力中等。芽眼萌发率为 77%。成枝率为 88%，枝条成熟度好。结果枝占芽眼总数的 68%。每果枝平均着生果穗数为 3.7 个。隐芽萌发的新梢结实力强，夏芽副梢结实力中等。早果性强。正常结果树一般产果 10500 ~ 15000kg/hm²（1m× 4m，小棚架）。在江苏宿迁地区，4 月 8 日萌芽，5 月 5 日开花，7 月 28 日浆果成熟。从开花至浆果成熟需 80 天，此期间活动积温为 1650℃。

嫩梢紫红色，梢尖半开张，红色，有光泽。幼叶红色，上表面有光泽，下表面茸毛少；成龄叶心脏形，中等大或小，平展，有光泽；叶片 3 或 5 裂，上裂刻浅，下裂刻深。两性花（见彩图 2-171）。

172 玫野黑 Meiyehei

亲本来源 亲本为（'玫瑰香'×'葛藟'）× '黑汗'，由江西农业大学在 1985 年育成。早熟鲜食品种。

主要特征 果穗圆锥形，或为圆柱形。平均穗重 60g，最大穗重 240g，长 14.2cm，宽 9.3cm。果粒着生紧密，粒较小，平均粒重 1.57g。最大粒重 2.025g，纵径 1.61cm，横径 1.57cm。果粒圆形，紫黑色，果粉较厚，果皮较厚，皮较韧易与果肉分离，果肉淡绿色透明，果汁红色副梢果果穗长 6.93cm，宽 5.76cm，最大果穗长 8cm，宽 8.5cm，宽圆锥形，果粒着生紧密，有些带有副穗。果粒纵径 1.19±0.23cm，横径 1.19±0.15cm 平均粒重 1.02g，最大果粒重 1.55g，横径 1，27cm，纵径 1.32m，果实长圆形，紫色，果粉较厚。嫩梢紫红色，稀带四棱形，茸毛极少，幼叶紫红色，上表面有光泽，下表面茸毛稀，一年生成熟枝条褐色，平均节长 7.65cm。枝条横断面扁圆。两性花（见彩图 2-172）。

173 紫玫康 Zimeikang

亲本来源 欧美杂种。亲本为'玫瑰香'×'康拜尔早生'，由江西农业大学在1985年育成。早中熟鲜食品种兼制汁品种。

主要特征 果穗圆锥形，小，平均穗重115g，最大穗重195g。果粒着生中等紧密。果粒椭圆形，中等大，平均粒重3.2g，最大粒重5.5g。果粉厚。果皮较厚，较韧，无涩味。果肉较脆，无肉囊，汁较多，红色，味甜，有玫瑰香味。每果粒含种子1~3粒，多为2粒。种子与果肉易分离。可溶性固形物含量为15.8%，总糖含量为12.1%，可滴定酸含量为0.9%。鲜食品质中上等。可用于制汁。

植株生长势较强。芽眼萌发率为71.8%。成枝率为81.3%。结果枝占芽眼总数的63.5%。每果枝平均着生果穗数为2~3个。产量中等。在江西南昌地区，3月下旬萌芽，5月上旬开花，7月下旬浆果成熟。抗病性较强。成龄叶片心脏形，较大下表面着生较厚毡状茸毛。叶片全缘或3裂，裂刻中等深或浅。锯齿锐。叶柄洼窄拱形。两性花（见彩图2-173）。

174 白玫康 Baimeikang

亲本来源 欧美杂种。亲本为'玫瑰香'×'康拜尔早生'，由江西农业大学在1985年育成。中熟鲜食品种。

主要特征 果穗圆锥形，中等大或小，平均穗重162.5g，最大穗重350g。果粒着生紧密。果粒椭圆形，黄白色，中等大，平均粒重2.8g，最大粒重5.4g。果粉中等厚。果皮较厚，较脆，无涩味。果肉较脆，无肉囊，汁较多，白色，味甜，有玫瑰香味。每果粒含种子1~3粒，多为2粒。种子与果肉易分离。可溶性固形物含量为18.2%，总糖含量为12.33%，可滴定酸含量为0.63%。鲜食品质中上等。

植株生长势中等。芽眼萌发率为73.3%，成枝率为87.3%。结果枝占芽眼总数的71.35%。每果枝平均着生果穗数为2.56个。产量较高。在南昌地区，4月上旬萌芽，5月中旬开花，8月上旬浆果成熟。抗病性较强。成龄叶片心脏形，较大，下表面着生中等密毡状茸毛。叶片3裂或全缘，裂刻中等深或浅。锯齿锐。叶柄洼窄拱形。两性花（见彩图2-174）。

175 瑰香怡 Guixiangyi

亲本来源 欧美杂种。亲本为'玫瑰香芽变'（7601）×'巨峰'。由辽宁省农业科学院园艺研究所在1994年育成。中熟鲜食品种。

主要特征 果穗短圆锥形，平均穗重804.3g。果粒近圆形，黑紫色，平均粒重9.4g。果皮中厚，较脆。果粉厚。果肉略硬，汁多，味甜，有浓玫瑰香味，可溶性固形物含量为15.3%，可滴定酸含量为0.65%，鲜食品质上等。每果粒含种子多为2粒。嫩梢绿色，梢尖开张，绿色，有茸毛，无光泽。幼叶绿色，带紫红色晕，上表面有光泽，下表面茸毛多；成龄叶心脏形，大，上表面较粗糙，下表面多网状茸毛；叶片3或5裂，上裂刻深，下裂刻浅。两性花。四倍体。生长势强（见彩图2-175）。

176 巨紫香 Juzixiang

亲本来源 亲本为'巨峰'×'紫珍香'，由辽宁省农业科学院在2011年育成。中熟鲜食品种。

主要特征 果穗长椭圆形，平均穗重750.0g，最大穗重1460.0g；果粒长椭圆形，平均单粒重11.5g，果实黑色；果皮中厚，果肉细，肉质软硬适中，汁液多，具草莓香味，品质上等。果实含可溶性固形物18.70%，总糖17.20%，总酸0.64%，维生素C68.00mg/kg。耐运输。在辽宁省沈阳地区，5月初萌芽，6月上旬始花期，6月中旬浆果开始生长期，果实8月中旬开始成熟，9月中旬充分成熟，果实发育期140天左右（见彩图2-176）。

177 康太 Kangtai

亲本来源 欧美杂种。'康拜尔葡萄'早生芽变。在辽宁省沈阳市东陵区凌云葡萄园发现，1987 年通过鉴定。早熟鲜食品种。

主要特征 果穗圆锥形，有副穗，平均穗重 430.0g，最大穗重 1208.0g。果粒圆形，黑紫色，平均粒重 6.7g。果粉厚。果皮厚，韧。果肉软，有肉囊，汁中等多，味酸甜，有美洲种味，可溶性固形物含量为 12.8%，可滴定酸含量为 1.3%，出汁率为 83.6%，鲜食品质中等。每果粒含种子多为 2 粒。

嫩梢绿色，梢尖开张，白色，无光泽，茸毛多。幼叶白色，上表面无光泽，下表面茸毛多；成龄叶心脏形，大，上表面有网状皱褶，下表面密生毡状茸毛；叶片全缘或 3 裂，裂刻浅。两性花。四倍体。生长势极强。早熟，从萌芽至浆果成熟需 110~115 天 (见彩图 2-177)。

178 夕阳红 Xiyanghong

亲本来源 欧美杂种。亲本为'沈阳玫瑰'×'巨峰'，辽宁省农业科学院园艺研究所在 1993 年育成。属中晚熟鲜食品种。

主要特征 果穗长圆锥形，无副穗，平均穗重 1066.1g。果粒椭圆形，紫红色，平均粒重 13.8g。果粉中等厚。果皮中等厚，较脆。果肉较软，汁多，味甜，有浓玫瑰香味，可溶性固形物含量为 16.5%，总糖含量为 16.2%，可滴定酸含量为 0.88%，出汁率为 84.7%，品质等上等。每果粒含种子多为 2 粒。

嫩梢绿色。梢尖开张，绿色，有茸毛。幼叶绿色，带紫红色晕，上表面有光泽，下表面有茸毛，中等多；成龄叶心脏形，大，平展，下表面有极少刺状毛；叶片 3 或 5 裂，上裂刻深，下裂刻浅。两性花。四倍体。生长势强。早果性好。丰产。从萌芽至浆果成熟需 127 天 (见彩图 2-178)。

179 香悦 Xiangyue

亲本来源 欧美杂种。亲本是'沈阳玫瑰'×'紫香水'芽变，辽宁省农业科学院园艺研究所在 2004 年育成。中熟鲜食品种。

主要特征 果穗圆锥形，平均穗重 620.6g。果粒圆形，蓝黑色，大小整齐，平均粒重 11.0g。果粉多。果皮厚。果肉细致，软硬适中，无肉囊，汁多，有浓郁桂花香味，可溶性固形物含量为 16.0%~17.0%，品质上等。每果粒含种子 1~3 粒，与果肉易分离。

嫩梢绿色，带紫红色晕，梢尖小叶半开张，白色茸毛极多，无光泽；新梢生长直立，有茸毛，中密，节间背侧紫红色，腹侧绿色带紫红色晕。幼叶厚，白绿色，带紫色晕，上表面无光泽，下表面茸毛多；成龄叶近圆形，大，上表面粗糙，下表面有茸毛网状，叶片无光泽；叶缘呈波浪状，叶片 3 裂或全缘，裂刻浅，锯齿钝形。两性花，四倍体。生长势强。早果性好。从萌芽至果实充分成熟需 127 天左右 (见彩图 2-179)。

180 状元红 Zhuangyuanhong

亲本来源 欧美杂种。亲本为'巨峰'×'瑰香怡'，辽宁省农业科学院在 2006 年育成，中熟鲜食品种。

主要特征 果穗长圆锥形，紧凑，平均穗重为 1060.0g。果粒长圆形，紫红色，平均粒重 10.7g，大小整齐。果皮中等厚，果粉少。果肉细，无肉囊，软硬适中，汁液多，有玫瑰香味，可溶性固形物含量为 16.0%~18.0%，风味品质比'巨峰'好。每果粒含种子 1~3 粒。

嫩梢绿色，茸毛中多。成龄叶心脏形或漏斗形，叶表面绿色，背面黄色，叶片大，3~5 裂，锯齿锐，上、下裂刻浅，茸毛少。两性花。四倍体。生长势旺。早果性好。浆果中熟，从萌芽至果粒充分成熟需 136 天左右。无脱粒、裂果现象，耐运输，无小青粒 (见彩图 2-180)。

181 紫珍香 Zizhenxiang

亲本来源 欧美杂种。亲本为'沈阳玫瑰'דˈ紫香水'芽变。辽宁省农业科学院园艺研究所在 1991 年育成，早熟鲜食品种。

主要特征 果穗圆锥形，无副穗，平均穗重 544.0g。果粒长卵圆形，蓝紫色，平均粒重 10.0g。果粉厚。果皮厚，韧。果肉软，汁多，味甜，有玫瑰香味，可溶性固形物含量为 14.5%～16.0%，可滴定酸含量为 0.69%，出汁率为 78.42%。品质上。每果粒含种子多为 3 粒。

嫩梢绿色，梢尖开张，绿色，向阳面紫红色，茸毛多。幼叶白色，带紫色晕，上表面无光泽，下表面茸毛多；成龄叶心脏形，深绿色，大，平滑，下表面多网状茸毛；叶片 3 或 5 裂，上裂刻浅，下裂刻无或浅。两性花。四倍体。生长势强。早果性强。抗逆性和抗病力均强（见彩图 2-181）。

182 醉金香 Zuijinxiang

亲本来源 欧美杂种。亲本为'7601'（'玫瑰香芽变'）ˈ×'巨峰'。辽宁省农业科学院园艺研究所在 1998 年育成。中熟鲜食品种。

主要特征 果穗圆锥形，无副穗，平均穗重 801.6g。果粒倒卵圆形，金黄色，平均粒重 13.0g。果粉中等。果皮中等厚，脆。果肉软，汁多，味极甜，有茉莉香味，可溶性固形物含量为 18.35%，可滴定酸含量为 0.61%，品质优。每果粒含种子多为 2 粒。

嫩梢绿色，梢尖开张，有茸毛；新梢生长直立，有稀疏茸毛。幼叶绿色，带紫红色晕，上表面有光泽，下表面有稀疏茸毛；成龄叶心脏形，特大，上表面粗糙略具小泡状；叶片 3 或 5 裂，上、下裂刻均浅，叶柄长，紫色。两性花。四倍体。生长势强。早果性强（见彩图 2-182）。

183 碧玉香 Biyuxiang

亲本来源 欧美杂种。亲本为'绿山'ˈ×'尼加拉'。辽宁省盐碱地利用研究所在 2009 年育成。中熟鲜食品种。

主要特征 果穗平均重 205g，长 13cm，宽 8cm；圆锥形，果粒紧密度中等。果粒平均 4g，无核处理后，可达 6～7g。纵径 18mm，横径 11.5mm，椭圆形；绿色透明，果粉中等厚；稍有肉囊，味极甜，有草莓香味。含糖量 15.88%、出汁率 69%。每果粒含种子 3 粒，种子大，褐色，种子与果肉易分离。可溶性固形物 19%，可滴定酸含量 0.54%，单粒重 4g，浆果颜色绿色，果粒椭圆形，皮厚，有肉囊。鲜食与制汁兼备。抗病力强，抗黑痘病、白腐病、白粉病，对葡萄霜霉病抗性中等，易感炭疽病。耐盐碱、抗寒性较强，优于'玫瑰香'。第 1 生长周期产 1251kg/667m²，比对照'玫瑰香'增产 13.11%；第 2 生长周期产 1260kg/667m²，比对照'玫瑰香'增产 12.70%（见彩图 2-183）。

184 着色香 Zhuosexiang

亲本来源 欧美杂种。亲本为'玫瑰露'ˈ×'罗也尔玫瑰'，辽宁省盐碱地利用研究所在 2009 年育成。早中熟鲜食品种。

主要特征 果穗圆柱形，有副穗，平均穗重 175.0g。果粒椭圆形，紫红色，平均粒重 5.0g，经无核处理后可达 6.0～7.0g。果粉中等多。果皮薄。果肉软，稍有肉囊，极甜，可溶性固形物含量为 18.0%，可滴定酸含量为 0.55%，有浓郁的草莓香味，出汁率为 78.0%，品质上等。

树势强健，萌芽率高，结果枝率高。早中熟，从萌芽到浆果成熟需 120 天。耐盐碱，抗寒性较强，抗黑痘病、白腐病和霜霉病，不裂果，有小青粒现象。

嫩梢绿色，有较密茸毛。幼叶黄绿带浅紫色，上、下表面具有浓密茸毛；成龄叶中等大，心脏形，叶面深绿无茸毛，下表面有中等多的黄色毡状毛；3 裂或全缘。雌能花。二倍体（见彩图 2-184）。

185　紫丰　Zifeng

亲本来源　欧美杂种。亲本为'黑汉'בˈ尼加拉'，辽宁省盐碱地利用研究所在 1985 年育成。晚中熟鲜食品种。

主要特征　果穗圆锥形，有副穗，平均穗重 495.0g。果穗大小整齐，果粒着生较紧密。果粒圆形或卵圆形，紫黑色，平均粒重 4.9g。果粉中等厚。果皮中等厚，较脆，无涩味。果肉软，汁多，淡黄色，味甜，可溶性固形物含量为 15.0%～16.0%，品质中上等。每果粒含种子多为 2 粒。

嫩梢浅绿色。新梢生长直立。幼叶浅绿色，带浅紫红色晕；成龄叶心脏形，大，叶缘下垂，上表面有皱褶呈泡状，下表面有稀疏茸毛；叶片 5 裂，上、下裂刻均深。两性花。二倍体。生长势较强。早果性好。耐寒性、耐盐碱性强（见彩图 2-185）。

186　凤凰 12 号　Fenghuang 12

亲本来源　欧亚种。亲本为'白玫瑰香'×（'粉红葡萄'×'胜利'），大连市农业科学研究所在 1988 年育成。中熟鲜食品种。

主要特征　果穗圆锥形，平均穗重 388.8g。果穗大小整齐，果粒椭圆形，紫红色，平均粒重 8.7g。果粉薄。果皮薄，脆。果肉硬脆，汁多，味酸甜，可溶性固形物含量为 13.0%，鲜食品质上等。每果粒含种子 3～5 粒，多为 4 粒。

生长势中等，芽眼萌发率为 66.3%。嫩梢黄绿色，带紫红色；新梢节间背侧绿色，带红色条纹，腹侧绿色。幼叶黄绿色，带浅紫红色；成龄叶心脏形，下表面有中等密混合毛，5 裂，上裂刻深，下裂刻较深。两性花。二倍体（见彩图 2-186）。

187　凤凰 51 号　Fenghuang 51

亲本来源　欧亚种。亲本为'绯红'×'白玫瑰香'，大连市农业科学研究所在 1988 年育成。属极早熟鲜食品种。

主要特征　果穗圆锥形，平均穗重 347.4g。果粒近圆形或扁圆形，部分果粒有 3～4 条浅沟，紫红色，平均粒重 7.1g。果粉薄。果皮薄。果肉较脆，果汁少，味甜，有较浓玫瑰香味，可溶性固形物含量为 13.0%～18.0%，可滴定酸含量为 0.83%，鲜食品质上等。每果粒含种子 2～3 粒。

生长势中等偏弱。早果性好。从萌芽到果实成熟需 106 天。嫩梢绿色，带浅紫褐色，有中等密白色茸毛；新梢生长直立。幼叶深绿色，带浅紫褐色，厚，上表面有光泽，茸毛中等多，下表面密生白色茸毛；成龄叶心脏形，中等大，5～7 裂，上裂刻深，下裂刻浅。两性花。二倍体（见彩图 2-187）。

188　黑瑰香　Heiguixiang

亲本来源　欧美杂种。亲本为'沈阳玫瑰'×'巨峰'，大连市农业科学研究院在 1999 年育成。中熟鲜食品种。

主要特征　果穗圆锥形，有副穗，平均穗重 580.0g。果粒短椭圆形，蓝黑色，平均粒重 8.5g。果粉中等厚。果皮中等厚。果肉软，略有玫瑰香味，可溶性固形物含量为 16.0%～18.0%，品质上等。每果粒有种子 1～2 粒，果肉与种子易分离。

嫩梢黄绿色，带紫红色条纹，茸毛稀。幼叶绿色带浅褐色，叶面有光泽，叶背有白色茸毛；成龄叶心脏形，大，深绿色，5 裂。两性花。四倍体。生长势旺盛。浆果中熟，从萌芽到果实成熟需 135 天，比'巨峰'早成熟 7 天左右。抗病，耐储运（见彩图 2-188）。

189 晨香 Chenxiang

亲本来源 欧亚种。亲本为'白玫瑰香'×'白罗莎',大连农科院与上海奥德农庄联合在2013年育成。属极早熟鲜食品种。

主要特征 果穗圆锥形,较大,平均穗重650g,最大1200g;平均粒重10g,最大12.5g,果皮黄绿色,薄,无涩味,可食;果实椭圆形至长椭圆形,果肉硬度适中,细腻,多汁,有玫瑰香味,充分成熟后香味浓郁。糖酸比高,甘甜爽口,品质极佳。较耐储运。退酸速度极快,糖酸比高,果实软化后一周即可上市。粒大,种子小而少,甘甜爽口,品质极佳;玫瑰香味和谐怡人;坐果适中,无需疏果;无果锈;产量高,超产对品质影响不大;二次花极多,可做一年两熟栽培大连地区露地栽培6月1日始花,8月1日成熟上市,果实发育期52天(见彩图2-189)。

190 辽峰 Liaofeng

亲本来源 欧美杂种。是辽阳市柳条寨镇赵铁英发现的'巨峰'芽变。2007年通过鉴定,在我国少数地区栽培。中熟鲜食品种。

主要特征 果穗圆锥形,平均穗重600.0g。果粒呈圆形或椭圆形,紫黑色,单粒重12.0g,果粉厚。果皮与果肉易分离。果肉较硬,味甜适口,可溶性固形物含量为18.0%,品质上等。每果粒含种子2~3粒。

嫩梢灰白色,有茸毛,中多;成熟枝条为红褐色,枝蔓粗壮。幼叶绿色,茸毛中多,成龄叶,心形,大平展,3~5裂,锯齿锐,裂刻浅,叶表面深绿色,背面灰绿色,茸毛少。两性花。四倍体。树势强。从萌芽至成熟约需132天(见彩图2-190)。

191 蜜红 Mihong

亲本来源 欧美杂种。亲本为'沈阳玫瑰'×'黑奥林',大连市农业科学研究院育成。晚熟鲜食品种。

主要特征 果穗为圆锥形,有副穗,平均穗重545.0g。果粒着生紧密,大小整齐均匀。果粒短椭圆形,鲜红色,大。果粉厚,果皮中等厚。果肉软,多汁,甜酸适口,无肉囊,有蜂蜜的清香味,可溶性固形物含量为17%~20%,品质上等。每果粒有种子2~3粒。

嫩梢绿色带有紫色条纹,密生白色茸毛。幼叶黄绿色带褐色,叶面无光泽,上、下表面有极密的白色茸毛,茸毛毯状;成龄叶,心脏形,中等大,叶缘波浪状,叶面网状形、无光泽,叶背着生极密的白色茸毛,茸毛毯状;5裂刻,上侧裂刻深,下侧裂刻中等。两性花。四倍体。生长势强。从萌芽至浆果成熟需150天左右,比'巨峰'晚熟10天左右。适应性较强(见彩图2-191)。

192 巨玫瑰 Jumeigui

亲本来源 欧美杂种。亲本为'沈阳玫瑰'×'巨峰',大连市农业科学研究院在2002年育成。晚熟鲜食品种。

主要特征 果穗圆锥形带副穗,平均穗重675.0g。果粒着生中等紧密。果粒椭圆形,紫红色,平均粒重10.1g。果粉中等多。果皮中等厚。果肉较软,汁中等多,白色,味酸甜,有浓郁玫瑰香味,可溶性固形物含量为19.0%~25.0%,可滴定酸含量为0.43%,鲜食品质上等。每果粒含种子1~2粒。

嫩梢绿色,带紫红色条纹,有中等密白色茸毛。幼叶绿色,带紫褐色,上表面有光泽,下表面密生白色茸毛,叶缘桃红色;成龄叶心脏形,大,叶缘波浪状,上表面光滑无光泽,下表面有中等密混合茸毛;叶片5裂,上裂刻深,下裂刻中等深。两性花。四倍体。生长势强。浆果晚熟,从萌芽至浆果成熟需142天。粒大,外观美,成熟期一致,品质优良。抗逆性强(见彩图2-192)。

193　早霞玫瑰　Zaoxiameigui

亲本来源　欧亚种。亲本为'玫瑰香'×'秋黑'。辽宁省大连市农业科学研究院在2011年育成。早熟鲜食品种。

主要特征　果穗圆锥形，有副穗，平均单穗重650.0g。果粒着生中等紧密。幼果黄豆粒大时有明显沟棱，果粒圆形，粒重6.0~7.0g，着色初期果皮鲜红色，逐渐变为紫红色，光照充分为紫黑色。果粉中多。果皮中等厚。肉质硬脆，无肉囊，汁液中多，具有浓郁的玫瑰香味，可溶性固形物含量为16.1%~19.2%，可滴定酸含量为0.46%，品质极佳。每果粒有种子1~3粒。

嫩梢绿色，略带红晕。幼叶绿色，叶尖略带红褐色，下表面密生白色絮状茸毛；成龄叶心脏形，深绿色，下表面密生灰白色絮状茸毛，叶片边缘向背面卷筒状；5~7裂，上、下裂刻均较深，叶缘锯齿多，锯齿与双亲品种同为锐齿。两性花。生长势中庸。从萌芽至果实充分成熟约需105天（见彩图2-193）。

194　沈农脆峰　Shennongcuifeng

亲本来源　欧亚种。亲本为'红地球'×'87-1'，沈阳农业大学在2015年育成。早中熟鲜食品种。

主要特征　果穗长圆锥形，穗形整齐，果穗大，穗长23.6cm，穗宽15.1cm，平均单穗质量592.4g，最大穗质量为879g。果粒着生松紧适中，大小均匀，果粒长椭圆形，紫红色，果粒大，果粒纵径2.40cm，横径2.03cm，平均单粒质量9.2g；果皮较薄。果肉硬脆，味甜、具有玫瑰香味，鲜食品质上等，可溶性固形物含量为15.1%，可滴定酸为0.33%，每果粒含种子数1~3粒，一般为1~2粒，种子褐色。

植株生长势较强，嫩梢绿色，幼叶有光泽，绿色附加红褐色，叶背无茸毛。成龄叶片较大，叶片近圆形，绿色，中等厚度，3~5

裂，裂刻较深，叶柄洼轻度开张，叶缘锯齿钝，叶表叶背无茸毛。成熟枝条为浅褐色，平均节间长度10.6cm，平均成熟节数大于7节。卷须分布不连续，2分叉（见彩图2-194）。

195　神农金皇后　Shennongjinhuanghou

亲本来源　欧亚种。'沈87-1'自交实生后代，沈阳农业大学在2009年育成。早熟鲜食品种。

主要特征　果穗圆锥形，穗形整齐，平均穗重856.0g。果粒着生紧密，大小均匀，椭圆形，果皮金黄色，平均粒重7.6g。果皮薄，肉脆，可溶性固形物含量为16.6%，可滴定酸含量为0.37%，味甜，有玫瑰香味，品质上等。每果粒含种子1~2粒。

嫩梢绿色。幼叶绿色带红褐色，上表面无茸毛，有光泽，下表面茸毛中等；成龄叶近圆形，大，上、下表面无茸毛，锯齿钝；3~5裂，裂刻较深，叶柄洼为闭合椭圆形。两性花。生长势中等。早果性好，丰产。从萌芽到果实充分成熟需120天左右，早熟。果穗、果粒成熟一致。抗病性较强（见彩图2-195）。

196　沈农硕丰　Shennongshuofeng

亲本来源　欧美杂种。从'紫珍香'自交后代中选出的优良中早熟新品种。沈阳农业大学在2009年育成。属鲜食品种。

主要特征　果穗圆锥形，穗形整齐，果穗较大，平均单穗质量527g，最大719g。果粒大，着生紧密，大小均匀，椭圆形，果皮紫红色，平均单粒质量13.3g，比亲本增加5.1g，最大16.6g。果皮中厚，果肉较软，种子1~2粒。可溶性固形物含量为18.1%，可滴定酸含量0.74%，酸甜适口，多汁，香味浓郁，品质上等。芽眼萌发率为72.4%，结果枝占萌发芽眼总数的75.6%，每个结果枝平均着生果穗数为2.0个。早果性好，丰产性强。在沈阳地区露地4月底萌芽，6月上旬开花，8月底至9月初果实成熟，从萌芽到果实充分成熟需125天。果穗、果粒成熟一致。抗病性极强。

植株生长势中等。一年生成熟枝条红褐色，枝条成熟度好，嫩梢黄绿色。幼叶浅绿色略带红褐色，叶面、叶背密披白色茸毛。成龄叶片大，近圆形，绿色，较厚，叶缘锐锯齿，3裂，裂刻浅，叶柄洼为拱形开展。花为两性花（见彩图2-196）。

197　沈农香丰　Shennongxiangfeng

亲本来源　欧美杂种。从'紫珍香'自交后代中选出的优良中早熟新品种。沈阳农业大学在2009年育成。属鲜食品种。

主要特征　果穗圆柱形，穗形整齐，平均穗重480.0g。果粒着生紧密，大小均匀，倒卵形，果皮紫黑色，平均质量9.7g。果皮较厚。果肉较韧，可溶性固形物含量为18.8%，可滴定酸含量为0.58%，味甜，多汁，香味浓郁，品质上等。每果粒含种子1~2粒。

嫩梢浅绿色。幼叶绿色，边缘有红色晕，上、下表面密被白色茸毛；成龄叶近圆形，大，上、下表面茸毛密，叶缘锐锯齿；3裂，裂刻较浅。两性花。生长势中等。早果性好，丰产性强，抗病性强。从萌芽到果实充分成熟需125天，果穗、果粒成熟一致（见彩图2-197）。

198　沈香无核　Shenxiangwuhe

亲本来源　欧亚种。从'沈87-1'自交后代中选育出的无核新品种。沈阳农业大学在2015年育成。属早熟鲜食品种。

主要特征　果穗圆柱形，整齐，中大，长11.9cm，宽6.8cm，平均单穗质量193g，最大穗质量226g。果粒椭圆形，大小均匀，紫黑色，粒较大，纵径1.81cm，横径1.49cm，平均单粒质量3.7g，最大粒4.7g；果皮中等厚。果肉硬度中等，味甜、香味浓郁，无核，鲜食品质上等，可溶性固形物含

量20.5%，可溶性糖含量16.4%，可滴定酸含量0.47%。以'贝达'为砧木，采用龙干形树形。进入结果期早，定植第2年即可开花结果，4年生平均产量1300kg/667m²以上（见彩图2-198）。

199　光辉　Guanghui

亲本来源　亲本为'香悦'×'京亚'，沈阳市林业果树科学研究所在2010年育成。早熟鲜食品种。

主要特征　果穗圆锥形，有歧肩，平均果穗长、宽为16.60cm×12.30cm。果穗大小整齐，平均穗重560.0g，最大穗重820.0g；果粒着生中等紧密，果粒近圆形，纵径2.85cm，横径2.70cm，果粒大小整齐。光辉平均单粒重10.2g，最大单粒重15.0g。果皮色泽紫黑色，果粉厚。穗梗平均长5.00cm，有利于套袋。果皮较厚，浆果含种子1~3粒，一般为1~2粒。果肉较软。可溶性固形物含量为16.00%；总糖含量比为14.10%；可滴定酸含量为0.50%；糖酸比为28.20。

植株生长势强，新梢不徒长，枝条易成熟。芽眼萌发率为68.00%，结果枝占萌发芽眼总数的70.00%，结果系数1.8。自然授粉花序坐果率高，自然坐果可满足生产需求，不必用生长调节剂提高坐果率，新梢二次结果能力强，无早期落叶现象（见彩图2-199）。

200　黑山　Heishan

亲本来源　欧山杂种。亲本为'黑汉'×''山葡萄'1号'，中国农业科学院果树研究所在1959年育成。晚熟酿酒品种。

主要特征　果穗圆锥形，小，穗长10.6cm，穗宽5.8cm，平均穗重117g，最大穗重126g。果穗大小不整齐，果粒着生中等紧密。果粒近圆形，紫黑色，小，纵径1.3cm，横径1.5cm，平均粒重2g，最大粒重2.2g。果粉厚。果皮厚，韧，皮下有紫红色素。果肉软，汁较多，紫红色，味酸甜。每果粒含

种子 3 粒。种子与果肉较难分离。可溶性固形物含量为 27%，总糖含量 24.8%，可滴定酸含量为 0.86%，出汁率为 72%。

植株生长势极强。新梢成熟度极好，成熟部分占新梢总长的 96% 以上。正常结果树产果 15000kg/hm²（1.5m×5m，小棚架）。在辽宁兴城地区，4 月下旬萌芽，9 月下旬浆果成熟。从萌芽至浆果成熟需 153 天。浆果晚熟。抗寒力极强，抗病力亦强。成龄叶片心脏形，大。卷须分布不连续，两性花（见彩图 2-200）。

201 山玫瑰 Shanmeigui

亲本来源 欧山杂种。亲本为'玫瑰香'×'山葡萄'，中国农业科学院果树研究所在 1959 年育成。晚熟酿酒品种。

主要特征 果穗圆锥形带副穗，中等偏小，穗长 16.6cm，穗宽 9.9cm，平均穗重 120g，最大穗重 150g。果粒着生中等紧密。果粒圆形，蓝黑色，中等偏小，纵径 1.4cm，横径 1.4cm，平均粒重 1.5g，最大重 2.0g。果粉厚。果皮厚，韧。果肉软，汁较少，粉红色，味甜，略带青草味。每果粒含种子 2~4 粒，多为 2~3 粒。种子与果肉稍难分离。可溶性固形物含量为 27%，总糖含量为 23%，可滴定酸含量为 0.9%，出汁率为 78.2%。用其酿制的红葡萄酒，深宝石红色，有光泽，酒香浓郁，果香悦人，后味长，酒体完整，酒质优良，稍有苦涩味。

植株生长势极强。每果枝平均着生果穗数为 2 个。正常结果树产果 15000kg/hm²（1.5m×5m，小棚架）。在辽宁兴城地区，4 月下旬萌芽，10 月上旬浆果成熟。浆果晚熟。抗寒力极强，在 -26℃ 的冬季可露地安全越冬。抗病力强。成龄叶片心脏形，极大。叶片 3 裂。锯齿锐。叶柄洼宽拱形。新梢生长直立。卷须分布不连续。两性花（见彩图 2-201）。

202 早甜玫瑰香 Zaotianmeiguixiang

亲本来源 欧亚种。为'玫瑰香'自然实生后代。中国农业科学院果树研究所在 1963 年育成。早熟鲜食品种。

主要特征 果穗圆锥形或圆球形，平均穗重 216.5g。果穗大小整齐，果粒着生中等紧密。果粒近圆形，浅紫红色，平均粒重 3.6g。果粉薄。果皮中等厚，较脆。果肉较脆，汁中等多，味甜，有浓郁玫瑰香味，可溶性固形物含量为 14.3%，品质上等。每果粒含种子多为 3 粒。嫩梢紫红色；新梢节间背侧红色，腹侧绿色，带红色条纹。幼叶黄绿色，带红褐色；成龄叶心脏形，中等大，下表面有中等多刺毛；叶片 5 裂，上裂刻深，均下裂刻浅。两性花。二倍体。生长势中等（见彩图 2-202）。

203 华葡 1 号 Huapu 1

亲本来源 山欧杂种。亲本为'左山一'×'白马拉加'，中国农业科学院果树研究所在 2011 年育成。属酿酒制汁品种。

主要特征 果穗圆锥形，平均穗重 214.4g。果粒圆形，紫黑色，平均粒重 3.1g。果皮厚而韧。果肉软，可溶性固形物含量 24.1%，可滴定酸含量 1.27%，单宁含量 2827.6mg/kg，出汁率 70.16%。每果粒含种子多为 3 粒。

生长势强。早果性好，丰产。果实发育天数为 110 天左右。抗寒性强，枝条半致死温度为 -26℃，根系半致死温度为 -8.5℃，在辽宁省朝阳、锦州和葫芦岛地区可露地越冬。抗霜霉病，对白腐病、炭疽病等真菌性病害抗性较强。

嫩梢绿色。幼叶黄绿色，上表面有光泽，下表面茸毛较少；成龄叶片五角形，大，有光泽，主脉黄色有红晕，下表面有极稀茸毛；叶片 5 裂，上裂刻浅至中，下裂刻极浅至浅，裂刻基部"U"形。雌能花。二倍体(见彩图2-203)。

204　岳红无核　Yuehongwuhe

亲本来源　欧亚种。亲本为'晚红'×'无核白鸡心',辽宁省果树科学研究所在2013年育成。早熟鲜食品种。

主要特征　该品种果穗圆锥形,整齐,大小适中,长、宽分别为20.0cm和12.0cm,平均单穗重523g,最大穗重650g;果粒着生中等紧密,大小均匀;果粒为椭圆形,大,纵径2.3cm,横径2.0cm,单粒重5.0g,最大可达8.0g。果皮紫红色,中等厚,果粉中多,果皮与果肉不易分离,可食。果肉硬脆,汁液较多,味甜,可溶性固形物含量16.3%,可滴定酸含量0.49%,品质好。

植株生长势较强。早果性好。在辽宁省熊岳地区,4月下旬萌芽,6月初始花,7月上旬果实开始着色,7月中旬开始成熟,8月中旬浆果充分成熟。从萌芽至果实充分成熟110天左右(见彩图2-204)。

205　沈87-1　Shen 87-1

亲本来源　欧亚种。别名'鞍山早红'。1987年在辽宁鞍山郊区葡萄园中发现的极早熟品种,亲本不详。属极早熟鲜食品种。

主要特征　果穗圆锥形,平均穗重600.0g。果穗大小较整齐,果粒着生较紧密。果粒短椭圆形,深紫红色,平均粒重5.0~6.0g。果粉中等厚。果皮薄,韧。果肉较脆,汁中等多,味甜,有较浓玫瑰香味,可溶性固形物含量为14.0%~15.0%,可滴定酸含量为0.45%~0.50%,品质上等。每果粒含种子多为2~3粒,种子中等大,红褐色。

嫩梢紫红色,有稀疏茸毛。幼叶紫红色,薄,上、下表面均光滑无毛,老叶梢向背反卷;成龄叶心脏形,中等大,上、下表面均光滑无毛;叶片5裂,上裂刻极深,下裂刻中等深。两性花,生长势中等。丰产性好(见彩图2-205)。

206　红鸡心　Hongjixin

亲本来源　欧亚种。别名'紫牛奶'。亲本不详,是我国古老品种。属极晚熟鲜食品种。

主要特征　果穗歧肩圆柱形或圆锥形,大,穗长17~22cm,穗宽12~15cm,平均穗重557g,最大穗重1000g。果粒大小整齐,果粒着生极紧密。果粒鸡心形,紫红色,近果梗处绿褐色,大,纵径3.0cm,横径1.7cm,平均粒重4.6g,最大粒重7g。果粉中等厚。果皮中等厚,较脆。果肉稍脆,汁多,白色,味甜酸。每果粒含种子1~4粒,多为2粒。种子梨形,中等大,灰褐色,种脐突出,喙有红斑。种子与果肉易分离。可溶性固形物含量为17.0%,可滴定酸含量为0.7%~0.9%。鲜食品质中等。果粒着生极牢固,耐压力强,耐储运。

植株生长势强。隐芽萌发力中等,副芽萌发力弱。芽眼萌发率87.4%。枝条成熟度好。结果枝占芽眼总数的24.0%。每果枝平均着生果穗数为1.08个。隐芽萌发的新梢和夏芽副梢结实力均弱。早果性差。一般定植第4~5年开始结果(见彩图2-206)。

207　托县葡萄　Tuoxianputao

亲本来源　欧亚种。别名'小玛瑙'。为内蒙古托克托县的地方品种。晚中熟鲜食品种。

主要特征　果穗圆锥形,带歧肩,平均穗重400.0~500.0g,果穗大小不整齐,果粒着生中等紧密或松散。果粒椭圆形,红褐色,平均粒重3.6g。果粉中等厚。果皮薄,较脆。果肉稍脆,汁多,黄白色,味甜酸,可溶性固形物含量为18.0%左右,可滴定酸含量为1.2%,出汁率为60.37%,品质中等。每果粒含种子多为3粒。

植株生长势强,隐芽和副芽萌发力均中等。芽眼萌发率为51.0%,枝条成熟度稍差。每果枝平均着生果穗数为1.33个。隐芽萌发的新梢结实力弱，夏芽副梢结实力中等。一般定植第 3~4 年开始结果。正常结果树产果 30000kg/hm²（0.3m×7m，多主蔓漏斗型大棚架）。在内蒙古呼和浩特地区，5 月 8 日萌芽，6 月 19 日开花，8 月 12 日新梢开始成熟，9 月 22 日浆果成熟。从萌芽至浆果成熟需 138 天，此期间活动积温为 2655.2℃。

嫩梢绿黄色，带紫色，新梢生长曲折。幼叶绿褐色，上表面无光泽，下表面茸毛少；成龄叶心脏形，小，中等厚，上表面无光泽，下表面无茸毛；叶片 5 裂，上裂刻深，下裂刻中等深。两性花（见彩图 2-207）。

208 内醇丰 Neichunfeng

亲本来源 亲本为'北醇'×'巨峰'，内蒙古自治区农牧业科学院在 1996 年育成。中熟品种。

主要特征 该品种果圆锥形，穗长 18.4cm，平均重 316g，最大穗重 506g。果粒圆形，平均粒重 5.4g，最大粒重 6.7g。果粒紫红色。果皮中后，果肉与种子易分离，甜酸适口，品质中上。植株生长势强，结果枝比例为 87.3%，成龄树芽眼萌发率 76.5%（见彩图 2-208）。

209 内京香 Neijingxiang

亲本来源 欧美杂种。亲本为'白香蕉'×'京早晶'，内蒙古自治区农业科学院园艺研究所在 1995 年育成。中熟品种鲜食品种。

主要特征 果穗圆锥形，带歧肩，平均穗重 431g，果粒大小整齐。果粒椭圆形，平均粒重 5.0g，最大粒重 7g，果粒着生中等紧密。果粉中等厚。果色绿黄色，果皮中等厚。果肉厚，汁中等多，黄白色，味甜酸，有淡草莓香味，可溶性固形物含量为 18%~20%，可滴定酸含量为 1.3%。

植株生长势强。隐芽和副芽萌发力均强。芽眼萌发率为 64.5%，枝条成熟度良好。结果枝占芽眼总数的 65.0%。每果枝平均着生果穗数为 1.8 个。隐芽萌发的新梢结实力中等，夏芽副梢结实力强。早果性强。在内蒙古呼和浩特地区，5 月 16 日萌芽，6 月 19 日开花，8 月 25 日新梢开始成熟，9 月 15 日浆果成熟。从萌芽至浆果成熟需 123 天，此期间活动积温为 2308℃（见彩图 2-209）。

210 红十月 Hongshiyue

亲本来源 '甲裴露'葡萄实生。青铜峡市森淼园林工程有限责任公司等在 2010 年育成。属极晚熟鲜食品种。

主要特征 果穗大或极大，平均重 937~1150g，长 22cm，宽 15cm，圆锥形，有副穗，果粒着生紧密。果粒大或极大，平均重 8.1~11g，纵径 21mm，横径 23mm，椭圆形或卵圆形；果粒鲜红色，果粉薄，果皮中等厚、韧，不易与果肉分离；果肉白色，脆而硬，汁中等，无色透明，有清香味，含糖量 18%~22%（还原糖 200g/kg），含酸量 6‰~7.3‰，糖酸比 27.4~30，味甜酸可口。含种子 2~4 粒，平均 2.6 粒，多为 2~3 粒，种子大，卵圆形，深褐色，喙小。

树势中等，结实力极强，结果枝占总枝数的 50% 左右。自结果母枝基部第一节起即可抽生结果枝，而第三节以上结实率较高。果穗多着生在第四至第五节，结果系数 1.8。副梢结实力强，早果性极强，丰产。

嫩梢紫红色，有稀疏茸毛，有光泽，背面无茸毛，叶柄微红，有茸毛。一年生枝条浅黄褐色，节为淡褐色，节间长度中等，平均长度 10.5cm；叶片大，平均长 22cm，宽 18.5cm，心脏形，较厚，绿色，秋叶黄色，五裂，上裂浅，下裂极浅，近全缘。叶面平滑，叶背叶脉上有短茸毛，叶梢向上弯曲；锯齿大，中等尖锐；叶柄洼开张，楔形、广楔形或拱形；叶柄绿色带紫红色，背面浅红色，短于中脉，长 10cm，基部呈棰状是其特点。卷须 2 叉或 3 叉，间歇性。两性花（见彩图 2-210）。

211　大玫瑰　Dameigui

亲本来源　欧亚种。'玫瑰香'四倍体芽变。1975年，在山东省平度县龙山发现。中熟鲜食品种。

主要特征　果穗圆锥形，带歧肩，副穗，平均穗重430.0g。果粒着生紧密。果粒圆形或近卵圆形，黑紫色，果粒重6.5～11.0g。果粉和果皮均厚。果肉多汁，有较浓玫瑰香味，可溶性固形物含量为16.0%～18.0%，鲜食品质优。每果粒含种子1～2粒，无核倾向明显。

植株生长势强。芽眼萌发率为59%。结果枝占芽眼总数的40%。每果枝平均着生果穗数为1.35个。夏芽副梢结实力强，花芽的芽外分化现象明显，产量中等，正常结果树可产果22500kg/hm²。在山东济南地区，4月9日萌芽，5月16日开花，8月8日浆果成熟。从萌芽至浆果成熟需120天，此期间活动积温为2900℃。

嫩梢绿色，粗壮，茸毛稀。幼叶黄绿带褐色，上、下表面密生灰白色茸毛；成龄叶心脏形，大，呈波浪状，上表面网状皱，下表面茸毛稀，叶片5裂。枝条褐色，节间比'玫瑰香'短，粗壮。两性花。四倍体。生长势强。产量中等。比'玫瑰香'早熟7天。适应性、抗寒性和抗病性比'玫瑰香'弱（见彩图2-211）。

212　巨星　Juxing

亲本来源　亲本为'里扎马特'דク京早晶'，山东省枣庄农业学校育成。早熟鲜食品种。

主要特征　果粒呈长椭圆形，平均粒重14g，最大达2g以上，远大于'巨峰'。果粒极美，品种抗病性强。皮薄鲜红，艳丽美观。果肉透明。具有浓郁的冰糖风味。甘甜爽口，无核，商品价值高（见彩图2-212）。

213　早熟玫瑰香　Zaoshumeiguixiang

亲本来源　山东省葡萄研究所2003年育成。早熟鲜食品种。

主要特征　果穗中偏大，圆锥形，平均穗重70g果粒整齐，呈鸡心形，红紫色，成熟上色非常一致。平均粒重6g，最大粒重8g，较传统'玫瑰香'果粒大，疏果增重效果好。果实脆甜，含糖量18%，具有浓郁的玫瑰香味。在山东地区，该品种4月初萌芽，5月上中旬开花，7月上旬成熟，树生长势强，副梢结实力强；产量高。该品种不仅早熟、丰产、品质优，而且抗病害特性突出，对照栽培中，在多个对照品种遭受冻害绝产的情况下该品种仍保持了突出的丰产性。而且于其抗病性强，常年的管理用药也比其他的品种至少减少一半（见彩图2-213）。

214　玉波一号　Yuboyihao

亲本来源　欧亚种，亲本为'紫地球'ד达米娜'；山东省江北葡萄研究所韩玉波等人在2017年育成。大粒浓香抗病中熟品种；

主要特征　'玉波一号'果穗圆锥形，平均穗重720g，最大穗重1480g，果粒圆形，着生紧密；平均粒重13.8g，最大粒重16.7g，果粒大小整齐，成熟一致；果实成熟后为紫黑色，果粉厚，着色均匀；果皮无涩味，果肉脆，可切薄片，有汁液，具有玫瑰香味，可溶性固形物含量20.0%；含种子1～2粒；结果枝率70.9%，双穗率66.8%，结果系数1.6；果实耐储藏性优于父、母本（见彩图2-214）。

215　玉波二号　Yuboerhao

亲本来源　欧亚种，亲本为'紫地球'ד达米娜'；山东省江北葡萄研究所韩玉波等人在2017年育成。中熟品种；

主要特征　'玉波二号'果穗呈分枝形，

平均穗重820g，最大穗重1789g；果粒圆形，着生松散均匀，无小粒，平均粒重14.3g，最大粒重15.9g，大小整齐，成熟一致；果实成熟后黄色，无果锈，果粉稍少，果皮无涩味，果肉脆，可切片，有汁液，具有浓郁玫瑰香味，可溶性固形物含量24.3%，最高可达25.6%；果粒含种子多为2粒，结果枝率67.5%，双穗率56.8%，结果系数1.5；果实耐储藏性优于父、母本（见彩图2-215）。

216 丰香 Fengxiang

亲本来源 亲本为'泽香'בּ'玫瑰香'，平度市葡萄研究所在2000年育成，晚熟品种。

主要特征 '丰香'结实力特强，中短梢修剪，萌芽率为71%，结果枝率为78%，结果系数1.67，山东平度大泽山4月上旬萌芽，5月下旬开花，8月中旬上色，9月中旬充分成熟，生育期145天左右，需有效积温3700℃（见彩图2-216）。

217 紫地球 Zidiqiu

亲本来源 欧亚种，别名'江北紫地球'。'秋黑'芽变。山东省平度市江北葡萄研究所在2009年育成，优良的晚熟葡萄品种。

主要特征 果穗分枝形，平均穗重1512.2g。果粒圆形，紫黑色，大小整齐，成熟一致，平均粒重16.3g。果粉厚，果肉脆，味酸甜，略带玫瑰香味，可溶性固形物含量为15.0%~17.3%，果皮无涩酸感，口感佳。果实耐储藏性与秋黑基本一致。该品种在胶东地区5月中下旬开花，8月上旬开始着色，9月上中旬成熟采收，可延迟采收到10月中下旬，较'秋黑'早熟20~25天（见彩图2-217）。

218 大粒六月紫 Daliliuyuezi

亲本来源 欧亚种，别名'山东大紫'。为'六月紫'葡萄的自然芽变，济南市历城区果树管理服务总站在1999年培育而成。早熟

品种。

主要特征 果穗圆锥形，有歧肩、副穗，果穗紧凑，平均穗重510.0g。果粒长椭圆形，紫黑色，平均单粒重6.0g。果粉中等厚。果皮较厚。果肉软，多汁，有玫瑰香味。每果粒含种子1~2粒。

嫩梢黄绿色，有绿色条纹。幼叶有光泽，有少量茸毛；成龄叶心脏形，3~5裂，裂刻较浅，叶缘多反卷，锯齿钝，叶表面光滑，叶背有少量茸毛。两性花。从萌芽至果实成熟需83~87天。耐运输（见彩图2-218）。

219 六月紫 Liuyuezi

亲本来源 欧亚种，为'山东早红葡萄'自然芽变。济南市历城区果树管理服务总站在1990年育成。早熟品种。

主要特征 果穗圆锥形，有歧肩，有小副穗，果穗紧密，整齐均匀。果穗中大，平均穗长17cm，宽13.5cm，穗重378g。百粒重396g，果粒圆形，整齐，紫红色，有玫瑰香味，果皮厚，果肉软，皮略涩，浆果多汁，含糖13.5%~14.5%，平均每粒有1~2颗种子，果蒂短。

树势中庸，副梢萌发率中高。芽眼萌发率高，结实力强。枝条粗壮、节间短。在济南历城条件下，4月上旬萌芽，5月中旬开花，6月中旬果实开始着色，7月上旬成熟，成熟期比'山东早红'提前10~15天。从萌芽到果实成熟生长天数为84~87天（见彩图2-219）。

220 红翠 Hongcui

亲本来源 亲本为'巨星'ב京秀'，齐鲁工业大学在2013年育成。中早熟品种。

主要特征 果穗大，圆锥形，穗长17.7cm，宽15.3cm，单穗质量690g，果粒着生中密。粒大，圆柱形，鲜红色，纵径2.29cm，横径2.27cm，单粒质量

8.59g；皮薄，果粉中多。果肉硬脆，硬度1.3kg/cm²，汁中等，味香甜；含可溶性固形物15%，含酸4.4g/L；每果有种子1~2粒，种子少。

植株生长势较强，结果枝率82.9%，结果系数1.03，产量中等，平均产量27000kg/hm²。抗病力强，不裂果，不落粒，成熟后树上挂果期长。在山东平度，4月初萌芽，5月下旬开花，7月中下旬成熟(见彩图2-220)。

221　红玫香　Hongmeixiang

亲本来源　为'玫瑰香'芽变品种，山东省果树研究所在2015年育成，中熟品种。

主要特征　果穗圆锥形，平均单穗重350g，单粒重6.8g稍大于'玫瑰香'，果粒椭圆形，紫红色，果肉黄绿色，柔软多汁，有浓郁的'玫瑰香'味，可溶性固形物含量18%，含酸量0.5%；果粉较厚，果皮与果肉易剥离；果肉黄绿色，稍软，多汁。含味香甜。每果粒含种子1~3粒，以2粒者居多，种子中等大，浅褐色。树势中庸，成花力强，早实丰产，适应范围广；果实发育期100天左右。'红玫香'在青岛平度露地栽培4月上旬萌芽，5月下旬盛花期，8月底浆果成熟，果实发育期100天左右(见彩图2-221)。

222　金龙珠　Jinlongzhu

亲本来源　为'维多利亚'芽变品种，山东省果树研究所在2015年育成。早熟品种。

主要特征　果穗圆锥形，平均单穗重504.7g，比对照品种'维多利亚'高18.0%。果粒近圆形，中等紧密，平均单粒重17.7g，比'维多利亚'高78.5%。果皮绿黄色，中厚，果粉少。果肉绿黄色，细脆，多汁，清甜，无涩味，可溶性固形物13.5%，比'维多利亚'高1.9%，可滴定酸0.22%，维生素C含量3.27mg/100g鲜果肉。果实发育期70天左右，在青岛地区7月底成熟。第3年平均产量2430.9kg/667m²，比'维多利亚'高5.8%(见彩图2-222)。

223　绿宝石　Lübaoshi

亲本来源　为'汤姆逊无核'葡萄品种的优良芽变。潍坊市农业科学院在2009年育成。

主要特征　果穗为双歧肩圆锥形，穗大，平均穗重669g。抗旱性好，蒸腾速率比对照降低14.3%。果粒椭圆形，果粒着生中等紧密，成熟时绿黄色，果皮薄、肉脆。可溶性固形物含量19.2%；含酸量为0.36%。成花容易，成花节位低，平均为1.26节。结果枝率高，结果枝占新梢总数的68.5%(见彩图2-223)。

224　夏紫　Xiazi

亲本来源　亲本为'玫瑰香'×'六月紫'，潍坊市农业科学院在2012年育成。属极早熟品种。

主要特征　果穗圆锥形，无副穗，中大，大小整齐。穗长15~25cm，平均单穗重750g，果粒着生中等紧密。果粒椭圆形，成熟时果皮紫红色，着色均匀，成熟一致。果粒大，纵径2.1~3.0cm，横径1.7~2.5cm，平均单粒重7.02g，果粒整齐。果皮中厚，果粉多，硬度中等，无肉囊，汁液中多。果梗短，抗拉力强，不脱粒，不裂果。风味香甜可口，具浓郁的玫瑰香味，品质极上。可溶性固形物含量15.6%~17.5%，总糖14.50%，总酸为0.25%~0.28%，糖酸比达到56:1。芽眼萌发率高，达到80%以上；结果性好，每结果母枝平均结果系数为1.6。自花坐果率高，达到40%以上。植株生长发育快，枝条成熟早，具有早果丰产特性。在潍坊地区4月7~10日萌芽，5月23~28日开花，浆果6月25日开始着色，果实开始成熟在7月8~10日，充分成熟为7月15日(见彩图2-224)。

225 红双星 Hongshuangxing

亲本来源 欧亚种，为'山东早红'葡萄芽变，济南建中葡萄新品种研究所在 2004 年育成。属极早熟品种。

主要特征 果穗圆锥形，穗形紧凑，平均穗重 430g，最大 1500g。果粒圆形，平均粒重 6.7g，最大五粒达 15g 以上。果面光滑，成熟果实紫红色，着色迅速整齐，外形美观。果粉中等厚，果皮厚，易剥离，较耐储运。果肉多汁，有玫瑰香味，五年测定平均含可溶性固形物 13.8%，酸甜适口，品质佳；每果粒有种子 2~3 粒。久旱遇雨无裂果现象。成熟极早：在山东济南地区 6 月 10 日后果实开始着色，6 月 28 日左右为最佳成熟期，成熟期较为一致，果实生育期 45 天左右。品质优良，果面光滑，成熟果实紫红色(见彩图 2-225)。

226 红旗特早玫瑰 Hongqitezaomeigui

亲本来源 为'玫瑰香'芽变，平度市红旗园艺场在 2001 年育成。

主要特征 果穗圆锥形，有副穗，平均穗重 500.0~600.0g，果粒着生较紧密。果粒圆形，平均粒重 7.5g，紫红色，果粉薄。顶部有 3~4 条微棱，玫瑰香味，酸甜，可溶性固形物含量 17.0% 以上，总糖含量 12.2%~13.0%，总酸含量 0.40%~0.50%，每 100g 鲜重维生素 C 含量 14.9~15.54mg，品质极佳。

新梢黄绿色略带紫红色，成熟枝条红褐色。成龄叶心脏形，中等大，光滑无毛，3~5裂，叶缘具钝锯齿。生长势中庸偏强。丰产。浆果发育期 38~40 天。较耐干旱、耐瘠薄，抗寒性较强(见彩图 2-226)。

227 泽香 Zexiang

亲本来源 欧亚种，亲本为'玫瑰香'×'龙眼'。山东省平度市洪山园艺场在 1979 年育成。中晚熟品种。

主要特征 果穗圆锥形，大小较整齐，果粒着生紧密。果粒卵圆形至圆形，黄色，纵径 2.3~2.5cm，横径 1.8~2.1cm，平均粒重 6g，最大粒重 10g。果粉中等厚。果皮薄，肉质脆，酸甜适度，清爽可口，有较浓玫瑰香味。每果粒含种子多为 3 粒。可溶性固形物含量为 19%~21%，最高可达 22%~23%，总糖含量为 18.44%，可滴定酸含量为 0.39%，出汁率为 78%~81%。鲜食品质上等。适合在活动积温不少于 3400℃ 的地区种植。

栽培技术要点：棚架、篱架栽培均可，宜中梢为主，长、中、短混合修剪。抗寒、抗旱、抗高温、抗盐碱力均强，抗涝力中等。抗病性强，抗白腐病、黑痘病、灰霉病、穗轴褐枯病力均强，抗霜霉病、白粉病力均弱，尤其不抗炭疽病，抗虫性中等(见彩图 2-227)。

228 烟葡 1 号 Yanpu 1

亲本来源 为'8612'葡萄芽变。山东省烟台市农业科学研究院在 2013 年育成。中早熟品种。

主要特征 果穗多为圆锥形，平均穗重 300g；果粒近圆形，着生较松散，平均粒重 3.1g；果皮着色整齐，紫红色至紫黑色，果粉中厚；肉软多汁，有淡草莓香味，可溶性固形物 14.2%，可滴定酸 0.50%；无核率 100%；不脱粒，裂果轻；抗性较强。果实发育期 60 天左右，保护地栽培条件下，一般 6月 25 日左右成熟(见彩图 2-228)。

229 趵突红 Bautuhong

亲本来源 欧山杂种。亲本为'甜水'בˊ东北山葡萄'，山东省酿酒葡萄科学研究所在 1985 年育成。中晚熟品种。

主要特征 果穗圆锥形，多数带副穗或歧肩，平均穗重 230.0g。果粒着生中等紧密。果粒小，圆形，紫黑色，平均粒重 1.5g。果粉和果皮均中等厚。果肉软，味甜酸，具'山葡萄'味，可溶性固形物含量为 17% ～ 19%，含酸量为 1.09%，出汁率为 78%左右。

树势中等偏强，产量中等，抗寒性强，抗病性较强。芽眼萌发率为 92.3%。结果枝占总芽眼数的 67.3% ～73.6%。每果枝平均着生果穗数为 1.4 个。在山东济南地区，3 月底至 4 月初萌芽，5 月初开花，8 月中、下旬浆果成熟。从萌芽至浆果成熟需 131 ～ 139 天，此期间活动积温为 3000 ～ 3200℃（见彩图 2-229）。

230　脆红　Cuihong

亲本来源　欧美杂种。亲本为'玫瑰香'×'白香蕉'，山东省酿酒葡萄科学研究所在 1978 年育成。中熟品种。

主要特征　果穗圆锥形，带歧肩，平均穗重 207.0g。果粒椭圆形，着生中等紧密，紫红色。果肉特脆，味甜，具特殊果香，平均粒重 3.4g。果粉中等厚，果皮厚。可溶性固形物含量为 15.0% ～18.0%。每果粒含种子 2～4 粒。

植株生长势较强。芽眼萌发率为 74.1%。结果枝占芽眼总数的 62.1%。每果枝平均着生果穗数为 1.4 个。早果性好。正常结果树产果 30000kg/hm²。在山东济南地区，4 月初萌芽，5 月上、中旬开花，8 月中旬浆果成熟，从萌芽至浆果成熟所需天数为 130 天左右，此期间活动积温为 2900～3200℃（见彩图 2-230）。

231　翡翠玫瑰　Feicuimeigui

亲本来源　欧美杂种。亲本为为'红香蕉'×'葡萄园皇后'，山东省酿酒葡萄科学研究所在 1994 年育成。早熟品种。

主要特征　果穗圆锥形，带歧肩和副穗，平均穗重 491.6g。果粒椭圆形，黄绿色，平均粒重 6.2g，果肉脆，汁多，具浓玫瑰香味，可溶性固形物含量为 15.0% ～17.0%，鲜食品质优良。果粒着生中等紧。果粉中等厚，果皮薄。

植株生长势中等。芽眼萌发率为 76.32%。每果枝平均着生果穗数为 2 个。丰产。在山东济南地区，4 月初萌芽，5 月上、中旬开花，7 月上、中旬成熟，从萌芽至浆果成熟所需天数为 102 ～ 111 天，此期间活动积温为 2298.4～2482.3℃（见彩图 2-231）。

232　丰宝　Fengbao

亲本来源　欧美杂种。亲本为'葡萄园皇后'×'红香蕉'。山东省酿酒葡萄科学研究所在 1994 年育成，早熟品种。

主要特征　果穗歧肩圆锥形，带副穗，平均穗重 539.0g。果粒椭圆形，紫黑色，平均粒重 5.9g。果肉稍脆，汁多，有淡玫瑰香味，可溶性固形物含量为 15.5% ～17.0%，果粒着生中等紧密或紧密。果粉中等厚，果皮厚。

植株生长势中等。芽眼萌发率为 75.61%。每果枝着生果穗数为 1～2 个。夏芽副梢结实力中等。丰产。在山东济南地区，4 月初萌芽，5 月上、中旬开花，7 月上旬成熟，从萌芽至浆果成熟所需天数为 101 ～ 112 天，此期间活动积温为 2283.7～2495.2℃（见彩图 2-232）。

233　贵妃玫瑰　Guifeimeigui

亲本来源　欧美杂种。亲本为'红香蕉'×'葡萄园皇后'，山东省酿酒葡萄科学研究所在 1994 年育成，早熟品种。

主要特征　果穗圆锥形，带副穗和歧肩，果穗中等大，平均穗重 600.0g。果粒圆形，黄绿色，平均粒重 8.0～10.0g。果粒着生紧密，果皮薄，果肉脆，味甜，有浓玫瑰香味。可含可溶性固形物 15% ～ 20%，含酸量 0.6%～0.7%。品质极佳。从萌芽至浆果成熟需 105～110 天。

树势中偏强，芽眼萌发率 77.7%，每果枝挂果 1～2 穗，多数为 2 穗，丰产，稳产，结果期早，栽植第二年每产量可达 500 ～ 800kg/667m²，抗病能力强，适应范围广（见彩图 2-233）。

234 黑香蕉 Heixiangjiao

亲本来源 欧美杂种。亲本为'红香蕉'ד葡萄园皇后',山东省酿酒葡萄科学研究所在 1994 年育成。早熟品种。

主要特征 果穗圆锥形,带歧肩和副穗,平均穗重 498.0g。果粒椭圆形,平均粒重 5.1g,可溶性固形物含量为 15%~17%。果皮厚,紫红色或紫黑色。果粉中等厚,果肉软,汁多,味甜,具浓香蕉味。

植株生长势中等。芽眼萌发率为 79.31%~83.56%。每果枝平均着生果穗数多为 2 个。丰产性强。在山东济南地区,4 月初萌芽,5 月上、中旬开花,7 月上、中旬浆果成熟。从萌芽至浆果成熟需 104~107 天,此期间活动积温为 2290~2410℃。浆果早熟。极抗真菌性病害(见彩图 2-234)。

235 红莲子 Honglianzi

亲本来源 欧亚种。亲本为'玫瑰香'ד葡萄园皇后',山东省酿酒葡萄科学研究所在 1978 年育成。中熟品种。

主要特征 果穗圆锥形,带歧肩,平均穗重 486.5g。果粒长椭圆形,红紫色,平均粒重 4.8g,着生中等紧密。果粉中等厚。果皮厚,稍涩。果肉稍脆,无香味,可溶性固形物含量为 13.0%~15.0%。

植株生长势较强。芽眼萌发力中等。每果枝平均着生果穗数为 1.3 个。夏芽副梢结实力强,正常结果树可产果 30000kg/hm² 。在山东济南地区,4 月初萌芽,5 月上、中旬开花,8 月中、下旬浆果成熟。从萌芽至浆果成熟需 130 天,此期间活动积温为 3000~3300℃(见彩图 2-235)。

236 红双味 Hongshuangwei

亲本来源 欧美杂种。亲本为'葡萄园皇后'ד红香蕉',山东省酿酒葡萄科学研究所

在 1994 年育成,早熟品种。

主要特征 果穗圆锥形,带副穗和歧肩,平均穗重 706.0g。果粒椭圆形,平均粒重 7.5g,果粒着生中等紧密。果皮中等厚,紫红色至紫黑色。果肉软,汁多,兼有香蕉味和玫瑰香味,可溶性固形物含量 17.5%~21.0%,果粉中等厚,鲜食品质优。

植株生长势中等。芽眼萌发率为 70.31%~75.57%。每果枝平均着生果穗数为 1.67~2.06 个。夏芽副梢结实力强。产量中等。在山东济南地区,4 月初萌芽,5 月上、中旬开花,7 月上、中旬浆果成熟。从萌芽至浆果成熟需 100~111 天,此期间活动积温为 2204.5~2482.3℃(见彩图 2-236)。

237 红香蕉 Hongxiangjiao

亲本来源 欧美杂种。亲本为'玫瑰香'ד白香蕉',山东省酿酒葡萄科学研究所在 1978 年育成,中熟品种。

主要特征 果穗圆锥形,带副穗,平均穗重 270.0~320.0g。果粒椭圆形,紫红色,平均粒重 4.1g,果粒着生中等紧密。果粉和果皮均中等厚。果肉较脆,汁多,味甜,有浓香蕉味,可溶性固形物含量为 14.0%~19.0%,出汁率为 72.7%。

植株生长势强。芽眼萌发率较高。每果枝平均着生果穗数 1.7 个。在山东济南地区,4 月初萌芽,5 月上、中旬开花,8 月下旬浆果成熟。从萌芽至浆果成熟需 120 天,此期间活动积温为 2700~3000℃(见彩图 2-237)。

238 红玉霓 Hongyuni

亲本来源 欧美杂种。亲本为'红香蕉'ד葡萄园皇后',山东省酿酒葡萄科学研究所在 1994 年育成。早熟品种。

主要特征 果穗圆锥形或歧肩,中等偏大,平均穗重 471.9~632.2g,最大穗重 764g。果粒椭圆形,平均粒重 5.3g,可溶性固形物含量为 15.0%~17.5%,果粒着生紧密。果肉

柔软，汁多，味甜，有淡玫瑰香味。果粉和果皮均薄，果色呈紫红色带彩条。

植株生长势中等。芽眼萌发率为70.78%。每果枝平均着生果穗数为1.2个。夏芽副梢结实力中等。丰产性强。在山东济南地区，4月初萌芽，5月上、中旬开花，7月上、中旬浆果成熟。从萌芽至浆果成熟需97~103天，此期间活动积温为2136.6~2283.7℃（见彩图2-238）。

239　红汁露　Hongzhilu

亲本来源　欧亚种。亲本为'梅鹿辄'×'魏天子'，山东省酿酒葡萄科学研究所在1980年育成。中晚熟品种。

主要特征　果穗圆锥形，平均穗重200g。果粒圆形，果色紫黑色，平均粒重2.5g，果粒着生中等紧密。果皮中等厚。果肉软，果汁红色。每果粒含种子2~4粒。果肉与种子易分离。可溶性固形物含量为19.5%~22%，含糖量为18%~20%，含酸量为0.83%，出汁率65%~73%。

植株生长势中等。芽眼萌发率为70.7%。结果枝占总芽眼数的40.0%。每果枝平均着生穗数为1.5个。早果性好。较丰产。正常结果树可产果15000kg/hm²。在山东济南地区，4月初萌芽，5月中、下旬开花，8月中、下旬浆果成熟，从萌芽至浆果成熟所需天数为130天左右，此期间活动积温为3000~3100℃（见彩图2-239）。

240　梅醇　Meichun

亲本来源　欧亚种。亲本为'梅鹿辄'×'魏天子'，山东省酿酒葡萄科学研究所在1980年育成。中熟品种。

主要特征　果穗圆锥形或圆柱形，带副穗，平均穗重约360g。果粒近圆形，平均粒重2.7g。果粉中等厚，果色紫黑色，果皮中等厚。果肉软，具玫瑰香味，可溶性固形物含量为18.0%~20.0%，含糖量为15.0%~

17.0%，含酸量为0.73%，出汁率为77%~81%。

植株生长势强。芽眼萌发率为71.5%。结果枝占芽眼总数的52.8%。每果枝平均着生果穗数为1.4个。夏芽副梢结实力中等。早果性好。正常结果树可产果15000kg/hm²以上。在山东济南地区，4月上旬萌芽，5月中、下旬开花，8月中旬浆果成熟。从萌芽至浆果成熟需130天左右，此期间活动积温为3000~3200℃（见彩图2-240）。

241　梅浓　Meinong

亲本来源　欧亚种。亲本为'梅鹿辄'×'魏天子'，山东省酿酒葡萄科学研究所在1985年育成。中熟品种。

主要特征　果穗圆锥形，多数带副穗，平均穗重274g。果粒近圆形，平均粒重1.2g，着生中等紧密。果色紫黑色，味酸甜，果粉中等厚。可溶性固形物含量为17%~18%，含糖量为16%~17%，含酸量为0.83%，出汁率为78%。每果粒含种子3~4粒。

植株生长势中等。芽眼萌发率为60.37%。结果枝占芽眼总数的41.36%。每果枝平均着生果穗数为1.5个。夏芽副梢结实力弱。产量中等偏低。在山东济南地区，4月上旬萌芽，5月中、下旬开花，8月中旬浆果成熟。从萌芽至浆果成熟需130天，此期间活动积温为2900~3100℃（见彩图2-241）。

242　梅郁　Meiyu

亲本来源　欧亚种。亲本为'梅鹿辄'×'魏天子'，山东省酿酒葡萄科学研究所在1979年育成。中熟品种。

主要特征　果穗圆锥或圆柱形，平均穗重275.0g。果粒近圆形，平均粒重2.5g，着生紧密。果色紫黑色，果皮厚。果肉软，可溶性固形物含量为18.0%~20.0%，含糖量为16.5%~18.0%，含酸量为0.73%，出汁率68.0%~73.5%。

植株生长势强。芽眼萌发率为71.3%。结果枝占芽眼总数的37.1%。每果枝平均着生果穗数为1.4个。早果性好。正常结果树可产果12500kg/hm²以上。在山东济南地区,4月初萌芽,5月中旬开花,8月中旬浆果成熟。从萌芽到浆果成熟需130天左右,此期间活动积温为2900~3100℃(见彩图2-242)。

243　泉白　Quanbai

亲本来源　欧亚种。亲本为'雷司令'בˈ魏天子',山东省酿酒葡萄科学研究所在1979年育成。中熟品种。

主要特征　果穗圆锥形,平均穗重310g左右。果粒近圆形,平均粒重3.3g,着生极紧密。果粉中等厚,果色黄绿色,果皮中等厚,有明显斑点。果肉软,汁多,色白,味酸甜,无香味,可溶性固形物含量为18%~20%,含糖量为15%~18%,含酸量为0.73%,出汁率为79%~81%。

植株生长势强。芽眼萌发率为61.1%。结果枝占芽眼总数的30.7%。每果枝平均着生果穗数为1.4个。夏芽副梢结实力中等。早果性好。正常结果树可产果1000kg/666.7m²以上。在山东济南地区,4月上旬萌芽,5月下旬开花,8月中旬浆果成熟。从萌芽至浆果成熟需130天左右,此期间活动积温为3000℃左右(见彩图2-243)。

244　泉醇　Quanchun

亲本来源　欧亚种。亲本为'白雅'בˈ法国蓝',山东省酿酒葡萄科学研究所在1991年育成。中熟品种。

主要特征　果穗圆锥形有歧肩或副穗,平均穗重276.7g。果粒圆形、整齐,着生中等紧密,成熟一致。果色紫黑色,果粉中等厚,果皮中厚。肉软多汁,味酸甜,皮略涩,可溶性固形物16%~17%,含糖量150~160g/L,含酸量8~10.5g/L,出汁率70%。

树势中庸。芽眼萌发率74.19%,结果枝占总芽眼数的55.8%,每果枝平均花序数1.3个。副梢结实力中,产量中,平均产1000~1250kg/667m²。在济南4月上萌芽,5月中开花,8月中旬成熟。生长日数113~122天,有效积温2677~2839.8℃(见彩图2-244)。

245　泉丰　Quanfeng

亲本来源　欧亚种。亲本为'白羽'בˈ二号白大粒',山东省酿酒葡萄科学研究所在1991年育成。中熟品种。

主要特征　果穗圆锥形,有副穗或歧肩,平均穗重375.2g。果粒椭圆形,整齐,果粒着生紧密,成熟一致。果色黄绿色,果粉中厚。果皮薄果肉软多汁,味酸甜,含糖量140~150g/L,含酸量11~14g/L,出汁率72%。

树势中庸。芽眼萌发率62.20%,结果枝占总芽眼数的42.4%,每果枝平均花序数1.3个。产量高,平均产1200~1500kg/667m²。在济南4月上萌芽,5月中开花,8月上中成熟。生长日数120~124天,有效积温2839.8~2898.6℃(见彩图2-245)。

246　泉晶　Quanjing

亲本来源　欧亚种。亲本为'白雅'בˈ法国蓝',山东省酿酒葡萄科学研究所在1991年育成。中熟品种。

主要特征　果穗有歧肩中等大,平均穗重395.6g。果粒椭圆形、整齐,着生中等紧密,成熟一致。果色黄绿色,果粉中等厚,果皮中厚。肉软多汁,味酸甜,可溶性固形物15~17%,含糖量140~150g/L,含酸量9.2g/L,出汁率78%。

树势中庸。芽眼萌发率73.30%,结果枝占总芽眼数的51.0%,每果枝平均花序数1.7个。产量中高,平均产1100~1500kg/667m²。在济南4月上萌芽,5月中开花,8月上中成熟。生长日数112~124天,有效积温2672.7~2874.8℃(见彩图2-246)。

247　泉龙珠　Quanlongzhu

亲本来源　欧亚种。亲本为'玫瑰香'×'葡萄园皇后'，山东省酿酒葡萄科学研究所在1976年育成。中熟品种。

主要特征　果穗圆柱形或圆锥形，带歧肩无副穗，平均穗重369.4g。果粒椭圆形，平均粒重4.9g，着生中等紧密。果色红紫色，果粉薄，果皮中等厚。果肉稍脆，汁多，清甜。可溶性固形物含量为12%~15%。

植株生长势中等。芽眼萌发率为36.2%。结果枝占芽眼总数的45.4%。每果枝平均着生果穗数为1.3个。正常结果树可产果30000kg/hm²左右。在山东济南地区，4月初萌芽，5月上、中旬开花，8月中旬浆果成熟。从萌芽至浆果成熟需130天，此期间活动积温为3000~3300℃（见彩图2-247）。

248　泉莹　Quanying

亲本来源　欧亚种。亲本为'白羽'×'白莲子'，山东省酿酒葡萄科学研究所在1991年育成。中熟品种。

主要特征　果穗圆锥形，有歧肩或副穗，平均穗重396.9g。果粒椭圆形，着生中等紧密，成熟一致。果色黄绿色，果粉薄，果皮中等厚。可溶性固形物含量为15%~16%，含糖量140~150g/L，含酸量9.5g/L，出汁率70%。

植株生长势中等。芽眼萌发率为63.6%，结果枝占芽眼总数的31.2%。每果枝平均着生果穗数为1.2个。产量中等，平均约为1100~1250kg/667m²。在山东济南地区，4月初萌芽，5月中旬开花，8月上中成熟。生长日数115~121天，此期间活动积温为2802~2878℃（见彩图2-248）。

249　泉玉　Quanyu

亲本来源　欧亚种。亲本为'雷司令'×'玫瑰香'，山东省酿酒葡萄科学研究所在1985年育成。中熟品种。

主要特征　果穗圆锥形，带副穗或歧肩，平均穗重350g。果粒椭圆形，平均粒重2.7g，着生紧密。果色黄绿色，果粉薄，果皮中等厚。果肉软，汁多，色白，味酸甜，有淡玫瑰香味，可溶性固形物含量为16%~18%，含糖量为15%~17%，含酸量为0.73%，出汁率为70.8%。

植株生长势中等。芽眼萌发率为72.7%。结果枝占芽眼总数的41.5%。每结果枝平均着生果穗数为1.5个。夏芽副梢结实力中等。产量较高，正常结果树一般产果18000~22500kg/hm²。在山东济南地区，4月上旬萌芽，5月中旬开花，8月中、下旬浆果成熟，从萌芽至浆果成熟所需天数为130天左右，此期间活动积温为2800~3000℃（见彩图2-249）。

250　山东早红　Shandongzaohong

亲本来源　欧亚种。亲本为'玫瑰香'×'葡萄园皇后'，山东省酿酒葡萄科学研究所在1976年育成。属极早熟品种。

主要特征　果穗圆锥形，带歧肩或副穗，平均穗重356.4g。果粒近圆形，平均粒重3.4g，着生中等紧密。果粉中等厚，果色紫红色，果皮厚，略涩。果肉软，汁多，有淡玫瑰香味，可溶性固形物含量为13.0%~14.0%，鲜食品质中上等。

植株生长势中等。结果枝占芽眼总数的90%以上，每果枝平均着生果穗数1.7个。隐芽结实力高。早果性好。较丰产。在山东济南地区，4月初萌芽，5月上、中旬开花，7月中旬浆果成熟。从萌芽至浆果成熟需110天左右，此期间活动积温为2300~2500℃（见彩图2-250）。

251　烟74号　Yan 74

亲本来源　欧亚种。亲本为'紫北赛'×'玫瑰香'，烟台葡萄酒公司在1981年育成。

主要特征 '烟74'嫩梢淡红绿色。幼叶绿色附加红色。一年生枝赤黄色。成龄叶片中，心脏形，叶柄洼椭圆形，秋叶紫红色。两性花。果穗单歧肩圆锥形，中等大。果粒椭圆形，中等大。百粒重220~240g，每果有种子2~3粒。果色紫黑色，肉软，汁深紫红色，无香味。浆果含糖量160~180g/L，含酸量6~7.5g/L，出汁率70%。所酿之酒深紫黑色，色素极浓，味正，果香、酒香清淡，醇正柔协(见彩图2-251)。

252 6-12（又名莒葡1号）
6-12（Jupu1）

亲本来源 欧亚种，'绯红'葡萄的极早熟芽变。属于极早熟品，山东省志昌葡萄研究所张志昌等人在2006年培育而成种。

主要特征 果穗圆锥形，紧凑，果穗中大，穗长18.40cm，宽16.80cm，平均穗重为426.0g，最大穗重为760.0g，果穗一般着生在枝蔓的3~4节，副梢结实能力中等。果粒近圆形，平均单粒重6.5g，最大粒重9.8g。果肉硬脆，丰产性强，可溶性固形物15.6%，完熟果皮紫红色，有淡玫瑰香味，刚着色即可食用，品质上等，极耐储运。植株生长势中庸，隐芽萌发力中等，芽眼萌发率68.30%，成枝率80.20%。在山东莒县地区，一般为4月上旬萌芽，5月中旬开花，6月下旬至7月初浆果成熟，果实发育期46天，适合保护地促成栽培(见彩图2-252)。

253 瑰宝 Guibao

亲本来源 欧亚种。亲本为'依斯比沙里'×'维拉玫瑰'，山西省农业科学院果树研究所1988年育成。晚熟鲜食品种。

主要特征 果穗双或单歧肩圆锥形，大，穗长20.0cm，穗宽13.2cm，平均穗重450g左右，最大穗重1700g。果穗大小整齐，果粒着生紧密。果粒椭圆形或近圆形，紫红色，较大，纵径2.1cm，横径2.0cm，平均粒重

5.4g，最大粒重8.5g。果皮中等厚，较韧。果肉脆，味甜，有浓玫瑰香味。每果粒含种子2~5粒，多为4粒。种子中等大，与果肉易分离。可溶性固形物含量为17.5%~19.9%，高的可达21%。鲜食品质上等。

植株生长势中等。芽眼萌发率为59.7%，枝条成熟度较好。结果枝占芽眼总数的48.3%。每果枝平均着生果穗数为1.7个。副芽结实力中等，副梢结实力较弱。早果性好，一般定植后第2年即可结果。正常结果树产果22500~30000kg/hm²。在山西晋中地区，4月中下旬萌芽，5月底至6月初开花，9月中下旬浆果成熟。从萌芽至浆果成熟需148天，此期间活动积温为3007.8℃。浆果晚熟。抗病力中等。抗裂果。易感日灼病。

嫩梢黄绿色，带紫红色，中部着生少量刺状毛。顶部幼叶浅紫红色，上表面稍有光泽，下表面着生稀疏茸毛。成龄叶片近圆形，较小，黄绿色；上表面平滑，有光泽；下表面叶脉有刺状毛，叶脉近叶片基部处为粉红色。叶片5裂，上裂刻中等深，下裂刻浅。叶柄洼窄拱形。两性花。二倍体(见彩图2-253)。

254 晶红宝 Jinghongbao

亲本来源 欧亚种。亲本为'瑰宝'×'无核白鸡心'，山西省农业科学院果树研究在2012年育成。中熟鲜食品种。

主要特征 果穗圆锥形，双歧肩，平均穗重282.0g。果粒着生较疏松。果粒鸡心形，紫红色，平均粒重3.8g。果皮薄。果肉脆，汁中等，味甜，品质上等。无种子。

嫩梢黄绿带紫红，梢尖开张，光滑无茸毛。幼叶浅紫红，有光泽，叶面茸毛稀，叶背具有稀疏直立茸毛；成龄叶近圆形；大，叶上表面无茸毛、光滑，叶下表面具有稀疏的刚状茸毛，叶片深5裂。两性花。二倍体。早果性差。中熟品种，从萌芽至浆果成熟需135天。为鲜食品种，是无核葡萄育种的优良亲本材料(见彩图2-254)。

255 丽红宝 Lihongbao

亲本来源 欧亚种。亲本为'瑰宝'×'无核白鸡心',山西省农业科学院果树研究在2010年育成。中熟鲜食品种。

主要特征 果穗圆锥形,穗形整齐,平均穗重300.0g。果粒着生中等紧密,大小均匀,鸡心形,紫红色,果粒大,平均粒重3.9g。果皮薄。果肉脆,味甜,无核,具玫瑰香味,可溶性固形物含量为19.4%,总酸为0.47%。品质上等。

嫩梢黄绿色,梢尖开张。幼叶黄绿色带紫红,有光泽,叶面无茸毛,叶背具有稀疏直立茸毛;成龄叶心脏形,中等大小、厚,5裂,上下裂刻极深,叶缘向上,叶缘锯齿锐,叶柄洼呈宽拱形,叶表面无茸毛、粗糙,叶背面有中等程度的刚状茸毛,叶脉花青素着色程度中等。两性花。二倍体。植株生长势中庸。中熟,从萌芽到果实充分成熟需130天左右(见彩图2-255)。

256 玫香宝 Meixiangbao

亲本来源 欧美杂种。亲本为'阿登纳玫瑰'×'巨峰',山西省农业科学院果树研究所在2015年育成,早熟鲜食品种。

主要特征 果穗圆柱形或圆锥形,果穗中大,平均穗质量230g,最大穗质量460g,平均果穗长16.5cm、宽10.5cm。果粒着生紧密,大小均匀,为短椭圆形或近圆形,平均纵径2.22cm,横径2.00cm,平均粒质量7g,最大9g;果皮紫红色,较厚、韧,果皮与果肉不分离;果肉较软,味甜,具玫瑰香味和草莓香味,品质上;可溶性固形物含量21.1%,总糖17.28%,总酸0.44%;每果粒含种子2~3粒。

长势中庸,萌芽率60.4%,结果枝占萌发芽眼总数的45.1%。每果枝平均花序数量为1.37个。自然授粉花序平均坐果率为31.2%。2014年进行营养袋苗定植,共159株,2015年平均株产0.96kg。在山西晋中地区4月下旬萌芽,5月下旬开花,7月上旬果实开始着色,8月中旬果实完全成熟,从萌芽到果实充分成熟需111天左右,早熟品种(见彩图2-256)。

257 秋黑宝 Qiuheibao

亲本来源 欧亚种。亲本为'瑰宝'×'秋红',山西省农业科学院果树研究所在2010年育成。中熟鲜食品种。

主要特征 果穗圆锥形,平均穗重437.0g。果粒着生中等紧密,大小均匀。果粒为短椭圆形或近圆形,紫黑色,平均粒重7.1g。果皮较厚、韧,果皮与果肉不分离;果肉较软,味甜、具玫瑰香味,可溶性固形物含量为23.4%,总酸含量为0.40%,品质上等。每果粒含种子数2~3粒,种子大。

嫩梢黄绿色带紫红,具稀疏茸毛。幼叶浅紫红色,有光泽,叶背具有中等密度的直立茸毛,叶面具稀疏茸毛;叶片近圆形,中等大小,平展,中等厚,5裂,上下裂刻深。叶柄洼为宽拱形,叶缘锯齿锐;成龄叶上表面无茸毛、光滑,下表面有稀疏刚状茸毛,叶脉花青素着色程度较深。长势中庸。中熟,从萌芽到果实充分成熟需130天左右(见彩图2-257)。

258 秋红宝 Qiuhongbao

亲本来源 欧亚种。亲本为'瑰宝'×'粉红太妃',山西省农业科学院果树研究所在2007年育成。中晚熟鲜食品种。

主要特征 果穗圆锥形,双歧肩,穗重508.0g。果粒为短椭圆形,紫红色,平均粒重7.1g。果皮薄、脆,果皮与果肉不分离。果肉致密硬脆,味甜、爽口、具荔枝香味,风味独特,可溶性固形物含量为21.8%,总酸为0.25%,品质上等。每果粒含种子2~3粒。

嫩梢黄绿色带紫红,具稀疏茸毛。幼叶浅紫红色,有光泽,叶背具有稀疏直立茸毛,叶面具稀疏茸毛；叶片近圆形，中等大小，5裂，上下裂刻中等深，叶柄洼为闭合椭圆形，叶缘锯齿锐，叶上、下表面无茸毛，叶面光滑，叶脉具玫瑰色。两性花。生长势强。中晚熟，从萌芽到果实充分成熟需 150 天左右。生长势强旺（见彩图 2-258）。

259　晚黑宝　Wanheibao

亲本来源　欧亚种。亲本为'瑰宝'×'秋红'，山西省农业科学院果树研究所在 2013 年育成。晚熟鲜食品种。

主要特征　果穗圆锥形，疏松，平均穗重 850.0g。果粒短椭圆形或圆形，紫黑色，平均粒重 8.5g。果皮厚，韧。果肉较软，汁多，味甜，具有玫瑰香味，品质上等。每果粒含种子 1~2 粒。

嫩梢黄绿色带紫红，具有稀疏茸毛。幼叶浅紫红色，有光泽，上表面具有稀疏茸毛、下表面具稀疏刚状茸毛；成龄叶片近圆形，中等大小，深 5 裂。节间长。两性花。四倍体。晚熟品种，从萌芽至浆果成熟需 165 天。是四倍体玫瑰香味葡萄育种的优良亲本材料（见彩图 2-259）。

260　无核翠宝　Wuhecuibao

亲本来源　欧亚种。亲本为'瑰宝'×'无核白鸡心'，山西省农业科学院果树研究所2011 年育成。早熟鲜食品种。

主要特征　果穗圆锥形，平均穗重 345.0g。果粒鸡心形，黄绿色，平均粒重 3.6g。果皮薄，韧。果肉脆，汁少，味甜，具有玫瑰香味，品质上等。有残骸。嫩梢黄绿色带紫红，具有稀疏茸毛。幼叶浅紫红色，有光泽，上表面具有稀疏茸毛，下表面具有稀疏直立茸毛；成龄叶近圆形，中等大小，上表面无茸毛、光滑，下表面有稀疏刚状茸毛，叶片 5 裂。节间长。两性花。二倍体。早果性好。早熟，从萌芽至浆果成熟需 115 天（见彩图 2-260）。

261　早黑宝　Zaoheibao

亲本来源　欧亚种。亲本为'瑰宝'×'早玫瑰'，山西省农业科学院果树研究所在 2001 年育成。早熟鲜食品种。

主要特征　果穗圆锥形，带歧肩，平均426.0g。果粒短椭圆形或圆形，紫黑色，平均粒重 8.0g。果皮中厚，较韧。果肉较软，汁多，味甜，具有浓郁的玫瑰香味，品质上等。每果粒含种子 1~2 粒。在山西晋中地区 4 月中旬萌芽；5 月 27 日左右开花，花期 1 周左右；7 月 7 日果实开始着色，7 月 28 日果实完全成熟，果实发育期 63 天。

树势中庸，节间中等长，平均 9.68cm，平均萌芽率 66.7%，平均果枝率 56.0%，每果枝上平均花序数为 1.37，花序多着生在结果枝的第 3~5 节。具活力花粉比率平均为47.58%，坐果率平均为 31.2%。副梢结实力中等。丰产性强。栽植营养袋苗，第 2 年即可结果，结果株率达 96.3%，平均株产 1.5~2.0kg；嫁接树在留条合理的情况下，第 2 年株产可达 6~8kg。

嫩梢黄绿带紫红色，有稀疏茸毛。幼叶浅紫红色，表面有光泽，上、下表面具稀疏茸毛；成龄叶心脏形，小，5 裂，裂刻浅，叶缘向上，叶厚，叶缘锯齿中等锐，叶柄洼呈"U"形，叶面绿色，较粗糙，叶下表面有稀疏刚状茸毛。两性花。四倍体。树势中庸（见彩图 2-261）。

262　晚红宝　Wanhongbao

亲本来源　欧亚种，亲本为'瑰宝'×'秋红'，山西省农业科学院果树研究所在 2013 年育成。晚熟鲜食品种。

主要特征　果穗双歧肩圆锥形，穗尖多为 2 叉或 3 叉，果穗大，平均穗重 594.3g，最大穗重 1162g；果粒着生中等紧密，为短椭圆形或近圆形；平均粒重 8.5g，最大粒重 17g；果皮紫黑色，较厚、韧，与果肉不分离；果肉较软，味甜、具玫瑰香味。可溶性固形物含量17%~20%。在山西省晋中地区，4月15日左右萌芽，5月下旬开花，9月下旬果实成熟，从萌芽到果实充分成熟需166天左右，晚熟品种。适宜山西省太原以南气候干燥地区种植（见彩图2-262）。

263　黑鸡心　Heijixin

亲本来源　欧亚种，原产地中国。别名'黑葡萄'。亲本不详。是山西清徐的主栽品种。晚熟鲜食品种。

主要特征　果穗短圆锥形，带歧肩，平均穗重400.0g。果粒着生中等紧密。果粒鸡心形，黑紫色，平均粒重4.5g。果粉厚。果皮中等厚。果肉柔软，汁中等多，浅红色，味酸甜，可溶性固形物含量为16.0%，鲜食品质中等。每果粒含种子多为3粒。

生长势中等，枝条成熟度好。早果性差。植株生长势中等，隐芽萌发力中等，副芽萌发力弱。芽眼萌发率为50%，枝条成熟度好。结果枝占芽眼总数的50%。每果枝平均着生果穗数为1.0个。隐芽萌发的新梢和夏芽副梢结实力均弱，早果性差。一般定植第4~5年开始结果。正常结果树产果13500kg/hm²（0.4m×7m，棚架）。在内蒙古呼和浩特地区，5月8日萌芽，6月19日开花，8月20日新梢开始成熟，9月23日浆果成熟。从萌芽至浆果成熟需139天，此期间活动积温为2670℃。在辽宁兴城地区，5月4日萌芽，6月17日开花，9月25日浆果成熟。从萌芽至浆果成熟需145天，此期间活动积温为3228.0℃。

嫩梢绿色，新梢有极稀疏细茸毛。幼叶黄绿色，边缘有红褐色，上表面有光泽，下表面无茸毛；成龄叶心脏形，中等大，薄，下表面有稀疏刺状毛，叶片5裂，上、下裂刻均深。叶柄中等长，较细，红褐色。雌能花。二倍体（见彩图2-263）。

264　瓶儿葡萄　Pingerputao

亲本来源　欧亚种，东方品种群。起源不详，是我国古老品种。山西有少量栽培，部分科研单位有保存。晚熟鲜食品种。

主要特征　果穗多为分枝形或圆锥形，平均穗重852.3g。果粒长椭圆形或长柱形，紫红色，上有大而明显的黑色斑点，平均粒重5.9g。果粉厚。果皮厚而韧。果肉致密而稍脆，汁中等多，味酸甜，可溶性固形物含量为13.8%，可滴定酸含量为0.65%，品质中上等。每果粒含种子多为2~4粒。

植株生长势强健，当年生枝条生长粗壮，多年生主蔓上易发生气生根。隐芽萌发力极弱，副芽萌发力弱。芽眼萌发率为57.1%。结果枝占芽眼总数的34.1%。每果枝平均着生果穗数为1.17个。夏芽副梢结实力弱。进入结果期较早，定植第2年开始结果。产量较高。在天津市宁河镇地区，4月23~24日萌芽，5月29日~6月8日开花，7月26日~8月15日枝条开始成熟，9月20~22日浆果成熟。从萌芽至浆果成熟需151~152天，此期间活动积温为3619.6~3654.1℃。除鲜食外，可选作杂交育种的亲本。

嫩梢绿色，并有稀疏白色茸毛。幼叶黄绿色，上表面有光泽，下表面有稀疏茸毛；成龄叶心脏形，中等大，上表面平整有光泽，下表面叶脉上密生刺状毛，叶片5裂。叶柄短于中脉。枝条黄褐色。两性花。生长势强，多年生主蔓上易发生气生根（见彩图2-264）。

265　马峪乡葡萄1号
Mayuxiangputao 1

亲本来源　山西省太原市清徐县地方品种。晚熟鲜食品种。

主要特征　果穗多为圆锥形，大，穗长17~21cm、宽12~15cm，平均穗重450g，最大德重685g，果穗大小整齐。果粒着生中等，椭圆形，紫黑色，纵径2.3~3.7cm、横径

2.3~2.8cm，平均粒重 8.5g，最大粒重 14g。果粉厚，果皮薄。果肉脆，汁多，味甜。每果粒含种了 1~4 粒，多为 2 粒。种子梨形，中等大，褐色，喙中等长而较尖。种子与果肉易分离。无小青粒。可溶性固形物含量为 19%~22%鲜食品质上等。

植株生长势极强。隐芽萌发力差。芽眼萌发率为 60%~70%。枝条成熟度好。结果枝占芽眼总数的 80%。每果枝平均着生果穗数为 1.22~1.42 个。夏芽副梢结实力强。4 月 8~18 日前芽，5 月 14~26 日开花，8 月 28 至 9 月 8 日浆果成、从萌芽至浆果成熟需 137~153 天，此期间活动积温 3165.3~3499.4℃。

嫩梢黄绿色，新生长直立。梢尖开张，绿色，无茸毛，有光泽。幼叶黄绿色，带橙黄色晕，上表面有光泽。成龄叶片肾形，中等大，较薄，光滑，上、下表面均无茸毛。叶片 3 或 5 裂，上裂刻深，基部扁平或圆形，下裂刻浅，基部平。时缘锯齿多为圆顶形。叶柄洼开张椭圆形，基部圆形。枝条横截面呈圆形，黄褐色。两性花。二倍体（见彩图 2-265）。

266　马峪乡葡萄 2 号
Mayuxiangputao 2

亲本来源　山西省太原市清徐县地方品种。中熟鲜食品种。

主要特征　果穗穗长 23cm、宽 15cm，平均穗重 500g，最大穗重 150g，呈圆锥形，单歧肩，紧密度中等。穗梗长 7cm。果粒纵径 2.8cm、横径 1.3cm，呈长圆形。果粉中厚，果皮紫红色。果肉颜色浅。

幼叶呈黄绿色，茸毛疏。叶下表面叶脉间匍匐毛疏成龄叶长 14cm、宽 14cm，近圆形。叶裂片数为 5 裂；上缺刻深。第一花序着生在第 4 节。生长势弱，开始结果年龄为 3 年。每结果枝上平均果穗数 1 个，结果枝占 60%。副梢结实力弱。全树成熟期一致，每穗一致，成熟期轻微落粒。产量 1500kg/667m²。

在该地区，萌芽始期 4 月中旬，果实成熟期 9 月中旬（见彩图 2-266）。

267　马峪乡葡萄 3 号
Mayuxiangputao 3

亲本来源　山西省太原市清徐县地方品种。中熟鲜食品种。

主要特征　果穗圆锥形间或带副穗，大，穗长 21.7cm、宽 15cm 平均重 400~600g，最大穗重 1200g。穗短，果穗大小整齐。果粒着生紧密，卵圆形或椭圆形，绿红色，大，纵径 2.6cm、横径 2.2cm，平均粒重 9.2g，最大粒重 12.9g。果粉薄，果皮薄。果肉软，汁多，味酸甜、有草莓香味。风味浓，近似'白香蕉'品种。每果粒含种子 1~3 粒，多为 1 粒。种子与果肉易分离。可溶性固形物含量为 14%~17%可滴定酸含量为 0.72%、出汁率为 85.1%。鲜食品质上等。制汁品质好。

嫩梢无茸毛，梢尖茸毛无色。成熟枝条呈红褐色。成龄叶长 14cm、宽 13cm，叶裂片数裂，上缺刻深。第一花序着生在第 3 节。植株生长势强。芽眼萌发率为 50%~60%，枝条生长粗壮、成熟度好。结果枝占芽眼总数的 57.0%。每果枝平均者生果穗数为 13 个，副梢结实力较强，可自花结实。部分花粉粒较小，呈畸形。果穗中常有部分无籽小果粒。成熟时，有落粒，但因果粒大，产量仍可达 22500kg/hm²。4 月中旬萌芽，5 月中旬开花，8 月上旬浆果成熟。从萌芽至浆果成熟 11 天，此期间活动积温为 2748.5℃，浆果中熟。适应性霜缩病、炭疽病、黑痘病力较强，抗白腐病力较弱（见彩图 2-267）。

268　马峪乡葡萄 4 号
Mayuxiangputao 4

亲本来源　山西省太原市清徐县地方品种。晚熟鲜食品种。

主要特征　果穗分枝形，大，穗长 25.0~41.5m、宽 9~14cm，平均穗重 327.3g，最大穗重 79g。穗梗极长。果粒着生疏散，圆形，粉紫色，向阳而粉红色，有大小不一的黑褐色斑点大，纵径 1.9～2.3cm、横径 1.7～2.2cm，平均粒重 4.6g，最大粒重 6.4g。果粉中等厚。果皮厚，坚韧。果肉较密而柔软汁极多，味酸甜、偏淡。每果粒含种子 1～4 粒，多为 2 粒。种子与果肉易分离。可溶性固形物含量为 17.1%，可滴定酸含量为 0.51%。鲜食品质中等。

嫩梢无茸毛，梢尖茸毛无色。成熟枝条呈红褐色。幼叶呈黄绿色，毛疏，叶下表面叶脉间毛疏。成龄叶长 14m、宽 15cm，近圆形，叶裂片数为五裂，上缺刻浅。第一花序着生在第 5 节。花序梗长 7cm。生长势强。开始结果年龄为 3 年，每结果枝上平均果穗物数 1.2 个，结果枝占 40%，副梢结实力强。全树成熟期一致，每穗一致，成熟期轻微落粒。产量 2000kg/667m²。萌芽始期 4 月中旬，果实成熟期 9 月下旬(见彩图 2-268)。

269　马峪乡葡萄 5 号
Mayuxiangputao 5

亲本来源　山西省太原市清徐县地方品种。中熟鲜食品种。

主要特征　果穗长 22cm、宽 15cm，平均穗重 350g，最大穗重 800g，紧密度中等，呈圆锥形。穗梗长 5cm，果粒形状为鸡心形果皮紫黑色或红紫色。

嫩梢无茸毛，梢尖茸毛无色。成熟枝条为红褐色，茸毛极疏。叶下表面叶脉间匍茸毛极疏，成龄叶长 18cm，宽 16cm，叶裂片数为 5 裂，上缺刻中。叶柄洼基部呈"U"形。叶缘锯齿双侧直。第一花序在第 5 节，第二花序在第 7 节。生长势中等。开始结果年龄为 3 年，每结果枝上平均果穗数 1.3 个，结果枝占 50%，副梢结实力强。全树成熟期一致，每穗一致，轻微落粒。产量 1500～2000kg/667m²。萌芽始期 4 月中旬，果实成熟期 9 月中旬(见彩图 2-269)。

270　马峪乡葡萄 6 号
Mayuxiangputao 6

亲本来源　山西省清徐葡萄产区有少量栽培，该品种是'黑鸡心'的优良授粉品种，欧亚种，为我国古老品种。属极晚熟鲜食兼酿酒品种。

主要特征　两性花，果穗大，平均重 500g，最大重 1300g 左右，圆锥形带歧肩或呈分枝。果粒着生稀或较稀，大，重 2～7g，椭圆形，紫红色。皮较厚，果肉柔软，味极酸，品质差。种子 2～3 粒，多 3 粒。叶片较大或大，较厚，深绿色，5 裂，裂刻深。叶面粗糙，褶皱，叶背无毛；叶柄中长，叶柄洼呈开放式，尖底凹形；锯齿三角形，顶部梢尖。在山西省晋中地区 9 月下旬成熟。结果枝百分率 50%～60%，每果枝平均着生 1.3～1.5 个果穗，丰产。生长势旺，适于较大或中等株形小棚架，棚离架栽培。抗性较强，对土壤适应性较强，对肥水条件要求不高(见彩图 2-270)。

271　马峪乡葡萄 7 号
Mayuxiangputao 7

亲本来源　山西省太原市清徐县地方品种。中熟鲜食品种。

主要特征　果穗较大，平均重 250～400g，最大重 1500g 左右，长圆形带小歧肩。果粒着生稀疏而整齐，较大或大，重 4～6g。果粉薄，果皮薄且脆。果肉脆，味甜，爽口，品质上等。种子 2～4 粒，多 3 粒。

叶片较大较薄，深绿色，光滑，5 裂，裂刻较浅，叶背无毛。叶柄较短，微红，注式开放，呈拱形或尖底形。叶缘锯齿钝尖。两性花。为中熟鲜食品种。在清徐 8 月中、下旬成熟。结果枝百分率 40%～50%，每果枝多着生一个果穗，产量中等或丰产。生长势中等或较旺，在肥水不足或秋雨多时，易发生死枝现象。抗寒抗病力差，多雨易裂果腐烂，易感染真菌病害，对白腐病、霜霉病抵抗力差，特别易感染黑痘病（见彩图 2-271）。

272　马峪乡葡萄 8 号
Mayuxiangputao 8

亲本来源　山西省太原市清徐县地方品种。属极晚熟鲜食兼酿酒品种。

主要特征　果穗大，平均重 600g 最大重1500g，果穗圆锥带歧肩，多呈五角星。果粒着生较紧，颗粒大，重 4~6g 近圆形，紫红色，皮较厚，被灰白色果粉。果肉柔软多汁，风味一般，品质中等。含糖量 5%~16%，早地果可达 18%~22%，种子 2~4 粒，多 3 粒。

叶片较大、较圆、深绿色，5 裂，裂浅、中裂片较短而宽。叶面有光深，叶背无毛、叶缘稍向下卷曲，锯齿大顶部尖。叶短、基部红褐色，柄法开放式，呈宽拱形。在山西晋中地区 9 月下旬，10 月上旬成熟。结果枝百分率 40%~50%，每果枝平均着生 12~13 个果，丰产。生长势强旺，特抗旱，较不耐盐碱滴湿。在盐碱地下湿地栽培，果实常带苦咸涩味，植株物技易死亡，抗病力较差，易感染炭疽病、白腐病、黑痘病（见彩图 2-272）。

273　礼泉超红　Liquanchaohong

亲本来源　'红地球'葡萄的变异株系。咸阳恒艺果业科技有限公司在 2016 年育成。晚熟鲜食品种。

主要特征　果穗紧密度中等，比'红地球'松散。果粒呈椭圆形，粉红色，果粉厚，散射光着色品种类；果粒平均质量 13g，最大24g，果粒大小均匀，成熟度一致。浆果中有种子 4 粒，含可溶性固形物 13.8%、含糖量12%，每 100g 鲜果肉维生素 C 含量 0.64mg；平均单穗质量 1000g，最大 3580g。果刷长5mm，不易落粒，耐储运；果肉硬脆，可切片，味甜。

丰产稳产性强。萌芽率 70%，果枝率

95%，结果系数 1.8；栽后第 2 年即可开花结果，株产量可达 5kg，控产达 1000kg/667m²；第 4 年进入成龄期，株产 12kg；成龄期产量连续 3 年控产在 2500kg/667m² 以上，丰产性理想。1 年生枝暗褐色，成熟枝条表面比'红地球'光滑，截面形状近圆形；成熟枝条节间长度 7.5cm、粗度 1.6cm，较'红地球'分别短1.9cm、粗 0.3cm。嫩梢的梢尖形态与梢尖茸毛着色与'红地球'相同，新梢姿态直立。多年生枝黑褐色，皮层翘起开裂。叶一般多具 5 个裂片，有裂刻 5 裂；其成龄叶的叶型、形状、叶柄长度、上裂刻深度、上裂刻开叠类型、叶柄洼开叠类型、叶柄洼基部形状、叶柄洼锯齿等形态与'红地球'相同（见彩图 2-273）。

274　紫提 988　Ziti 988

亲本来源　'红地球'葡萄的变异株系。礼泉县鲜食葡萄专业合作社 2011 年育成。中熟鲜食品种。

主要特征　果穗圆锥形，有 3 级分枝，长24cm，宽 18cm，平均单穗质量 1000g，最大3540g。果粒椭圆形，红紫色，果粉厚，有种子 4 粒。果刷长，不易落粒。果肉硬脆，可切片，味甜，适于鲜食，可溶性固形物 13.9%，最高可达 20%。

树势强，长势旺。在陕西乾县 3 月中旬出现伤流，4 月初萌芽，5 月中旬始花，7 月中旬果实转色，9 月初果实成熟，果实生育期100 天左右，11 月中旬落叶，全生育期约218 天。

叶片多具 5 裂，叶柄呈红色。新梢顶部幼叶呈白绿色，成龄叶面深绿色，叶片长17cm，宽 20cm，叶脉红色。冬芽饱满，花芽分化最低节位在新梢第 1 节，适于短梢修剪；冬芽成熟快，一个芽眼常萌发双生枝，每芽眼萌枝量 1.5~1.7 个，萌芽率 98%，果枝率 95%，结果系数 1.7。夏芽副梢抽生二次果能力强。花序着生在新梢第 3~4 节上，卷须间歇着生；花序属圆锥花序，有 3

级分枝，呈单轴生长，2000~3000 个花蕾。两性花，自花授粉可正常受精坐果（见彩图 2-274）。

275 户太 8 号 Hutai 8

亲本来源 欧美杂种。从'巨峰'系品种中选出，西安市葡萄研究所在 1996 年育成。早熟鲜食品种。

主要特征 果穗圆锥形带副穗。果穗大，穗长 30cm，穗宽 18cm，平均穗重 600g 以上，最大 1000g 以上。果粒着生中等紧密或较紧密，果穗大小较整齐。果粒近圆形，紫红至紫黑色。果粒大，平均粒重 10.4g，最大粒重 18g，果皮厚，稍有涩味。果粉厚。果肉较软，肉囊不明显。果皮与果肉易分离。果汁较多，有淡草莓香味。每果粒含种子 1~4 粒种子，多数为 1~2 粒。可溶性固形物含量为 17%~21%，含酸量为 0.5%，维生素 C 含量为 2.98mg/100g。鲜食品质中上等，制汁品质较好。

植株生长势强。结实力强，每果枝着生 1~2 个果穗。副梢结实力强，2~4 次副梢均可结实，在陕西户县产地，2 次副梢果可以正常成熟。正常结果树一般产果 2000~2500kg/666.7m²。在户县地区，4 月 3 日左右萌芽，5 月 15 日左右开花，8 月上、中旬一次果成熟，9 月上旬二次果成熟。为中早熟品种。抗逆性强，耐高温，在 38℃ 高温下，新梢仍缓慢生长；抗寒性强，~13℃ 左右低温下无需任何特殊管理即可安全越冬。对黑痘病、白腐病、灰霉病和霜霉病的抗病力较强。

嫩梢绿色，梢尖半开张微带紫红色，茸毛中等密。幼叶浅绿色，叶缘带紫红色，下表面有中等密白色茸毛。成龄叶片近圆形，大，深绿色，上表面有网状皱褶，主脉绿色，下表面茸毛中等密。叶片多为 5 裂。锯齿中等锐。叶柄洼宽广拱形。卷须分布不连续，2 分叉。冬芽大，短卵圆形、红色。枝条表面光滑，红褐色。节间中等长。两性花（见彩图 2-275）。

276 户太 9 号 Hutai 9

亲本来源 欧美杂种。'户太 8 号'葡萄芽变，西安市葡萄研究所在 2000 年育成。早熟鲜食兼加工品种。

主要特征 果穗圆锥形带副穗，松紧度中等偏紧，单穗 33cm×18cm，穗重 800~1000g，果粒近圆形，纵径 29mm，横径 28mm，果粉厚，果皮中厚，顶端紫黑色，尾部紫红色，果粒大，单粒平均重 10.43g，最大粒重 18g，糖度 18%~22% 以上，含酸量 0.45%，酸甜可口，香味浓，果皮与果肉易分离，果肉甜脆，无肉囊，每果 1~2 粒种子。果穗成熟后可树挂 1 个月，采摘后货供架 7~8 天，多次结果拉长了货架期，采收期从 7 月中旬可延续到 10 月下旬。

该品种根系发达，长势强旺，当年可抽生多次枝。在西安市，4 月 3 日左右萌芽，始花期 5 月 8 日左右，7 月中旬一次果充分成熟，开花到成熟 65 天左右；三次果开花期 6 月 8 日左右，9 月中旬充分成熟，开花到成熟 90 天左右。其冬芽或夏芽第二、三次枝成花能力极强，每枝可形成 3~6 个花穗，分期开花授粉可持续 24 天以上，二、三次果穗形、粒重、色泽、品质与一次果相当。

叶片厚大，长圆形，四裂，上侧刻裂，下侧浅裂，叶背有稀疏茸毛，叶柄洼为开张圆形。花为两性花。适应性和抗逆性较强，适宜全省各葡萄产区栽培，年大于 10℃ 的积温 3800 度，无霜期 180 天以上为最佳栽种区。植株耐高温，在连续日最高气温 38℃ 时新梢仍能生长，对霜霉病、灰霉病、炭疽病表现强抗病性（见彩图 2-276）。

277 户太 10 号 Hutai 10

亲本来源 欧美杂种。'户太 8 号'葡萄芽变，西安市葡萄研究所在 2006 年育成。早熟鲜食兼加工品种。

主要特征 成熟期 7 月中旬（一次果）至 9

月上旬(三次果)。果穗圆锥形带副穗,松紧度中等偏紧,单穗 35cm×20cm,穗重 800~1200g,果粒近圆形,纵径 29mm,横径 28mm,果粉厚,果皮中厚,果实紫红色,单粒平均重 11g,最大粒重 20g,可溶性固形物 19.9%,总糖 18.9%,含酸量 0.40%,风味酸甜,果香浓郁。

长势强旺,冬夏早熟芽成花力强,多次结果性状突出。单枝可形成 3~6 个花穗,周年最多可挂 4~5 次果,产量 3000kg/667m²。采收期 7 月中旬至 11 月上旬,在我国北方地区,三次果可延迟采收,进行树挂,作为冰酒加工有一定优势。果穗成熟后可树挂 1 个月,采摘后货架期 7~8 天。对霜霉病、灰霉病、炭疽病表现较强抗病性。根系发达,长势强旺,冬、夏早熟芽成花力强,多次结果性状突出,定植第 3 年进入多次结果期,周年最多可挂 4~5 次果,单枝年可成穗 3~6 个,定植第 5 年进入盛产期。

叶片厚大,近圆形,五裂,裂刻较浅,叶背有稀疏茸毛,叶柄洼为开张圆形,开口较大。花为两性花。4 月 3 日左右萌芽,始花期 5 月 8 日左右,7 月上旬一次果充分成熟,开花到成熟 65 天左右;三次果开花期 6 月 8 日左右,9 月上旬充分成熟,开花到成熟 85 天左右(见彩图 2-277)。

278　早玫瑰　Zaomeigui

亲本来源　欧亚种。亲本为'玫瑰香'×'莎巴珍珠',西北农林科技大学在 1974 年育成。早熟鲜食品种。

主要特征　果穗长圆锥形,平均穗重 850.0g。果粒着生疏松。果粒椭圆形,紫红色,平均粒重 9.6g。果皮较厚。果肉硬脆,味甜,有浓玫瑰香味。两性花,二倍体。早果性好,一般定植第二年开始结果。

树势生长中庸偏弱,枝条节间短,副梢萌发力强,结果枝占芽眼总量的 43.4%,副梢结实力强,产量中等。果穗中大,平均重

290g,最大穗重 365g,圆锥形,果粒着生紧密、整齐。果粒中大,平均重 3~4g,短圆锥形,红紫色,果皮薄,肉质软,有浓郁的玫瑰香味。可溶性固形物含量 15%,品质上等。露地果实 7 月中下旬成熟。从萌芽到果实成熟需 110 天,活动积温 2100℃左右。耐储运(见彩图 2-278)。

279　媚丽　Meili

亲本来源　欧亚种。亲本为['玫瑰香'×('梅鹿特'×'雷司令')]×('梅鹿特'+'雷司令'+'玫瑰香'),西北农林科技大学葡萄酒学院在 2011 年培育。中熟品种。

主要特征　果穗分枝形带副穗,双岐肩,平均穗重 187.0g。果粒圆形,平均粒重 2.1g,着生密度中等。果皮紫红色。可溶性固形物含量 22.7%,还原糖含量为 198.0g/L,总酸含量为 4.6g/L,出汁率 70%。树势中庸偏旺。短、中、长果枝均能结果。早果性好。从萌芽到果实成熟需 120~140 天(见彩图 2-279)。

280　沪培 1 号　Hupei 1

亲本来源　欧美杂种。亲本为'喜乐'×'巨峰',上海市农业科学院林木果树研究所在 2006 年育成。中熟鲜食品种。

主要特征　果穗圆锥形,平均穗重 400.0g。果穗和果粒大小整齐,果粒着生中等紧密。果粒椭圆形,淡绿色,平均粒重 5.0g,果肉软,肉质致密,汁多,味酸甜,可溶性固形物含量为 15.0%~18.0%,品质优。果皮中厚。果粉中等多。无核。

幼叶浅紫红色,下表面白色茸毛密;成龄叶心脏形或近圆形,大,深 5 裂,上裂刻中等深,裂刻开张,基部"U"形,叶面较平滑,叶缘略下卷,叶片下表面茸毛中等。两性花。三倍体。生长势强。浆果中熟,从萌芽至浆果成熟需 125~130 天(见彩图 2-280)。

281 沪培 2 号 Hupei 2

亲本来源 欧美杂种。亲本为'杨格尔'ד紫珍香',上海市农业科学院林木果树研究所在 2007 年育成。早熟鲜食品种。

主要特征 果穗圆锥形,平均穗重 350.0g。果粒着生中等紧密。果粒椭圆形或鸡心形,紫红色,平均粒重 5.3g,果肉软,味酸甜,可溶性固形物含量为 15.0%~17.0%,品质中上。无核。果粉多。果皮中厚。嫩梢浅红色。

幼叶浅紫红色,叶片下表面白色茸毛中密。成龄叶心脏形,大,平展,叶面平滑,5裂,上裂刻中深,下裂刻浅,叶片下表面有稀少茸毛。两性花。三倍体。树势强旺。早果性好。早熟,从萌芽到果实成熟 125 天左右(见彩图 2-281)。

282 沪培 3 号 Hupei 3

亲本来源 欧美杂种。亲本为'喜乐'ד藤稔',上海市农业科学院林木果树研究所在 2014 年育成。中熟鲜食品种。

主要特征 果穗圆柱形,穗质量 400~460g,果穗中等紧密。果粒椭圆形,平均单粒质量 6.7g;果皮紫红色,果肉软,质地细腻,可溶性固形物含量 16%~19%,可滴定酸含量为 0.55%~0.59%。

嫩梢黄绿色,幼叶浅绿色略带红晕,上表面光泽,下表面茸毛少。成龄叶片大,绿色,心脏形,3~5 裂,裂刻较深;叶面平,叶缘向下卷,叶缘锯齿锐。叶柄绿色,微带红晕,叶柄洼开展。枝条节间中等长,成熟枝为红褐色。花穗中等大,两性花。适合长江流域及'巨峰'系葡萄种植区(见彩图 2-282)。

283 华佳 8 号 Huajia 8

亲本来源 华欧杂种,亲本为'华东葡萄'ד佳利酿',上海市农业科学院园艺研究所在 2004 年育成。属砧木品种。

主要特征 果穗歧肩圆锥形。果粒近圆形,蓝黑色,有果点,平均粒重 1.5~2.0g。每果粒含种子 3~4 粒。

植株生长势强。枝条生长量大,副梢萌芽率强。成熟枝条扦插成活率较高,一般为 50%~75%。与欧美杂种嫁接亲和力好。在上海、江苏、浙江有一定面积的应用,赣、桂、云等地已有引种。

嫩梢黄绿色,梢尖有中等密灰白色茸毛。幼叶上表面平滑,带光泽;成龄叶心脏形,绿色,平展,下表面带有稀疏刺毛,叶脉密生刺毛;叶片 3 或 5 裂,上裂刻中等深,下裂刻浅。枝黄褐色。雌能花(见彩图 2-283)。

284 申爱 Shenai

亲本来源 欧美杂种。亲本为'金星无核'ד郑州早红',上海市农业科学院园艺研究所在 2013 年育成。早熟鲜食品种。

主要特征 果穗圆锥形,平均粒质量 228g,果粒着生中等紧密;果粒鸡心形,平均粒质量 3.5g;果皮中厚,玫瑰红色,果粉中等;果肉中软,肉质致密,每果粒含种子 1粒,种子不完全发育。可溶性固形物含量 16%~22%,含酸量为 0.7%;风味浓郁,品质极上;挂果期长,不裂果。避雨栽培条件下 3 月下旬萌芽,5 月上旬开花,6 月上旬果实软化,7 月上中旬果实成熟。

嫩梢绿色,有明显的紫红色条纹;幼叶呈紫色条纹,背面密披白色茸毛。成龄叶片中等大、色泽淡,心脏形,浅 3 裂;叶面平,叶缘略向上,背面茸毛中等,叶缘锯齿锐。叶柄浅红色,叶柄洼拱形开展。成熟枝条为红褐色,节间中等长度。卷须间隔性,花穗小,两性花(见彩图 2-284)。

285 申宝 Shenbao

亲本来源 欧美杂种。'巨峰'葡萄实生,上海市农业科学院林木果树研究所在 2008 年育成。早熟鲜食品种。

主要特征 果穗长圆锥形或圆柱形，平均穗重 476.0g；果粒着生中等紧密，果穗与果粒大小整齐；果粒长椭圆形，绿黄色，平均粒重9.0g；果皮中厚，果粉中等；果肉软，可溶性固形物含量为 15.0%~17.0%，可滴定酸0.70%~0.80%，风味浓郁，品质上等；无核率 100%。

嫩梢绿色，茸毛中等。幼叶绿色，边缘紫红色，下表面密被白色茸毛；成龄心脏形，大 3~5 浅裂，平展，上表面平滑，下表面茸毛中等，叶缘锯齿锐。两性花。长势中庸。早熟，成熟期比'先锋'早15天左右。不裂果（见彩图 2-285）。

286 申丰 Shenfeng

亲本来源 欧美杂种。亲本为'京亚'ד紫珍香'，上海市农业科学院林木果树研究所在 2006 年育成，中熟鲜食品种。

主要特征 果穗圆柱形，平均穗重400.0g。果粒着生中等紧密。果粒椭圆形，紫黑色，着色均匀，平均粒重8.0g。果粉中等多，果皮中等厚。果肉软，肉质致密，可溶性固形物含量为14.0%~16.0%，品质优。

嫩梢紫红色，茸毛疏，新梢直立。幼叶浅紫色，上表面无茸毛，下表面密被白色茸毛；成龄叶心脏形，大，较厚，下表面茸毛密，浅 5 裂，叶缘锯齿钝。两性花。四倍体。树势中庸，丰产性强，早果性强。中熟，从萌芽到浆果成熟期需要 135~145 天。抗病性与'巨峰'相似，成熟期略早（见彩图 2-286）。

287 申华 Shenhua

亲本来源 欧美杂种。亲本为'京亚'ד86-179'，上海市农业科学院林木果树研究所在 2010 年育成。早熟鲜食品种。

主要特征 经过无核化栽培后，果穗圆锥形，平均穗重 420.0~520.0g。果粒中等紧密；果粒长椭圆形，紫红色，平均粒重9.0~

13.0g。果肉中软，肉质致密，可溶性固形物含量为 15.0%~17.0%，无核率100%，风味浓郁，品质优良，不裂果，外形美观。嫩梢红色，茸毛中等，成熟枝条为红褐色，节间中等长。幼叶呈红色，下表面有稀少的白色茸毛；成龄叶片中等大、心脏形，浅 5 裂，平展，上表面平滑，下表面茸毛少，叶缘锯齿锐。两性花，四倍体。生长势中庸。早熟，从萌芽到充分成熟期需要 140 天左右，成熟期比'先锋'早 15 天左右（见彩图 2-287）。

288 申秀 Shenxiu

亲本来源 欧美杂种。上海市农业科学院园艺研究所 1996 年从'巨峰'实生苗中选出。早熟鲜食品种。

主要特征 果穗圆锥形，带副穗，平均穗重 242.0~335.0g。果粒着生中等紧密。果粒短椭圆形至卵圆形，紫黑色，平均粒重6.7g。果粉中等厚。果皮中等厚，韧。果肉中等脆，汁中等多，味酸甜，有草莓香味，可溶性固形物含量为 13.6%~15.0%，品质中上等。每果粒含种子多为 2 粒。

嫩梢绿色，梢尖半开张，茸毛稀。幼叶绿色，下表面黄白色，茸毛中等密；成龄叶近圆形，中等大，上表面平展，主要叶脉绿色；叶片 3 或 5 裂，上裂刻深，下裂刻浅。叶柄中等长，淡红色。两性花。四倍体。生长势中等。早果性好。丰产，稳产。浆果早熟。适合我国南方地区发展（见彩图 2-288）。

289 申玉 Shenyu

亲本来源 欧美杂种。亲本为'藤稔'ד红后'，上海市农业科学院在 2011 年育成。中晚熟鲜食品种。

主要特征 果穗圆柱形，平均穗重272.0g。果粒着生中等紧密。果粒椭圆形，绿黄色，平均粒重9.1g。果皮中厚，果粉中等多。果肉软，肉质致密，风味浓郁，可溶性固形物含量为17.5%，含酸量为 0.6%，品质优良。种籽1~2粒。

树势中庸，萌芽与结果枝率较高，早果性中等，产量稳定。中晚熟，从萌芽到浆果成熟为150~155天，成熟期比'巨峰'晚10天左右。

嫩梢浅红色，茸毛稀，幼叶呈浅紫色，下表面密被白色茸毛，叶面无茸毛。成龄叶心脏形，中等大，5裂，裂刻较深，平展，叶面光滑，下表面茸毛密，叶缘锯齿钝。叶柄洼为宽拱形开展。两性花。四倍体（见彩图2-289）。

290 红亚历山大 Hongyalishanda

亲本来源 '亚历山大'葡萄的红色芽变品系。上海交通大学在2006年育成。鲜食品种。

主要特征 果粒椭圆形，粒重6~7g，果皮中等厚，果粉覆盖后呈粉红色。肉脆而多汁，可溶性固形物含量16%~21%，含酸量为0.3%~0.4%，出汁率85%。每果粒含种子2~3粒。萌芽率高。嫩梢绿色带褐色，茸毛稀，1年生成熟枝浅褐色，节部凸出，红褐色。幼叶黄绿色，附加红紫色。成龄叶片中等大，心脏形，五裂，缺刻较深，锯齿钝。完全花，花穗着生小花500~2000朵，穗重在1kg以上。树势强旺，花芽着生节位低，分化率高。耐高温，适宜温室栽培（见彩图2-290）。

291 早夏无核 Zaoxiawuhe

亲本来源 欧美杂种。'夏黑'葡萄芽变。上海奥德农庄在2012年育成。属极早熟鲜食品种。

主要特征 果穗大多为圆锥形，部分为双歧肩圆锥形，无副穗。果穗大小整齐，穗长15~20cm，穗宽7~9cm，平均穗质量315g。粒质量3~3.5g，赤霉素处理后，平均粒质量7.5g，最大12g，平均穗质量608g，最大940g。果粒近圆形，着生密或极紧密，紫黑色到蓝黑色。容易着色，着色一致，成熟一致。果皮厚而脆，无涩味。果粉厚。果肉硬

脆，无肉囊，果汁紫红色。味浓甜，有浓郁的草莓香味。无种子。无小青粒。可溶性固形物含量20%~22%，总酸0.44%，维生素C79.8mg/kg。

植株生长势极强。隐芽萌发力中等。萌芽率为75%~91%，成枝率93.4%，结果枝率88.6%，结果系数为1.67。隐芽萌发的新梢结实力强。花序多着生在第4节上，坐果率高，平均坐果率为51.1%，枝条成熟度中等。采用"Y"形水平棚架，栽110~150株/667m²，定植第2年产量一般在800kg以上。

嫩梢黄绿色，带少量茸毛。梢尖黄绿色，有一层茸毛，无光泽。幼叶黄绿色到浅绿色，带淡紫色晕，上表面有光泽，下表面密被一层丝毛。成龄叶片极大，纵径约32.5cm，横径约32.5cm，近圆形。成龄叶片背面有一层很稀的丝状茸毛。叶片中间凹，边缘凸起。叶片大多5裂刻，部分4裂，裂刻不规整，部分叶片裂刻中等深，部分裂刻极浅，叶片近圆形。锯齿顶部梢尖呈三角形。叶柄洼大多为矢形；嫩叶叶柄洼大多为宽拱形。新梢生长直立，节间背侧黄绿色，腹侧淡紫红色。枝条横截面呈圆形，枝条红褐色。两性花，三倍体（见彩图2-291）。

292 蜀葡1号 Shupu 1

亲本来源 欧亚种。'红地球'葡萄的自然芽变。四川省自然资源科学研究院在2013年育成。中熟鲜食品种。

主要特征 果粒长椭圆形，无核。平均粒重3.5g，最大粒重5g，平均穗重740g，最大穗重1500g。可溶性固形物15.2%，总糖12.1%，总酸0.25%。果粒成熟度一致，果皮亮红色，果肉浅黄色，半透明，肉质较硬，无种子。耐储运，货贺期长。在四川双流4月30日左右开花，花期7天左右，8月上旬成熟，中熟品种。扦插苗定植后第二年平均每株可结果3~5穗，第三年进入盛果期，叶片大而厚具茸毛、叶脉清晰、叶柄紫红色。新梢生长量大，结果枝占

新梢总数的70%左右，每一个结果枝上平均花序1.8~2个(见彩图2-292)。

293 牛奶 Niunai

亲本来源 欧亚种。是我国古老的著名鲜食品种。晚熟鲜食品种。

主要特征 果穗圆锥形，带副穗，最大穗重2350.0g。果粒着生稀疏。果粒长圆柱形，黄白色，平均粒重8.3g。果粉和果皮均薄。果肉脆，汁多，黄白色，味甜，有清香味，可溶性固形物含量为15.5%，可滴定酸含量为0.37%，品质极佳。每果粒含种子多为3粒。

植株生长势极强。隐芽与副芽萌发力均强。芽眼萌发率为87%，成枝率为70.5%，枝条成熟度中等。结果枝占芽眼总数的40.7%~50.0%。每果枝平均着生果穗数为1.46个，果穗多着生于第3~5节上，3、4、5节的果穗着生率分别为18.5%、59.3%、20.4%。隐芽萌发的新梢结实力中等，夏芽副梢结实力弱。早果性好。

嫩梢绿色，带红色条纹，有稀疏茸毛。幼叶黄绿色，略带红色，上表面有光泽，无茸毛；成龄叶肾形，较大，有皱褶，上表面光滑；叶片基本5裂，部分裂片有小裂片，形成7或9裂。两性花。二倍体(见彩图2-293)。

294 大粒无核白 Daliwuhebai

亲本来源 欧亚种。在新疆吐鲁番发现的'无核白'葡萄的四倍体芽变品种。新疆农业科学院等在1974年育成。晚中熟鲜食、制干、制罐兼用无核品种。

主要特征 果穗圆锥形，平均穗重300.0~400.0g。果粒着生较紧密。果粒短椭圆形，黄绿色，平均粒重2.6g。果皮薄。果肉脆，汁中等多，淡黄色，味酸甜，可溶性固形物含量为20.1%~23.8%，可滴定酸含量为0.58%，品质上等。每果粒有1~2粒极小的瘪籽。嫩梢绿色，无茸毛。幼叶绿色，光滑无茸

毛，有光泽；成龄叶圆形，较大，中等厚，波浪状，上、下表面无茸毛，叶片5裂，上裂刻深，下裂刻浅。节间浅褐色，较短，较粗。两性花。生长势中等(见彩图2-294)。

295 长穗无核白 Changsuiwuhebai

亲本来源 '无核白'葡萄的芽变品种。新疆农业科学院等在1974年育成。晚熟鲜食品种。

主要特征 果穗呈分枝形，有2~4个分枝。果穗平均重287.3g，最大穗重140g，百粒重105.6g。果粒长椭圆形，纵径1.36cm，横径1.16cm；果粉少、果肉脆，果皮薄、味甜、含糖量21%~23%，无核。'长穗无核白'的嫩梢呈黄绿色，尖端微带红晕，上面有少量灰白色茸毛。一年生主枝呈浅褐色，节间平均长5.43cm。叶片大，五裂。两性花，花穗在散穗前有很多白色茸毛，远看绿叶丛中白斑点点(见彩图2-295)。

296 特优1号 Teyou 1

亲本来源 亲本为'毛葡萄'×'白玉霓'，新疆农业科学院等在2006年育成。早熟酿酒品种。

主要特征 果粒着生紧凑，为圆形，大小整齐，直径1.21~1.41cm，单果重1.00~1.66g，成熟较一致，果皮刚转色时为浅紫红色，完全成熟时果皮为紫黑色至黑色且有少量果粉，可溶性固形物可达17.0%，出汁率71.8%。种子中等大，浅褐色，每果种子数为2.0粒，种子与果肉易分离。

嫩梢黄绿色茸毛中等，幼叶表面黄绿色，有光泽，背面灰白色，茸毛密生。叶片心脏形，较厚，平展，三裂或五裂，叶面浓绿色有光泽，叶脉黄绿色，秋冬季叶色转黄，叶背茸毛数中等。一年生枝为褐色，节间最短为0.8cm，最长为9.5cm，当年新梢长达5m以上，卷须三叉状分支，着生两节间歇一节。花序较大，平均每穗花序有369朵，为两性

花。着生在结果枝的第2~3节上，穗柄较长，为5.1cm，果穗呈长圆锥形，平均长14.5cm，宽11.5cm，平均穗重175.8g，平均每穗果粒数112个(见彩图2-296)。

297　新葡7号　Xinpu 7

亲本来源　'无核白'大粒芽变。新疆生产建设兵团第十三师农业科学研究所在2012年育成。早中熟鲜食品种。

主要特征　果穗双歧肩圆柱形，穗长约24.5cm，平均穗重692.0g，果粒着生紧密。果粒近圆形，粒大，平均自然单粒重3.4g，金黄色。果梗中等长，果皮中等厚，果皮与果肉不易分离，无核。肉质较脆，风味酸甜适口，鲜食、制干品质均属上等。总糖含量23.00%，储运性能一般。在新疆哈密地区露地栽培，4月中旬萌芽，5月中旬开花，8月上旬成熟，葡萄发育期110天(见彩图2-297)。

298　昆香无核　Kunxiangwuhe

亲本来源　亲本为'葡萄园皇后'ב 康耐诺'，新疆石河子葡萄研究所在2000年育成。早熟鲜食品种。

主要特征　该品种在石河子地区，7月底8月初成熟。粒大穗大，粒均5.04g，单穗重683g，外观晶莹透亮似水晶，皮薄肉脆，汁多而爽口，适宜鲜食，可溶性固形物含量18%~22%，无核，结果早，产量高，篱架整形稳产后产2500kg/667m²，棚架稳产后可达4吨左右。抗逆性强，病害少，耐瘠薄，较抗寒(见彩图2-298)。

299　水晶无核　Shuijingwuhe

亲本来源　亲本为'葡萄园皇后'ב 康耐诺'，新疆石河子葡萄研究所在2000年育成。早熟制干品种。

主要特征　该品种粒大穗重，成熟较早，在石河子地区8月20日熟。单粒重

2.73g，是'无核白'一倍多，喷赤霉素后可达5~8g，单穗重580g。丰产性较强，棚架栽培产3.5吨/667m²。成熟时呈金黄色，外观美丽，皮中厚，肉质脆，有浓郁玫瑰香味。鲜食、制干俱佳，制干后仍能保持较浓的香味(见彩图2-299)。

300　紫香无核　Zixiangwuhe

亲本来源　亲本为'玫瑰香' × '无核紫'，新疆石河子葡萄研究所在2004年育成。中早熟鲜食品种。

主要特征　果穗中大，圆锥形；平均穗重820g。成熟一致。果粒呈紫色，形如吊钟，顶端有明显凹陷，外观美丽。这是区别于其他品种的重要标志。果刷长；果皮厚而脆；果粉厚而均匀。品质佳，汁多味甜。

嫩梢黄绿附加浅紫红色，密被茸毛；幼叶浅紫红色，茸毛密；叶较大，心脏形，五裂，上裂刻深，下裂刻浅；锯齿大而锐，叶缘向上卷；叶片厚；叶面色深，呈泡状皱，较粗糙。叶背具刺毛，极密；叶柄中长，柄洼全闭合。一年生成熟新梢呈紫褐色，节间中长节部隆起，卷须间隔性。可溶性固形物含量22%；有玫瑰香味，无籽或有瘪籽(见彩图2-300)。

301　绿翠　Lücui

亲本来源　欧亚种。亲本为'白哈利' × '伊斯比沙里'，新疆石河子农业科技开发研究中心葡萄研究所在2011年育成。属极早熟鲜食品种。

主要特征　果穗圆锥形，带副穗，单穗重301.0g。果粒着生紧密。果粒鸡心形，黄绿色，平均粒重2.6g。果皮薄，肉脆，风味酸甜适口，可溶性固形物含量为17.6%。每果粒含种子1~2粒，基本上为瘪籽，不易与果肉分离。

嫩梢黄绿带浅红色，有少量茸毛。幼叶中厚，黄绿色带紫红色，有光泽，叶正面稀

生茸毛，背面茸毛较密；成龄叶心形，中等大小；5裂或3裂，裂刻深，叶面平展，上表面光滑无毛，下表面稀生丝状毛。两性花。生长势较强（见彩图2-301）。

302 新雅 Xinya

亲本来源 欧亚种，新疆葡萄瓜果开发研究中心育成，亲本是'红地球'和'里扎马特'，在新疆鄯善地区种植。

主要特征 果实穗重较大，穗重在600g以上可溶性固形物含量在16%~19.8%之间，糖度较高，在着色方面，着色均匀一致。在新疆地区，3月下旬末至4月初萌芽，4月底至5月初始花，花期不规则，花期4~11天，果实成熟期有早晚，从7月下旬至9月上旬，在浙江湿热气候下新雅生长势、坐果适中，且果粒均匀，基本不需疏果，副梢留1~2叶摘心后不易旺长，栽后第2年产量丰产，且稳产，无大小年现象。耐储运。新雅较抗真菌性病害，但易气灼，易遭粉蚧危害（见彩图2-302）。

303 新郁 Xinyu

亲本来源 欧亚种。亲本为'E42-6'（'红地球'实生）×'里扎马特'，新疆葡萄瓜果开发研究中心在2005年育成。晚熟鲜食品种。

主要特征 果穗圆锥形，紧凑，平均穗重800.0g以上。果粒椭圆形，紫红色，平均粒重11.6g。果粉中等。果皮中等厚，较脆。果肉较脆，汁多，味酸甜，无香味，可溶性固形物含量为16.8%，总酸0.33%~0.39%，品质中上等。每果粒含种子2~3粒，种子与果肉易分离。嫩梢绿色，有稀疏茸毛。幼叶绿带微红，上表面无茸毛，有光泽，下表面有稀疏茸毛；成龄叶中等大，近圆形，中等厚，上、下表面无茸毛，锯齿中锐，5裂，裂刻中等深，锯齿中锐。两性花。二倍体。生长势强。晚熟，从萌芽至果实完全成熟需145

天。外观好。储运性能较好，适应性较强。二倍体（见彩图2-303）。

304 绿葡萄 Lüputao

亲本来源 欧亚种。别名'奎克玉孜姆'（维语名）。新疆地方品种，在新疆和田地区有少量栽培。中熟鲜食品种。

主要特征 果穗圆锥形，较小，穗长16.9cm，穗宽6.7cm，平均穗重210g。果粒着生中等紧密。果粒椭圆形，黄绿色，中等大，纵径1.7cm，横径1.4cm，平均粒重2.3g。果皮中等厚。果肉较脆，汁中等多，淡黄色，味酸甜。果刷短。每果粒含种子1~4粒，多为2粒。种子中等大，棕褐色。种子与果肉易分离。可溶性固形物含量为18.0%~23.6%，可滴定酸含量为0.35%~0.5%。鲜食品质中等。

植株生长势较强。芽眼萌发率为59.4%。结果枝占芽眼总数的18.0%。每果枝平均着生果穗数为1.02个。隐芽萌发的新梢和夏芽副梢结实力均弱。在新疆鄯善地区，4月中旬萌芽，5月中旬开花，7月中旬新梢开始成熟，8月底浆果成熟。

嫩梢绿色，带褐色，有稀疏茸毛。幼叶绿色，带微红色，上、下表面有稀疏茸毛，有光泽。成龄叶片近圆形，中等大，绿色，中等厚，平展，上、下表面无茸毛。叶片5裂，上裂刻深，下裂刻中等深。锯齿中等锐。叶柄洼拱形。叶柄中等长。枝条横断面呈圆形，节部浅褐色。节间浅褐色，中等长。两性花（见彩图2-304）。

305 绿木纳格 Lümunage

亲本来源 欧亚种。别名'奎克木纳格''阿克木纳格''木纳格'（维语名）。新疆地方品种。晚熟鲜食品种。

主要特征 果穗圆锥形，平均穗重560.0g。果粒着生较疏松。果粒椭圆形，黄绿色，平均粒重8.2g。果皮中等厚，韧。果肉较脆，汁中等多，淡黄色，味酸甜，风味稍淡，可溶性固形物含量为16%~18%。鲜食品质中等。每果粒含种子多为4粒，种子与果肉易分离。嫩梢绿色，带褐色，有稀疏茸毛。幼叶绿色，叶缘褐红色，上、下表面无茸毛；成龄叶片近圆形，中等大，上、下表面无茸毛，叶缘微上卷；叶片5裂，上裂刻深，下裂刻浅。两性花。生长势中等（见彩图2-305）。

306 红马奶 Hongmanai

亲本来源 欧亚种。新疆地方品种，亲本不详，在新疆和田地区有零星栽培。晚熟鲜食种。

主要特征 果穗圆锥形，平均穗重440.0g。果粒着生中等紧密或紧密。果粒弯形，紫红色，平均粒重4.5g。果皮厚，较韧。果肉较脆，汁中等多，黄绿色，味酸甜，可溶性固形物含量为18.6%，可滴定酸含量为0.47%，品质中等。每果粒含种子多为2粒。嫩梢绿色，带褐色，有稀疏茸毛。幼叶黄绿色，带浅紫红色，上、下表面无茸毛，有光泽；成龄叶近圆形，较小，绿色，中等厚，平展，上、下表面无茸毛；叶片5裂，上裂刻深，下裂刻浅。两性花。

植株生长势中等。芽眼萌发率为63.8%。结果枝占芽眼总数的26.5%。每果枝平均着生果穗数为1.05个。隐芽萌发的新梢和夏芽副梢结实力均弱。在新疆鄯善地区，4月中旬萌芽，5月中、下旬开花，7月上旬新梢开始成熟，9月上旬浆果成熟，从萌芽至浆果成熟所需天数为144天，此期间活动积温为3688.3℃（见彩图2-306）。

307 红葡萄 Hongputao

亲本来源 欧亚种。别名'克孜撒玉宛''红马奶''吐鲁番红葡萄'。新疆地方品种。起源不详。在新疆的南、北疆均有栽培。晚中熟鲜食种。

主要特征 果穗圆锥形，较大，穗长19.0~25.4cm，穗宽12.2~15.3cm，穗重350~460g。果粒着生紧密。果粒倒卵圆形，淡绿色带紫红色，较大，纵径2.5cm，横径2.0cm，平均粒重4.0g。果皮薄，与果肉较难分离。果肉脆，汁中等多，淡黄绿色，味酸甜。每果粒含种子1~2粒，多数为2粒。种子中等大，浅褐色，30%~40%的种子无种仁。种子与果肉易分离。可溶性固形物含量为18%~21%。鲜食品质优良。

植株生长势较强。芽眼萌发率为61.3%，结果枝占总芽眼总数的27.0%~31.2%。每果枝平均着生果穗数为1.03个。隐芽萌发的新梢和夏芽副梢结实力均弱。在新疆鄯善地区，4月中旬萌芽，5中旬开花，7月中旬新梢开始成熟，8中、下旬浆果成熟。从萌芽至浆果成熟需138天，此期间活动积温为3530.9℃。

嫩梢绿色，带紫褐色晕，有稀疏茸毛。幼叶黄绿色，上、下表面无茸毛，有光泽。成龄叶片圆形，中等大，绿色，中等厚，上、下表面无茸毛，叶缘微上卷。叶片5裂，上裂刻中等深，下裂刻浅。锯齿中等锐，叶柄洼开张或闭合椭圆形。叶柄中等长。枝条横断面呈近圆形，节部深褐色。节间浅褐色，较短，较粗。两性花（见彩图2-307）。

308 圆白 Yunbai

亲本来源 欧亚种。新疆和宁夏地区地方品种。在我国西北地区有零星栽培。晚熟鲜食种。

主要特征 果穗圆锥形，带副穗，平均穗重380.0g。果粒着生中等紧密。果粒短椭圆形，黄绿色，平均粒重4.3g。果皮薄。果肉较脆，汁中等多，浅黄色，味酸甜，可溶性固形物含量为15.9%，可滴定酸含量为0.42%，鲜食品质中等。每果粒含种子2粒。嫩梢绿色，带褐色，有稀疏茸毛。幼叶绿色，微带红色，上、下表面无茸毛，有光泽；成龄叶近圆形，中等大，薄，平展，上、下表面无茸毛；叶片5裂，上裂深，下裂中等深；锯齿中等锐。两性花。生长势强。从萌芽至浆果成熟需 150~175 天。早果性差。一般定植第 4~5 年开始结果。正常结果树产果 4500kg/hm² (1m×7m, 大棚架) (见彩图 2-308)。

309 白布瑞克 Baiburuike

亲本来源 欧亚种。别名'阿克布瑞克'(维语名)、'白比瑞克'。新疆地方品种。晚熟鲜食品种。

主要特征 生长势较强, 芽眼萌发率为 63%。结果枝占芽眼总数的 33.6%。每果枝平均着生果穗数为 1.14 个。隐芽萌发的新梢结实力中等强, 夏芽副梢结实力弱。果穗分枝圆锥形, 平均穗重 387.0g。果粒着生中等紧密或疏松。果粒卵圆形或短椭圆形, 黄绿色, 平均粒重 4.4g。果皮中等厚。果肉软, 汁多, 淡绿色, 味酸甜, 可溶性固形物含量为 18.6%, 可滴定酸含量为 0.42%, 鲜食品质中等。每果粒含种子 2~3 粒, 多为 3 粒。嫩梢绿色, 无茸毛。幼叶绿色, 上、下表面无茸毛, 有光泽; 成龄叶近圆形, 中等大, 平展, 上、下表面无茸毛; 叶片 5 裂, 上裂刻深, 下裂刻浅。两性花。在新疆鄯善地区, 4 月中旬萌芽, 5 月中、下旬开花, 7 月中旬新梢开始成熟, 9 月上旬浆果成熟。从萌芽至浆果成熟需 148 天, 此期间活动积温为 3863℃ (见彩图 2-309)。

310 白达拉依 Baidalayi

亲本来源 欧亚种。别名'阿克达拉依'(维语名)。新疆地方品种。在新疆伊犁地区有零星栽培。早中熟鲜食品种。

主要特征 果穗圆锥形, 带副穗, 平均穗重 430.0g。果粒着生中等紧密。果粒圆柱形, 黄绿色, 平均粒重 3.2g。果皮薄。果肉较脆, 汁少, 浅黄色, 味甜, 可溶性固形物含量为 17.2%~19.5%, 可滴定酸含量为 0.40%, 鲜食品质中上等。每果粒含种子 1~4 粒, 多为 2 粒。

植株生长势中等。芽眼萌发率为 57.1%。结果枝占芽眼总数的 35%。每果枝平均着生果穗数为 1.48 个。隐芽萌发的新梢和夏芽副梢结实力均弱。成龄叶圆形, 中等大, 平展, 上、下表面无茸毛, 叶片 5 裂, 上裂刻浅, 下裂刻极浅。雌能花。二倍体。风味较优。在新疆鄯善地区, 4 月中旬萌芽, 5 月中、下旬开花, 8 月上旬新梢开始成熟, 8 月中、下旬浆果成熟。从萌芽至浆果成熟需 122 天, 此期间活动积温为 3058.6℃ (见彩图 2-310)。

311 白马奶 Baimanai

亲本来源 欧亚种, 东方品种群。原产地和品种来源不详。别名'白马奶子'。是我国古老的农家品种, 晚熟鲜食品种。

主要特征 植株生长势中等。隐芽和副芽萌发力均弱。芽眼萌发率为 53.3%~61.6%。结果枝占芽眼总数的 38%~48.1%。每果枝平均着生果穗数为 1.42 个。夏芽副梢结实力弱。果穗圆锥形, 平均穗重 454.0g。果穗整齐, 果粒着生紧密。果粒椭圆形, 黄绿色微带红晕, 平均粒重 6.6g。果粉薄。果皮薄、韧。果肉致密, 中等脆, 汁中等多, 味酸甜, 可溶性固形物含量为 15.0%~16.0%, 可滴定酸含量为 0.43%, 鲜食品质中上等。每果粒含种子 1~3 粒, 多为 2 粒。

嫩梢绿色, 有光泽和稀疏茸毛。成龄叶片近圆形, 中等大, 上表面有光泽, 下表面有稀疏白色茸毛, 叶片 5 裂, 上裂刻中等深或浅, 下裂刻浅。雌能花。生长势中等。进入结果期晚, 定植第 3 年开始结果。进入结果期晚, 定植第 3 年开始结果。产量中等。在张家口市宣化区, 4 月中、下旬萌芽, 6 月初开花, 9 月上、中旬浆果成熟。浆果晚熟。抗寒力较强。抗白腐病力中等, 抗黑痘病、褐斑病和霜霉病力弱 (见彩图 2-311)。

312 白葡萄 Baiputao

亲本来源 欧亚种。新疆地方品种在新疆伊犁、乌鲁木齐地区有零星栽培。早中熟鲜食品种。

主要特征 果穗圆锥形，平均穗重600.0g。果粒着生中等紧密或疏松。果粒椭圆形，黄绿色，平均粒重4.7g。果皮中等厚。果肉较脆，汁较多，浅黄色，味酸甜，风味较淡，可溶性固形物含量为18.0%，可滴定酸含量为0.30%，鲜食品质中上等。每果粒含种子3粒。

植株生长势较强。结果枝占芽眼总数的28.5%。每果枝平均着生果穗数为1.05个。隐芽萌发的新梢和夏芽副梢结实力均弱。在新疆鄯善地区，4月中旬萌芽，5月中旬开花，7月中旬新梢开始成熟，8月底浆果成熟。从萌芽至浆果成熟需137天，此期间活动积温为3081℃。嫩梢绿色，有稀疏茸毛。幼叶黄绿色，带微红色，上、下表面无茸毛，有光泽；成龄叶圆形，中等大，绿色，薄，上、下表面无茸毛，叶缘上卷，叶片5裂，上裂刻浅，下裂刻极浅。两性花（见彩图2-312）。

313 长无核白 Changbaiwuhe

亲本来源 欧亚种。是20世纪50年代后期在吐鲁番地区发现的'无核白'芽变。晚中熟鲜食品种。

主要特征 果穗圆锥形，平均穗重240.0g。果穗大小整齐，果粒着生较疏松。果粒长卵圆形，黄绿色，平均粒重1.6g。果刷较短。果皮薄，与果肉较难分离。果粉薄。果肉脆，汁中等多，浅黄色，味酸甜，可溶性固形物含量为20.2%，可滴定酸含量为0.45%，品质上等。无种子。

植株生长势较强。芽眼萌发率为58.6%。结果枝占芽眼总数的32.6%。每果枝平均着生果穗数为1.38个。隐芽萌发的新梢和夏芽

副梢结实力均较弱。在新疆鄯善地区，4月上、中旬萌芽，5月中旬开花，7月下旬新梢开始成熟，8月底浆果成熟。从萌芽至浆果成熟需141天，此期间活动积温为3689.8℃。嫩梢绿色，无茸毛。幼叶黄绿色，上、下表面无茸毛，有光泽；成龄叶近圆形，中等大，上、下表面无茸毛，叶片平展，叶片5裂，上裂刻深，下裂刻浅叶柄中等长。两性花。（见彩图2-313）

314 大无核紫 Dawuhezi

亲本来源 欧亚种。别名'紫黑'。亲本不详。新疆有零星栽培。

主要特征 果穗圆锥形，有副穗，平均穗重204.0g。果粒大小整齐，果粒着生中等密。果粒椭圆形，红紫色，平均粒重2.4g。果粉中等厚。果皮中等厚、较脆、有涩味。果肉脆，无肉囊，果汁多，红色，味甜，无香味，可溶性固形物含量为16.5%，总糖含量为15.3%，可滴定酸含量为0.60%，品质中上等。有瘪籽。

植株生长势强。结果枝占芽眼总数的39.99%。每果枝平均着生果穗数为1.46个。在河南郑州地区，4月16日萌芽，5月21日开花，8月8日浆果成熟。从萌芽至浆果成熟需115天，此期间活动积温为2782.7℃。嫩梢绿黄色；新梢生长直立，节间背侧绿色，腹侧红褐色。幼叶黄色，带绿色晕；成龄叶心脏形，中等大，无茸毛，5裂，上裂刻深，下裂刻中等深，锯齿双侧凸形。两性花。二倍体（见彩图2-314）。

315 哈什哈尔 Hashihaer

亲本来源 欧亚种，原产地中国。是新疆的古老地方品种。

主要特征 果穗圆锥形，带副穗，平均穗重430.0g。果粒着生中等紧密。果粒近圆形，绿色或浅绿黄色，平均粒重4.5g。果皮薄，与果肉不易分离。果肉较脆，汁多，浅

黄色，味酸甜，可溶性固形物含量为16%~18%，鲜食品质中等。每果粒含种子多为3粒。

植株生长势较强。芽眼萌发率为62.5%。结果枝占芽眼总数的33.2%。每果枝平均着生果穗数为1.01个。隐芽萌发的新梢和夏芽副梢结实力均弱。嫩梢绿色，有稀疏茸毛。幼叶绿色，微带红色，上、下表面无茸毛，有光泽；成龄叶心脏形，中等大，薄，平展，上表面光滑无茸毛，下表面有稀疏茸毛；叶片5裂，上裂刻深，下裂刻中等深。两性花。在新疆鄯善地区，4月中旬萌芽，5月中、下旬开花，7月中旬新梢开始成熟，9月初浆果成熟。从萌芽至浆果成熟需148天，此期间活动积温为3856.3℃（见彩图2-315）。

316　和田红（微红型）　Hetianhong

亲本来源　欧亚种。新疆地方品种。为新疆和田地区的主栽品种，在新疆各地有零星栽植。晚熟酿酒兼鲜食品种。

主要特征　果穗双歧肩圆锥形，较大，穗长22.3cm，穗宽14.7cm，平均穗重680g。果粒着生极紧密，有大小粒。果粒近圆形，黄绿色，微带红色，中等大，纵径1.8cm，横径1.7cm，平均粒重3.5~4.0g，果皮较厚而韧，与果肉易分离。果肉稍软，汁多，淡黄色，味甜酸。果刷中等长。每果粒含种子1~3粒，多为2粒。种子中等大，浅褐色。种子与果肉易分离。可溶性固形物含量为18%~22%，可滴定酸含量为0.57%。出汁率为77.8%。鲜食品质一般。用其所酿制的干白葡萄酒，色浅，清澈透明，香气完整，酒体浓厚（见彩图2-316）。

植株生长势较强。芽眼萌发率为54.2%。结果枝占芽眼总数的27.4%。每果枝平均着生果穗数为1.09个。隐芽萌发的新梢和夏芽副梢结实力均弱。嫩梢绿色，有稀疏茸毛。幼叶绿色，微带红色，上、下表面有稀疏茸毛。成龄叶片近圆形，中等大，绿色，薄，平展，上、下表面无茸毛。叶片5裂，上裂刻

深，下裂刻浅。叶柄洼闭合椭圆形。锯齿中等锐。叶柄长。枝条横断面呈圆形，节部红褐色。节间红褐色，较长。两性花。在新疆鄯善地区，4月中旬萌芽，5月中旬开花，7月中旬新梢开始成熟，9月中旬浆果成熟。从萌芽至浆果成熟需148天，此期间活动积温为3805.7℃（见彩图2-316）。

317　和田红（紫红型）　Hetianhong

亲本来源　欧亚种。是'和田红'的变异类型。在和田地区为辅栽品种。晚熟鲜食品种兼酿酒制干。

主要特征　果穗双歧肩圆锥形，较大，穗长21.3cm，穗宽16.9cm，平均穗重587g。果粒着生极紧密，有大小粒。果粒近圆形，紫红色，中等大，纵径1.8cm，横径1.7cm，平均粒重3.7g。果皮较厚而韧，与果肉易分离。果肉稍软，汁多，味酸甜。每果粒含种子1~3粒。种子与果肉易分离。可溶性固形物含量为20%以上。鲜食品质中上等。

植株生长势较强。结果枝占芽眼总数的30%。每果枝平均着生果穗数为1.1个。副梢结实力弱。嫩梢绿色，带褐色，有稀疏茸毛。幼叶绿色，带微红色，上、下表面无茸毛，有光泽。成龄叶片近圆形，较大，绿色，薄，平展，上、下表面无茸毛。叶片5裂，上裂刻中等深，下裂刻浅。叶柄洼闭合椭圆形。锯齿中等锐。两性花。在新疆鄯善地区，4月中旬萌芽，5月中旬开花，7月中旬新梢开始成熟，9月下旬至10月初浆果成熟。从萌芽至浆果成熟需148天，此期间活动积温为3700℃以上（见彩图2-317）。

318　和田绿　Hetianlü

亲本来源　欧亚种。新疆地方品种。在新疆喀什、和田地区有零星栽培。晚熟鲜食品种。

主要特征　果穗圆锥形，平均穗重210.0g。果粒着生中等紧密。果粒椭圆形，黄

绿色，平均粒重 2.3g。果皮中等厚。果肉较脆，汁中等多，淡黄色，味酸甜，可溶性固形物含量为 18.0%~23.6%，可滴定酸含量为 0.35%~0.50%，鲜食品质中等。果刷短。每果粒含种子 1~4 粒，多为 2 粒，种子中等大，棕褐色。嫩梢绿色，带褐色，有稀疏茸毛。幼叶绿色，带微红色，上、下表面有稀疏茸毛，有光泽。成龄叶近圆形，中等大，中等厚，平展，上、下表面无茸毛；叶片 5 裂，上裂刻深，下裂刻中等深。两性花。生长势较强（见彩图 2-318）。

319　黑布瑞克　Heiburuike

亲本来源　欧亚种。新疆地方品种。在新疆吐鲁番、鄯善地区有零星栽培。晚熟鲜食品种。

主要特征　果穗圆锥形，双歧肩，平均穗重 416.0g。果粒着生中等紧密。果粒近圆形，紫黑色，平均粒重 2.8g。果皮中等厚。果肉稍脆，汁中等多，浅黄色，味酸甜，可溶性固性物含量为 17.0%~19.2%，可滴定酸含量为 0.54%，鲜食品质中等。果刷较短。每果粒含种子 2~4 粒，多为 3 粒。

植株生长势较强。芽眼萌发率为 67.6%。结果枝占芽眼总数的 19%。每果枝平均着生果穗数为 1.03 个。隐芽萌发的新梢和夏芽副梢结实力均弱。嫩梢绿色，带褐色，有稀疏茸毛。幼叶绿色，带微红色，上、下表面无茸毛，有光泽；成龄叶近圆形，较小，呈浅漏斗状，上、下表面平滑无茸毛；叶片 5 裂，上裂刻深，下裂刻中等深。叶柄短。两性花。在新疆鄯善地区，4 月中旬萌芽，5 月中旬开花，7 月中旬新梢开始成熟，9 月中旬浆果成熟。从萌芽至浆果成熟需 147 天，此期间活动积温为 3803.9℃（见彩图 2-319）。

320　黑葡萄　Heiputao

亲本来源　欧亚种。新疆地方品种。在吐鲁番地区有零星栽培。属极晚熟鲜食品种。

主要特征　果穗圆锥形，平均穗重 324.0g。果粒着生极疏松。果粒椭圆形，紫红色，平均粒重 3.3g。果粉厚。果皮厚而韧。果肉稍软，汁中等多，浅绿色，味酸甜，可溶性固形物含量为 15.7%~18.8%，鲜食品质中等。每果粒含种子 1~4 粒，多为 2 粒，种子中等大，浅褐色。

植株生长势中等。芽眼萌发率为 66.8%。结果枝占芽眼总数的 40%。每果枝平均着生果穗数为 1.24 个。隐芽萌发的新梢和夏芽副梢结实力均弱。嫩梢绿色，带褐色，有稀疏茸毛。幼叶暗红色，上、下表面无茸毛，有光泽；成龄叶近圆形，较小，平展，上、下表面无茸毛；叶片 5 裂，上裂刻深，下裂刻中等深。两性花。在新疆鄯善地区，4 月中旬萌芽，5 月中旬开花，7 月中旬新梢开始成熟，9 月中旬浆果成熟。从萌芽至浆果成熟需 155 天，此期间活动积温为 3978℃（见彩图 2-320）。

321　红达拉依　Hongdalayi

亲本来源　欧亚种。新疆地方品种，在新疆伊犁地区有少量栽培。属极早熟鲜食品种。

主要特征　果穗圆锥形，平均穗重 320.0g。果粒着生紧密或极紧密。果粒倒卵圆形，紫红色，平均粒重 3.2g。果皮薄。果肉脆，汁中等多，微红色，味甜，可溶性固形物含量为 16%~19%，品质中上等。每果粒含种子多为 4 粒。种子与果肉易分离。植株生长势中等。嫩梢绿色，无茸毛。幼叶绿色，上、下表面无茸毛，有光泽；成龄叶近圆形，中等大，绿色，中等厚，叶片上卷，上、下表面无茸毛；叶片 5 裂，上裂刻中等深，下裂刻浅。叶柄较短。两性花（见彩图 2-321）。

322　假黄葡萄　Jiahuangputao

亲本来源　欧亚种。新疆地方品种。主要分布在新疆和田地区，零星栽培。中熟鲜食品种。

主要特征 果穗圆锥形，平均穗重330.0g。果粒着生中等紧密。果粒短椭圆形，黄绿色，平均粒重5.3g。果皮较薄。果肉脆，汁中等多，味酸甜，可溶性固形物含量为19.6%，可滴定酸含量为0.54%，品质中上等。每果粒含种子多为3粒，种子较大。

植株生长势较强，芽眼萌发率为51.1%。结果枝占芽眼总数的24.6%。每果枝平均着生果穗数为1.1个。隐芽萌发的新梢和夏芽副梢结实力均弱。嫩梢绿色，有稀疏茸毛。幼叶黄绿色，微带红色，上、下表面无茸毛，有光泽；成龄叶圆形，中等大，平展，上、下表面无茸毛；叶片5裂，上裂刻深，下裂刻浅。两性花。在新疆鄯善地区，4月中旬萌芽，5月中、下旬开花，7月下旬新梢开始成熟，8月下旬浆果成熟。从萌芽至浆果成熟需129天，此期间活动积温为3322℃（见彩图2-322）。

323 墨玉葡萄 Moyuputao

亲本来源 欧亚种。新疆地方品种，在新疆和田墨玉县有少量栽培。中熟鲜食品种。

主要特征 果穗圆锥形，带副穗，平均穗重283.0g。果粒着生中等紧密或疏松。果粒近圆形，黑紫色，平均粒重3.6g。果皮中等厚。果肉较脆，汁中等多，浅红色，味酸甜，可溶性固形物含量为22.0%，可滴定酸含量为0.30%，出汁率78.3%，鲜食品质中等。每果粒含种子2~4粒，多为3粒。

植株生长势中等。结果枝占芽眼总数的25.3%。每果枝平均着生果穗数为1.26个。隐芽萌发的新梢和夏芽副梢结实力均弱。嫩梢绿色，带褐色，有稀疏茸毛。幼叶绿色，带褐色，上、下表面有稀疏茸毛，稍有光泽；成龄叶近圆形，较小，平展，上、下表面无茸毛；叶片5裂，上裂刻中等深，下裂刻浅。叶柄短。两性花。在新疆鄯善地区，4月中旬萌芽，5月中旬开花，7月中旬新梢开始成熟，9月初浆果成熟。从萌芽至浆果成熟需133天，此期间活动积温为3441.1℃（见彩图2-323）。

324 平顶黑 Pingdinghei

亲本来源 欧亚种。新疆地方品种，在喀什地区有零星栽培。晚熟鲜食品种。

主要特征 果穗圆锥形，中等大，平均穗重320.0g。果粒着生中等紧密。果粒平顶圆柱形，红紫色，较大，平均粒重5.8g。果皮薄。果肉脆，汁中等多，绿黄色，味酸甜，可溶性固形物含量为19.8%，可滴定酸含量为0.51%，鲜食品质中上等。每果粒含种子1~4粒，多为2粒，有瘪籽，种子中等大，深褐色。

植株生长势中等。结果枝占芽眼总数的23.4%。每果枝平均着生果穗数为1.04个。隐芽萌发的新梢和夏芽副梢结实力均弱。嫩梢绿色，带褐色，有稀疏茸毛。幼叶绿色，带红色，上、下表面无茸毛，有光泽；成龄叶片近圆形，中等大，微呈波状，上、下表面无茸毛；叶片5裂，上裂刻中等深，下裂刻极浅。雌能花。在新疆鄯善地区，4月中旬萌芽，5月中旬开花，7月下旬新梢开始成熟，9月初浆果成熟。从萌芽至浆果成熟需148天，此期间活动积温为3844.9℃（见彩图2-324）。

325 秋马奶子 Qiumanaizi

亲本来源 欧亚种。新疆地方品种。在吐鲁番、和田地区有零星栽培。属极晚熟鲜食品种。

主要特征 果穗圆锥形，平均穗重312.0g。果粒着生疏松。果粒弯形，绿色，平均粒重4.1g。果皮较厚而韧，有涩味。果肉柔软多汁，绿色，味酸甜，可溶性固形物含量为18.2%~20.3%，可滴定酸含量为0.47%，鲜食品质中等。果刷较长。每果粒含种子多为4粒。

植株生长势中等。芽眼萌发率为66.8%。结果枝占芽眼总数的26.6%。每果枝平均着生果穗数为1.21个。隐芽萌发的新梢和夏芽副梢结实力均弱。嫩梢绿色，带紫褐色，有稀疏茸毛。幼叶绿色，叶缘红褐色，上、下表面无茸毛，有光泽；成龄叶近圆形，中等大，中等厚，叶缘上卷，上、下表面无茸毛；叶片5裂，上裂刻深，下裂刻中等深。雌能花。在新疆鄯善地区，4月中旬萌芽，5月中、下旬开花，7月中旬新梢开始成熟，9月中旬浆果成熟。从萌芽至浆果成熟需158天，此期间活动积温为4088.7℃（见彩图2-325）。

326　赛勒克阿依　Sailekeayi

亲本来源　欧亚种。新疆地方品种，在新疆伊犁地区有零星栽培。晚熟鲜食品种。

主要特征　果穗圆锥形，双歧肩，平均穗重720.0g。果粒着生中等紧密。果粒近圆形，紫红色，平均粒重7.3g。果皮中等厚。果肉较脆，汁多，淡黄色，味酸甜，可溶性固形物含量为16.0%，可滴定酸含量为0.40%，品质中上等。每果粒含种子2粒。

植株生长势中等。结果枝占芽眼总数的30%。每果枝平均着生果穗数为1.18个。副梢结实力弱。嫩梢绿色，带褐色，有稀疏茸毛。幼叶绿色，带红色，上、下表面有稀疏茸毛，有光泽；成龄叶片近圆形，中等大，中等厚，叶缘上卷，上、下表面无茸毛，叶片3裂，裂刻浅。雌能花。在新疆鄯善地区，4月中旬萌芽，5月中旬开花，7月中旬新梢开始成熟，9月上旬浆果成熟。从萌芽至浆果成熟需150天，此期间活动积温为3789.5℃（见彩图2-326）。

327　索索葡萄　Suosuoputao

亲本来源　欧亚种。在新疆吐鲁番、哈密和喀什地区有零星栽培。晚熟制干品种。

主要特征　果穗圆柱形，带副穗，平均穗重38.0~50.0g。果粒着生中等紧密。果粒圆形略扁，紫红色，极小，平均粒重0.15g。果皮中等厚，较韧。果肉脆，汁少，黄绿色，味酸甜，可溶性固形物含量为18.0%~21.0%，可滴定酸含量为0.63%，出干率为22.2%，品质较差。无种子。

植株生长势较强。芽眼萌发率为52.6%。结果枝占芽眼总数的38.3%。每

果枝平均着生果穗数为1.25个。隐芽萌发的新梢和夏芽副梢结实力均弱。嫩梢绿色，带暗紫红色，有稀疏茸毛。幼叶黄绿色，叶缘暗红色；成龄叶近圆形，中等大，平展，上、下表面无茸毛；叶片5裂，上裂刻深，下裂刻中等深。两性花。在新疆鄯善地区，4月中旬萌芽，5月中旬开花，7月中旬新梢开始成熟，9月中旬浆果成熟，从萌芽至浆果成熟所需天数为147天，此期间活动积温为3801.9℃（见彩图2-327）。

328　微红白葡萄　Weihongbaiputao

亲本来源　欧亚种。新疆地方品种。在新疆伊犁、乌鲁木齐地区有零星栽培。晚熟鲜食兼酿酒品种。

主要特征　果穗圆锥形，双歧肩，较大，平均穗重492.0g。果粒着生紧密或极紧密。果粒近圆形，黄绿色，有红晕，中等大，平均粒重3.4g。果皮中等厚。果肉较脆，汁多，淡黄色，味酸甜，可溶性固形物含量为20.0%，可滴定酸含量为0.54%。品质中等。每果粒含种子3粒。

植株生长势强。结果枝占芽眼总数的18.6%。每果枝平均着生果穗数为1.1个。副梢结实力弱。嫩梢绿色，带褐色，有稀疏茸毛。幼叶绿色，微带红色，上、下表面无茸毛，有光泽；成龄叶近圆形，中等大，较薄，上、下表面无茸毛；叶片5裂，上裂刻深，下裂刻中等深。两性花。在新疆鄯善地区，4月中旬萌芽，5月中旬开花，7月下旬新梢开始成熟，9月初浆果成熟。从萌芽至浆果成熟需145天，此期间活动积温为3749.8℃（见彩图2-328）。

329　新葡1号　Xinpu 1

亲本来源　欧亚种。从'偌斯依托'实生苗中选育出，新疆葡萄瓜果开发研究中心育成。在新疆吐鲁番地区和其他地区均有栽培。晚熟鲜食品种。

主要特征　果穗圆锥形或圆柱形，带副穗，

平均穗重 550.0g。果粒着生紧密。果粒近圆形，深紫红色，平均粒重 7.0g。果粉中等厚。果皮薄，较韧。果肉肥厚，肉质紧密，汁较多，味酸甜，无香味，可溶性固形物含量为 17.0% ~ 19.0%，品质上等。每果粒含种子 1~3 粒。嫩梢绿色，有稀疏茸毛。幼叶绿带浅紫红色，上表面有光泽，下表面有稀疏茸毛；成龄叶片肾形，中等大，较薄，上、下表面无茸毛；叶片 5 裂，裂刻中等深，锯齿中锐。两性花。二倍体。生长势较强。产量较高。从萌芽至浆果成熟需 140~150 天。较耐储运（见彩图 2-329）。

330 伊犁香葡萄 Yilixiangputao

亲本来源 欧亚种。新疆地方品种。在新疆伊宁市有零星栽植。中熟鲜食品种。

主要特征 果穗圆锥形，平均穗重 170.0g。果粒着生中等紧密。果粒近圆形，绿色，平均粒重 2.8g。果皮较薄而韧。果肉较脆，汁多，浅黄色，味酸甜，有浓玫瑰香味，可溶性固形物含量为 20.0% ~ 23.0%，可滴定酸含量为 0.45%，出汁率为 67.5%，品质中上等。每果粒含种子多为 3 粒。

植株生长势中等。芽眼萌发率为 70.5%。结果枝占芽眼总数的 43.5%。每果枝平均着生果穗数为 1.53 个。隐芽萌发的新梢和夏芽副梢结实力均弱。嫩梢绿色，带紫红色，无茸毛。幼叶绿色，带暗红色，上、下表面无茸毛，有光泽；成龄叶近圆形，中等大，平展，上、下表面无茸毛；叶片 5 裂，上裂刻中等深，下裂刻浅。两性花。在新疆鄯善地区，4 月中旬萌芽，5 月中旬开花，7 月下旬新梢开始成熟，8 月中、下旬浆果成熟。从萌芽至浆果成熟需 126 天，此期间活动积温为 3289.5℃（见彩图 2-330）。

331 于田白葡萄 Yutianbaiputao

亲本来源 欧亚种。新疆地方品种。在和田地区有零星栽培。晚熟鲜食品种。

主要特征 果穗圆锥形带副穗，平均穗重 450.0g。果粒着生中等紧密或紧密。果粒短椭圆形，黄绿色，平均粒重 5.5g。果皮薄，较韧，与果肉易分离。果肉脆，汁中等多，浅绿色，味酸甜，可溶性固形物含量为 19.4%，可滴定酸含量为 0.49%，品质中上等。每果粒含种子多为 3 粒。

植株生长势较强。芽眼萌发率为 58.6%。结果枝占芽眼总数的 27.4%。每果枝平均着生果穗数为 1.07 个。隐芽萌发的新梢和夏芽副梢结实力均弱。嫩梢绿，带紫红色，无茸毛。幼叶绿色，带暗红色，上、下表面无茸毛，有光泽；成龄叶近圆形，中等大，中等厚，平展，上、下表面无茸毛；叶片 5 裂，上裂刻中等深，下裂刻浅。两性花。在新疆鄯善地区，4 月中旬萌芽，5 月中旬开花，7 中旬新梢开始成熟，9 月上旬浆果成熟。从萌芽至浆果成熟需 146 天，此期间活动积温为 3811.1℃（见彩图 2-331）。

332 假卡 Jiaka

亲本来源 欧亚种。新疆地方品种。在伊犁地区有零星栽培。早中熟鲜食品种。

主要特征 果穗双歧肩圆锥形，大，穗长 22.6cm，穗宽 16.3cm，平均穗重 680g。果粒着生紧密。果粒近圆形，紫红色，较大，纵径 2.1cm，横径 2.0cm，平均粒重 4.6g。果皮中等厚。果肉较脆，汁中等多，浅绿色，味酸甜。果刷短。每果粒含种子 1~4 粒，多为 2 粒。种子中等大，褐色。种子与果肉易分离。可溶性固形物含量为 18.4%，可滴定酸含量为 0.67%。鲜食品质中等。

植株生长势较强。芽眼萌发率为 66.2%。结果枝占芽眼总数的 25.8%。每果枝平均着生果穗数为 1.17 个。隐芽萌发的新梢和夏芽副梢结实力均弱。嫩梢绿色，带红褐色，有稀疏茸毛。幼叶绿色，带暗红色，上、下表面无茸毛，有光泽。成龄叶片近圆形，大，深绿色，中等厚，平展，上、下表面无茸毛。叶片 5 裂，上裂刻中等深，下裂刻浅。锯齿钝。叶柄洼闭合裂缝形。叶柄长。枝条横断面呈圆形，节部棕褐色。节间棕褐色，较长。雌能花。在新疆鄯善地区，4 月中旬萌芽，5 月下旬开花，7 月下旬新梢开始成熟，8 月中旬浆果成熟。从萌芽至浆果成熟需 120 天，此期间活动积温为 3043.4℃（见彩图 2-332）。

333　红木纳格　Hongmunage

亲本来源　欧亚种。新疆地方品种在新疆和田、克州和喀什地区栽培较多。晚熟鲜食品种。

主要特征　果穗圆锥形，平均穗重 520.0~620.0g。果粒着生较疏松。果粒长椭圆形，绿黄色带红晕，平均粒重 8.0g。果皮厚而韧，与果肉易分离。果肉脆，汁多，淡黄色，味甜酸，可溶性固形物含量为 16.4%~18.0%，可滴定酸含量为 0.43%，鲜食品质上等。每果粒中含种子 2~4 粒。

植株生长势较强。芽眼萌发率为 60.8%。结果枝占芽眼总数的 23.2%。每果枝平均着生果穗数为 1.1 个。副梢结实力弱。嫩梢绿色，带紫红色，有稀疏茸毛。幼叶黄绿色，叶缘紫红色，上、下表面无茸毛，有光泽；成龄叶圆形，中等大，平展，上、下表面无茸毛；叶片 5 裂，上裂刻深，下裂刻中等深。两性花。在新疆鄯善地区，4 月中旬萌芽，5 月中、下旬开花，7 月中旬新梢开始成熟，9 月底至 10 月上旬浆果成熟。从萌芽至浆果成熟需 162 天，此期间活动积温为 3886℃（见彩图 2-333）。

334　大马奶　Damanai

亲本来源　欧亚种。为'马奶子'的芽变品种。主要分布在伊犁地区晚熟鲜食品种。

主要特征　果穗圆锥形，较大，穗长 21.3cm，穗宽 11.4cm，平均穗重 430g，最大穗重 1000g。果粒着生疏松。果粒长筒束腰形，黄绿色，大，纵径 3.3cm，横径 2.0cm，平均粒重 7.8g，最大粒重 11.5g。

果皮薄而脆。果肉脆，汁多，黄绿色，味酸甜。果刷短。每果粒含种子 2~4 粒，多为 3 粒。种子较大，浅褐色。种子与果肉易分离。可溶性固形物含量为 18%，可滴定酸含量为 0.48%。鲜食品质上等。

植株生长势较强。芽眼萌发率为 69%。结果枝占芽眼总数的 37.9%。每果枝平均着生果穗数为 1.12 个。副梢结实力弱。在新疆鄯善地区，4 月中旬萌芽，5 月中、下旬开花，7 月中、下旬新梢开始成熟，8 月底浆果成熟。从萌芽至浆果成熟需 141 天，此期间活动积温为 3701℃。嫩梢绿色，有稀疏茸毛。幼叶绿色，上、下表面无茸毛，有光泽。成龄叶片近圆形，大，绿色，中等厚，叶缘上卷，上、下表面无茸毛。叶片 5 裂，上裂刻中等深，下裂刻浅。锯齿钝，圆顶形。叶柄洼拱形。叶柄较长。枝条横断面呈扁圆形，节部深褐色。节间褐色，中等长。两性花（见彩图 2-334）。

335　早熟绿葡萄　Zaoshulüputao

亲本来源　欧亚种。新疆地方品种。在哈什、和田地区有栽培。中熟鲜食品种。

主要特征　果穗圆锥形带副穗，中等大，穗长 19.5cm，穗宽 11.5cm，平均穗重 321g。果粒着生紧密。果粒扁圆形，黄绿色，微带红色，中等大，纵径 1.5cm，横径 1.6cm，平均粒重 3.0g。果皮中等厚。果肉较脆，汁多，绿黄色，味酸甜。每果粒含种子 1~4 粒，多为 2 粒。种子中等大，浅褐色。种子与果肉易分离。可溶性固形物含量为 20.6%，可滴定酸含量为 0.66%。鲜食品质中等。

植株生长势中等。结果枝占芽眼总数的 21%。每果枝平均着生果穗数为 1.23 个。在新疆鄯善地区，4 月中旬萌芽，5 月中旬开花，7 月中旬新梢开始成熟，8 月底浆果成熟。从萌芽至浆果成熟需 140 天，此期间活动积温为 3233.6℃。

嫩梢绿色，有稀疏茸毛。幼叶绿色，带

红色，上、下表面无茸毛，有光泽。成龄叶片近圆形，较小，绿色，中等厚，平展，上、下表面无茸毛。叶片5裂，上裂刻深，下裂刻中等深。锯齿中等锐。叶柄洼窄拱形。枝条褐色。两性花（见彩图2-335）。

336 谢克兰格 Xiekelange

亲本来源 欧亚种。新疆地方品种。在伊犁地区有零星栽培。晚中熟鲜食品种。

主要特征 果穗分枝圆锥形，大，穗长23.0cm，穗宽16.8cm，平均穗重538g. 果粒着生疏松。果粒短椭圆形，黄绿色，较大，纵径2.3cm，横径2.0cm，平均粒重4.9g。果皮较薄，脆。果肉脆，汁少，味甜酸。每果粒含种子3粒。种子棕褐色，与果肉易分离。可溶性固形物含量为14%～17%，可滴定酸含量为1.08%。鲜食品质中等。

植株生长势较强，嫩梢绿色，有稀疏茸毛。幼叶微红色，上、下表面无茸毛，有光泽。成龄叶片近圆形，中等大，绿色，薄，平展，上、下表面无茸毛。锯齿中等锐。叶片5裂，上裂刻深，下裂刻中等深。叶柄洼拱形。两性花。在新疆鄯善地区，4月中旬萌芽，5月下旬开花，7月中旬新梢开始成熟，9月初浆果成熟。从萌芽至浆果成熟需141天，此期间活动积温为3741.6℃（见彩图2-336）。

337 黑油葡萄 Heiyouputao

亲本来源 欧亚种。新疆地方品种，在伊犁地区有零星栽培。晚熟鲜食品种。

主要特征 果穗圆锥形带副穗，中等大，穗长20.2cm，穗宽12.4cm，平均穗重361g。果粒着生中等紧密。果粒长椭圆形，紫红色，中等大，纵径2.0cm，横径1.5cm，平均粒重2.9g。果皮较薄。果肉较脆，汁多，黄绿色，味酸甜。每果粒含种子3～4粒。可溶性固形物含量为18.8%，可滴定酸含量为0.4%。鲜食品质中上等。

植株生长势较强。结果枝占芽眼总数的24%。每果枝平均着生果穗数为1.3个。在新疆鄯善地区，4月中旬萌芽，5月中旬开花，7月中旬新梢开始成熟，8月底浆果成熟。从萌芽至浆果成熟需142天，此期间活动积温为3703.6℃。

嫩梢绿色，带褐色，有稀疏茸毛。幼叶绿色，上、下表面无茸毛，有光泽。成龄叶片近圆形，较大，绿色，较薄，平展，上、下表面无茸毛。叶片5裂，上裂刻浅，下裂刻极浅。锯齿中等锐。叶柄洼拱形。枝条黄褐色。两性花（见彩图2-337）。

338 云葡1号 Yunpu 1

亲本来源 '毛葡萄'与'白鸡心'杂交而成。云南省农业科学院热区生态农业研究所等在2015年培育而成，中熟品种。

主要特征 果穗圆锥形或圆锥形带副穗，果粒圆形至短椭圆形，充分成熟时紫黑色至蓝黑色；果穗整齐紧凑，不易落粒，耐运输；水肥充足的情况下，果穗平均质量165g，最大质量260g，每个果实有种子1～4粒，多数2～3粒；充分成熟时可溶性固形物含量17.0%～19.0%，酸甜，无香味，酿造的葡萄酒颜色较浅，适宜酿造粉红葡萄酒和起泡酒。此品种为中熟酿酒品种，也可在干旱地区用作抗旱砧木和庭院绿化品种（见彩图2-338）。

339 云葡2号 Yunpu 2

亲本来源 '毛葡萄'与'白鸡心'杂交而成。云南省农业科学院热区生态农业研究所等在2015年培育而成，晚熟品种。

主要特征 果穗圆锥形或圆锥形带副穗，果粒圆形至短椭圆形，充分成熟时紫黑色。水肥充足的情况下，果穗紧凑，不易落粒，耐运输；果穗果粒小，平均果穗质量150g左右，最大280g，果粒平均质量1.2g，充分成熟时可溶性固形物含量16.0%～18.0%，平均

17.0%左右，味酸甜。此品种为晚熟耐旱砧木品种品种（见彩图2-339）。

340　天工翡翠　Tiangongfeicui

亲本来源　浙江省农业科学院园艺研究所选育，亲本'金手指'ד 鄞红'。2008年配置杂交组合，2011年进入结果期，无核、脆肉、风味佳杂种'08-19'入初选为优株，经过2012~2013年的观察复选为优系，2015~2016年开展区域品种比较试验与DUS测试，定名'天工翡翠'，2017年通过农业部品种保护办公室审查登记，授予植物新品种权（CNA20150402.3）。

主要特征　果穗呈圆柱形，穗质量400~600g，具有较好的紧密度，全穗果粒成熟一致，果梗与果粒分离易。果粒呈椭圆形，果皮黄绿色带粉红色晕，果皮不易剥离，果粒整齐，果粉薄，自然粒质量2.6~3.1g，经赤霉素一次处理平均单粒质量为5.2g，横切面呈圆形，果皮薄，果肉汁液中，质脆，具有淡淡的哈密瓜味，可溶性固形物含量18.5%，可滴定酸含量0.40%，维生素C含量71.4mg/kg，基本无种子。

花芽分化和丰产、稳产性均好，成龄结果树萌芽率81.0%，结果枝率90.9%，一般结果母枝从基部第3节开始发着生花序，每结果枝花序数1.6个。田间抗灰霉病、霜霉病能力较强。在浙江海宁设施栽培条件下3月中下旬萌芽，5月初开花，6月中下旬转熟，7月底成熟上市，早中熟品种。

嫩梢形态半开张，梢尖匍匐茸毛无花青素着色，茸毛极密。幼叶上表面绿色带有红色斑，背面主脉间匍匐茸毛密。成熟叶片叶型单叶，近圆形，绿色，叶面平展，背面主脉间匍匐茸毛疏，锯齿长、形状双侧凸，裂片5裂，上裂刻闭合或重叠，下裂刻闭合，叶柄洼基部半开张、呈窄拱形，无叶脉花青素。新梢生长直立，节间背侧绿具红色条纹。两性花（见彩图2-340）。

341　天工墨玉　Tiangongmoyv

亲本来源　欧美杂交种，浙江省农业科学院园艺所葡萄学科吴江研究员在'夏黑'葡萄园结果树中发现该优良变异，2017年培育而成，2018年通过浙江省林木品种审定委员会认定，认定编号为浙-R-SV-VVL-006-2017。

主要特征　果穗圆锥形或圆柱形，平均穗重597.3g。果粒近圆形，自然粒重3~3.5g，经赤霉素处理果粒重6~8g，疏果后可达10g。果皮蓝黑色，无涩味，果肉爽脆，风味好，可溶性固形物含量18.0%~23.1%，可滴定酸0.39%，维生素C含量54.3mg/kg，鲜食品质佳；无裂果。无核。控产1250~1500kg/667m²。

该品种生长势极强。萌芽率87.5%，成枝率95%，结果枝率86.3%，每果枝平均花穗数1.6个。在浙江海宁设施栽培条件下3月中旬萌芽，4月下旬开花，6月下旬开始采收上市。从萌芽至浆果成熟105天左右。双膜促早5月上中旬上市。在'夏黑'葡萄栽培区均可种植。该品种相比日本育成的早熟品种'夏黑'熟期早8~10天，上色早、蓝黑，内在品质与'夏黑'相当；与国内同熟期'早夏无核'相比，果皮无涩味易化渣、糖度高。2018年1月成果鉴定专家认为该品种达到国际先进水平（见彩图2-341）。

342　天工玉柱　Tiangongyuzhu

亲本来源　欧亚种，亲本为'香蕉'×'红亚历山大'，浙江省农业科学院吴江等人在2018年育成。获得国家植物新品种权（CNA20160547.8）。

主要特征　果穗圆锥形，紧密度松，全穗果粒成熟较一致，果粒呈圆柱形、长椭圆形，果皮颜色黄绿，果粉中厚，硬度适中，汁液多少适中，浓玫瑰香味。单粒重6.8~8g，质地较脆，皮脆食味好，可溶性固形物含量18.6%~23.49%。无裂果，不落粒。基本不需整穗疏果保果，管理省力。

7月中至8月初成熟，适宜浙江地区设施栽培（见彩图2-342）。

343 鄞红 Yinhong

亲本来源 欧美杂种。'藤稔'葡萄芽变，宁波东钱湖旅游度假区野马湾葡萄场、浙江万里学院与宁波市鄞州区林业技术管理服务站在2010年育成。中熟品种。

主要特征 果穗圆柱形，副穗少，平均穗重650.0g左右。果粒紧密，整齐。果粒近圆形，果色紫黑色，平均粒重14.0g，较'藤稔'略小。果皮厚韧。果肉硬，味甜，汁多，可溶性固形物含量为17%，可滴定酸含量为0.30%，品质上等。生长势强。早果性好。萌芽至浆果成熟需130～140天，果实发育期70天左右。不易裂果。该品种产量稳，品质优，耐储运，适宜浙江省种植（见彩图2-343）。

344 早甜 Zaotian

亲本来源 浙江省农业科学院园艺研究所与金华市金东区昌盛葡萄园艺场育成，品种来源'先锋'变异株。2007年通过浙江省非主要农作物品种认定，浙认果2007002。

主要特征 果穗圆锥形，穗中等大，平均穗重717g，果粒近圆形或卵圆形，平均单粒重10.4g，良好栽培单粒重12g，在保果、疏果条件下的平均粒重13.9g，果皮中厚，紫红紫黑色，果粉厚，果肉脆，果汁中多，可溶性固形物含量16%～18%，含酸量0.52%，略带香味，每果粒内多为1粒种子，品质优。单性结实力强，易诱导形成无核果实。

长势中等。良好管理结果枝比例达95.5%，每果枝平均有1.5个花序，早果性好，副梢结实力弱。设施促成栽培在金华2月下旬萌芽，4月中旬开花，6月中下旬开始成熟，

避雨栽培7月下旬成熟，采收期长（7～10月）。幼叶黄绿色，叶片茸毛较多，叶边缘呈浅紫红色。成龄叶片大，心形或圆形，深绿色，叶片表面光滑平展，下表面有茸毛，浅5裂，上裂刻稍有重叠，叶缘锯齿大，稍钝。叶柄洼拱形。叶柄中长，淡红色。一年生枝黄褐色，表面光滑。两性花（见彩图2-344）。

345 宇选1号 Yuxuan 1

亲本来源 欧美杂种。'巨峰'芽变，乐清市联宇葡萄研究所、浙江省农业科学院园艺研究所与乐清市农业局特产站在2011年育成，早中熟品种。

主要特征 果穗圆锥形，平均穗重500.0g。果粒椭圆形，果肉硬脆，汁多，味酸甜，略有草莓香味，品质上等。果色紫黑色。果皮厚而韧，无涩味。每果粒含种子多为1～2粒。嫩梢淡紫红色，梢尖开张，茸毛较多。幼叶黄绿色，叶片背面茸毛较密，叶表面有光泽；成龄叶圆形，较大，深绿色，浅5裂。两性花。四倍体。早果性好。早中熟，从萌芽至浆果成熟需130天左右（见彩图2-345）。

346 玉手指 Yushouzhi

亲本来源 欧美杂种。'金手指'葡萄芽变，浙江省农业科学院园艺研究所在2012年育成。中熟品种。

主要特征 果穗长圆锥形，松紧适度，平均穗重485.6g。果粒长形至弯形，平均粒重6.2g。果粉厚，果皮黄绿色，充分成熟时金黄色，皮薄不易剥离。果肉质地较软，可溶性固形物含量为18.2%，总酸含量为0.34%，冰糖香味浓郁，品质佳。从萌芽至浆果成熟需130天左右。抗病性较强。不易裂果、不落粒，商品性好（见彩图2-346）。

第三章
中国自育品种遗传分析

第一节　中国主要自育葡萄品种的染色体倍性

葡萄(2X=38)是二倍体植物，在其进化与利用过程中，形成了很多不同倍性的葡萄品种，且葡萄无性繁殖的特点能将多倍体的优良性状稳定地保存下去。由于多倍体葡萄具有生长旺盛、枝粗、叶厚、果大、产量高、同化物质含量高、种子数量少且部分发育不良，果实成熟期提前等优点，在生产上被广泛推广。葡萄染色体倍性的信息对于葡萄品种资源的科学利用具有参考价值。

流式细胞术(flow cytometry, FCM)是应用流式细胞仪进行分析、分选的技术，它对处于液流中各种荧光标记的微粒进行多参数快速准确地定性、定量测定(田新民等，2011)。在植物学研究中，FCM主要用于检测植物细胞核DNA含量及其倍性水平。利用流式细胞仪对植物北行进行鉴定，速度快、效率高，使用大规模准确鉴定染色体倍性，取材可以是叶片、花或种子。我们利用该技术鉴定了郑州果树所中国国家葡萄资源圃以及其他院所保存的156个我国自育葡萄品种的倍性。值得说明的是，尽管可能存在非整倍体品种，由于受流式细胞术技术特点即精度的限制难以检测出葡萄品种的非整倍性染色体的特点。

一、葡萄倍性判断依据

加入特定的解离液后，通过物理方法切碎叶片，吸取解离液并用400目的滤膜过滤到离心管中，离心后弃上清。同时加入PI(碘化丙啶)染料，悬浮细胞，避光染色。使用BD Acuri C6，在488nm的荧光强度下，对样品进行检测。由样本的相对荧光强度以及峰值在横坐标对应的位置判断倍性(王静波等，2016)，二倍体在相对荧光强度50处出现峰值，如'郑果28号'(图3-1A)，而三倍体和四倍体的峰值分别出现在横坐标75与100处，如'8611'(图3-1B)和'早黑宝'(图3-1C)。

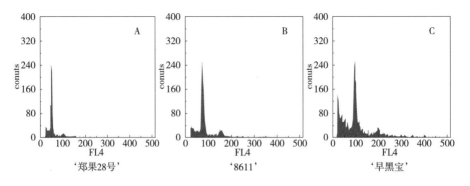

图3-1　不同倍性检测图示例

二、自育葡萄品种倍性

自育葡萄品种倍性见表 3-1。

表 3-1　156 个我国自育葡萄品种倍性

编号	品种名	倍性	编号	品种名	倍性
1	'黑佳酿'	2N	30	'李子香'	2N
2	'贵园'	4N	31	'玫瑰蜜'	2N
3	'超宝'	2N	32	'红玫瑰'	2N
4	'郑州早玉'	2N	33	'茨中教堂'	2N
5	'郑州早红'	2N	34	'甜峰 1 号'	4N
6	'郑艳无核'	2N	35	'甜峰'	4N
7	'郑果大无核'	2N	36	'伊犁香葡萄'	2N
8	'郑果 3 号'	2N	37	'索索葡萄'	2N
9	'郑果 28 号'	2N	38	'新郁'	2N
10	'北冰红'	2N	39	'红马奶'	2N
11	'早甜玫瑰香'	2N	40	'木纳格'	2N
12	'京紫晶'	2N	41	'马奶'	2N
13	'京早晶'	2N	42	'绿木纳格'	2N
14	'京玉'	2N	43	'白布瑞克'	2N
15	'京优'	4N	44	'户太 8 号'	2N
16	'京亚'	4N	45	'瓶儿'	2N
17	'京秀'	2N	46	'和田红'	2N
18	'京香玉'	2N	47	'光辉'	4N
19	'京可晶'	2N	48	'沈农香丰'	4N
20	'京丰'	2N	49	'沈农硕丰'	4N
21	'北玫'	2N	50	'金香 1 号'	4N
22	'北红'	2N	51	'沪培 2 号'	3N
23	'北醇'	2N	52	'沪培 1 号'	3N
24	'假卡'	2N	53	'沪培 3 号'	3N
25	'白达拉依'	2N	54	'申玉'	4N
26	'和田绿'	2N	55	'申秀'	4N
27	'墨玉葡萄'	2N	56	'申华'	4N
28	'红木纳格'	2N	57	'申丰'	4N
29	'红鸡心'	2N	58	'红亚历山大'	2N

（续）

编号	品种名	倍性	编号	品种名	倍性
59	'黑葡萄'	2N	90	'夕阳红'	4N
60	'早黑宝'	4N	91	'瑰香怡'	2N
61	'晚红宝'	4N	92	'公主红'	4N
62	'晚黑宝'	4N	93	'状元红'	4N
63	'秋红宝'	2N	94	'沈 87-1'	2N
64	'秋黑宝'	4N	95	'宇选 1 号'	4N
65	'丽红宝'	2N	96	'平顶黑'	2N
66	'晶红宝'	2N	97	'吉香'	2N
67	'瑰宝'	2N	98	'碧香无核'	2N
68	'无核翠宝'	2N	99	'关口葡萄'	2N
69	'早康宝'	2N	100	'巩义无核白'	2N
70	'烟 74 号'	2N	101	'月光无核'	3N
71	'烟 73 号'	2N	102	'霞光'	4N
72	'紫地球'ᶜ	2N	103	'蜜光'	4N
73	'红香蕉'	2N	104	'峰光'	4N
74	'红双味'	2N	105	'春光'	4N
75	'红莲子'	2N	106	'宝光'	4N
76	'黑香蕉'	2N	107	'金田红'	2N
77	'贵妃玫瑰'	2N	108	'金田美指'	2N
78	'园野香'ᵃ	2N	109	'金田翡翠'	2N
79	'玉波一号'ᶜ	2N	110	'醉人香'	4N
80	'玉波黄地球'ᶜ	2N	111	'沈阳玫瑰'	4N
81	'玉波二号'ᶜ	2N	112	'巨玫瑰'	4N
82	'泽玉'	2N	113	'凤凰 51'	2N
83	'大青葡萄'	2N	114	'紫珍珠'	2N
84	'百瑞早'ᵇ	3N	115	'早玫瑰'	2N
85	'钟山红'	2N	116	'早玛瑙'	2N
86	'紫丰'	2N	117	'艳红'	2N
87	'着色香'	2N	118	'香妃'	2N
88	'醉金香'	4N	119	'瑞锋(峰)无核'	4N
89	'紫珍香'	4N	120	'瑞都香玉'	2N

（续）

编号	品种名	倍性	编号	品种名	倍性
121	'瑞都无核怡'	2N	139	'马热子'	2N
122	'瑞都红玫'	2N	140	'驴奶'	2N
123	'瑞都脆霞'	2N	141	'库斯卡其'	2N
124	'爱神玫瑰'	2N	142	'卡拉'	2N
125	'峰后'	4N	143	'济南早红'	2N
126	'玉珍香'	2N	144	'黄满集'	2N
127	'伊犁葡萄'	2N	145	'花白'	2N
128	'也力阿克'	2N	146	'黑破黄'	2N
129	'谢克兰格'	2N	147	'贵州水晶'	2N
130	'夏白'	2N	148	'广西毛葡萄'	2N
131	'西营'	2N	149	'短枝玉玫瑰[c]'	2N
132	'无核早红（无核8611）'	3N	150	'贝加干'	2N
133	'桃克可努克'	2N	151	'白葡萄'	2N
134	'其里干'	2N	152	'白老虎眼'	2N
135	'牛心'	2N	153	'白拉齐娜'	2N
136	'宁夏无核白'	2N	154	'阿特巴格'	2N
137	'那布古珠'	2N	155	'园红玫[a]'	2N
138	'牡丹红'	2N	156	'美人指[a]'	2N

注：样品采集地点为中国农业科学院郑州果树研究所中国国家葡萄资源圃，少数样品采集自张家港市神园葡萄科技有限公司（a）、南京农业大学葡萄资源圃（b）和山东省江北葡萄研究所（c）。

第二节　我国自育品种遗传多样性及聚类分析

应用SSR分子标记技术对308个我国自育品种及种质（表3-3）的遗传多样性进行分析的结果发现，利用9对国际通用SSR引物（表3-2）的多态性谱带所构建的0/1矩阵，采用UPGMA法可以聚类成9组（图3-2），其中有4个大类（A、B、E、F）和5个小类（C、D、G、H、I）。

表3-2　葡萄中9对国际通用SSR引物及其序列

SSR	引物1		引物2		染色体	模板
	Forward primer（5′→3′）		Reverse primer（5′→3′）		Chromo some	Repeat motif
VVS2	CAGCCCGTAAATGTAT CCATC		AAATTCAAAATTCTAATTCA ACTGG		11	$(GA)_n$

（续）

SSR	引物 1 Forward primer（5′→3′）	引物 2 Reverse primer（5′→3′）	染色体 Chromo some	模板 Repeat motif
VVM D5	CTAGAGCTACGCCAA TCCAA	TATACCAAAAATCATA TTCCTAAA	16	（CT）$_3$ AT（CT）$_{11}$ ATAG（AT）$_3$
VVM D7	AGAGTTGCGGAGAAC AGGAT	CGAACCTTCACA CGCTTGAT	7	（CT）$_{14}$
VVM D25	TTCCGTTAAAGCAAA AGAAAAAGG	TTGGATTTGAAATTTAT TGAGGGG	11	（CT）$_n$
VVM D27	ACGGGTATAGAGCA AACGGTGT	GTACCAGATCTGAATA CATCCGTAAGT	5	（CT）$_n$
VVM D28	AACAATTCAATGAAA AGAGAGAGAGA	TCATCAATTTCGTATCT CTATTTGCTG	3	（CT）$_n$
VVM D32	GGAAAGATGGGATG ACTCGC	TATGATTTTTTAGGGG GGTGAGG	4	（CT）$_n$
VrZA G62	CCATGTCTCTCCTC AGCTTCTCAGC	GGTGAAATGGGCACCG AACACACGC	7	（GA）$_{19}$
VrZA G79	AGATTGTGGAGGAG GGAACAAACCG	TGCCCCCATTTTCAA ACTCCCTTCC	5	（GA）$_{19}$

表 3-3 遗传多样性分析的 308 个葡萄种质及其序号

编号	品种名	编号	品种名	编号	品种名	编号	品种名
1	蜜光	10	郑葡 1 号	19	霞光	28	大粒玫瑰香
2	花白	11	郑艳无核	20	小辣椒	29	春光
3	红达拉依	12	户太 8 号	21	峰光	30	宝光
4	郑葡 2 号	13	秋黑宝	22	丽红宝	31	黑峰
5	瑞都红玫	14	早康宝	23	贝加干酒	32	夕阳红
6	郑美	15	红马奶	24	贵园	33	香悦
7	瑞都无核怡	16	红木纳格	25	贵妃玫瑰	34	郑果 21 号
8	瑞都香玉	17	四川巴塘	26	红葡萄	35	白达拉依
9	庆丰	18	早黑宝	27	红亚历山大	36	丰宝

（续）

编号	品种名	编号	品种名	编号	品种名	编号	品种名
37	翡翠玫瑰	67	脆红	97	沪培2号	127	郑州早红
38	京香玉	68	申丰	98	山东大紫	128	早甜玫瑰香
39	吉香	69	红鸡心	99	绿葡萄	129	郑州早玉
40	京优	70	红双味	100	墨玉葡萄	130	大无核白
41	秦龙大穗	71	那布古珠	101	伊犁葡萄	131	库斯卡奇
42	郑果8号	72	超宝	102	早玛瑙	132	郑果5号
43	郑巨2号	73	紫珍香	103	绿木纳格	133	龙眼
44	金田红	74	瑰宝	104	牛奶	134	谢克兰格
45	钟山红	75	黑葡萄	105	郑果4号	135	巨星
46	郑果1号	76	黑破黄	106	李子香	136	桃克可努克
47	月光无核	77	和田红	107	早玫瑰(变)	137	早黑宝
48	金田翡翠	78	金田无核	108	常穗无核白	138	夏白
49	光辉	79	中圃3号	109	8612	139	郑果15号
50	秋红宝	80	甜峰	110	大白葡萄	140	木纳格
51	假卡	81	郑果大无核	111	和田绿	141	早金香
52	红香蕉	82	沈87-1	112	特巴格	142	晚黑宝
53	峰后	83	郑巨1号	113	早熟玫瑰香	143	玫瑰蜜
54	牛心	84	玫野黑	114	京秀	144	平顶黑
55	香妃	85	水晶无核	115	巨玫瑰	145	京丰
56	京紫晶	86	西营	116	瑰香怡	146	泽香
57	金田美指	87	郑康1号	117	状元红	147	沈阳玫瑰
58	艳红	88	沈农硕丰	118	黑瑰香	148	驴奶
59	碧香无核	89	公主红	119	农科4号	149	郑果3号
60	郑果28号	90	紫地球	120	宇选1号	150	爱神玫瑰
61	京早晶	91	白玫康	121	伊犁香葡萄	151	紫鸡心
62	索索葡萄	92	茉莉香	122	紫丰	152	红乳
63	圆白	93	醉人香	123	京玉	153	8611
64	阿特巴格(黑)	94	沪培一号	124	紫珍珠	154	晶红宝
65	红莲子	95	申秀	125	也力阿克	155	申玉
66	黑香蕉	96	白布瑞克	126	大无核紫	156	金田0608

（续）

编号	品种名	编号	品种名	编号	品种名	编号	品种名
157	沈农香丰	187	短枝玉玫瑰	217	白老虎眼	247	皇家无核
158	京亚	188	玉波一号	218	白葡萄	248	白沙玉
159	泽玉	189	玉波二号	219	高山一号	249	瑞峰无核
160	京可晶	190	北红	220	关口葡萄	250	紫秋
161	郑果 2 号	191	郑果 16 号	221	早亚宝	251	岳红无核
162	申华	192	郑果 25 号	222	瓶儿	252	无核翠宝
163	郑果 6 号	193	郑果 11 号	223	达拉依	253	红旗特早玫瑰
164	烟 73	194	公酿 1 号	224	天津白粒	254	早霞玫瑰
165	白拉齐那	195	熊岳白葡萄	225	黄满集	255	瑞都脆霞
166	郑果 13 号	196	郑果 26 号	226	其里干	256	新郁
167	烟 74	197	玉山水晶	227	吾家克阿依	257	早康可
168	郑果 17 号	198	大白葡萄	228	黑沙留	258	晚霞
169	郑果 12 号	199	赛勒可阿依	229	紧穗无籽露	259	着色香
170	抗砧 6 号	200	牡丹红	230	阿克塔尔	260	红瑞宝（变）
171	110	201	白油亮	231	黑油亮 s	261	浙江大叶水晶
172	抗砧 1 号	202	秋白	232	黑卡拉斯	262	嘟噜玫
173	沈 530	203	黑鸡心	233	喀什喀尔	263	碧绿珠
174	沈 529	204	马热子	234	花叶喀什喀尔	264	贵州水晶
175	沈 551	205	大粒玫瑰香	235	微红白	265	早熟玫瑰香
176	抗砧 5 号	206	早莎巴珍珠	236	紫葡萄	266	紫早
177	抗砧 3 号	207	内京香	237	黑旋风	267	巩义无核白
178	101	208	早玫瑰	238	紫红型葡萄	268	脆峰
179	北冰红	209	大青葡萄	239	白葡萄 1 号	269	玛瑙
180	北醇	210	白喀什喀尔	240	凤凰	270	紫峰
181	黑佳酿	211	阿克塔那衣	241	凤凰 51	271	天山
182	北玫	212	黑圆珠	242	洪江	272	金峰
183	卡拉	213	济南早红	243	洪江 3 号	273	一千年
184	玉珍香	214	洋葡萄	244	茨中教堂	274	木拉格
185	紫地球（变）	215	马奶	245	红玫瑰	275	多裂叶蘡薁
186	玉波黄地球	216	无籽露	246	神农金皇后	276	桑叶葡萄

（续）

编号	品种名	编号	品种名	编号	品种名	编号	品种名
277	华东葡萄	285	贵州毛葡萄	293	蜜而脆	301	园绿指
278	'山葡萄'	286	黑丰	294	园香妃	302	园意红
279	次葡萄940	287	早无核白	295	园脆霞	303	园红指
280	广西毛葡萄	288	宁夏无核白	296	园红玫	304	巨峰优选
281	黑指	289	天康玫瑰	297	园野香	305	黑美人
282	巨峰玫瑰	290	春红	298	金桂香	306	东方蓝宝石
283	霸王	291	北京红	299	园金香	307	东方金珠
284	香蕉	292	圆粒巧吾什	300	超级女皇	308	园巨人

　　A类包含47个葡萄品种，几乎全部是鲜食品种，占该组材料的95.7%。A类又可分为两个部分，即A1亚类和A2亚类。A1亚类含有16个葡萄品种其中主要是江苏省张家港市神园葡萄科技有限公司培育的，如'园金香''园香妃''园红指''园绿指''园野香'等共13个鲜食葡萄品种。A2亚类31个葡萄品种主要为欧亚种。其中，'墨玉葡萄''木纳格''库斯卡奇'3个新疆地方品种聚在了一起。同为欧亚种的'郑美'和'金田美指'，它们的亲本之一都为'美人指'，也聚合在了一起。'翡翠玫瑰''贵妃玫瑰'和'京紫晶'虽然种类不同但都含有'葡萄园皇后'血缘因此也被聚合到了一起。

　　B类中包括40种葡萄，全部为鲜食品种。其中，巨峰系的品种大多聚在这一类，共占17.5%。例如：'贵园''峰光''户太8号''夕阳红''香悦'等。此外，由郑州果树研究所选育的'郑葡1号''郑葡2号'因亲本相同聚在了一起；从'紫珍香'自交后代中选出的优良品种'沈农硕丰'也和其亲本直接聚在了一起。

　　E类共有51个葡萄品种。其中包含3个野生品种：'桑叶葡萄''华东葡萄''山葡萄'，它们3个直接聚类在了一起；含有'玫瑰香'血缘的9个品种'京秀''早熟玫瑰香''大粒玫瑰香''艳红''玛瑙''泽玉''爱神玫瑰''泽香''红香蕉'聚类在这一组，占该组材料的17.6%。由山西果树研究所以'瑰宝'为母本育成的'晚黑宝'和'秋红宝'直接聚在了一起。

　　F类包含49种葡萄，其中包括22个中国地方品种，占该类材料的44.9%。材料中43.1%的地方品种聚集在本类中。'瓶儿''关口葡萄''早亚宝''白葡萄''无籽露''白老虎眼''马热子'，7个新疆地方品种直接聚集在一起。该类中还包括我国的7个酿酒品种，如'北醇''北玫''熊岳白''黑圆珠'等。

　　C、D、G、H、I五个小类，各包含21、25、25、24、26个品种。C类中'沈530''沈529''沈551'三个砧木品种直接聚集在一起；同为欧美种的'黑香蕉'和'红双味'因亲本都有'葡萄园皇后'所以直接聚在一起。D类中含有1份'蘡薁葡萄'，即'多裂叶蘡薁'；'那布古珠''黑破黄''木拉格'同为地方品种聚在一起；'伊犁香葡萄'和'白沙玉'同为新疆地方品种直接聚在一起。G类含有两份'刺葡萄'，即'紫秋'

和'刺葡萄 940';'郑果 25 号'和'公酿 1 号'同为酿酒品种，直接聚集在一起。该实验中大部分无核品种，如'巩义无核白''无核翠宝''岳红无核''紧穗无籽露''皇家无核'都聚在 H 类中。I 类中包含 9 个地方品种，如'伊犁葡萄''微红白''阿克塔那衣''马奶''赛勒可阿依''白油亮'等，占该类的 34%；'早霞玫瑰'与'金田 0608'都以'秋黑'做亲本，直接聚在了一起。

　　通过对 308 份我国自主选育的葡萄品种进行聚类分析可以看出欧亚种葡萄与欧美种葡萄没有明显区分开来，说明两者亲缘关系较近。聚类结果表明同一育种单位培育且遗传关系较近的品种大多会聚集在一起。例如，由郑州果树研究所选育的'郑葡 1 号''郑葡 2 号'因亲本相同聚在了一起；由山西果树研究所以'瑰宝'为母本育成的'晚黑宝'和'秋红宝'直接聚在了一起。不同用途的葡萄品种，大多也会分类，例如 B 类全部是鲜食品种，砧木品种大多聚集在 C 类，酿酒品种多大聚集在 F 类。由于所选材料品种较多，遗传背景较为复杂，部分同一种属类型的品种未能划分为同一亚类当中，这需要进一步研究探讨。

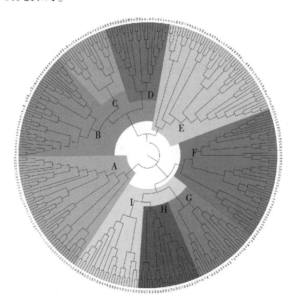

图 3-2　基于 SSR 标记的 308 份葡萄种质聚类分析图

第三节　中国自育品种 MCID 鉴定

　　我国自育葡萄品种数量大、变异丰富，且存在表型特征相似的现象，这些易导致在葡萄引种和栽培过程中，难免因品种混淆而出现同名异物和同物异名的问题，使得葡萄品种鉴定十分必要，建立我国自育葡萄品种的鉴定信息对于加快这些重要品种资源的高效利用具有重要意义。我们利用基于 9 对国际通用 SSR 引物（表 3-2）的 PCR 多态性谱带人工绘制植物品种鉴定图的方法（manual cultivar identification diagram）绘制了308个自育葡萄品种(表3-3)的CID图(cultivar identification diagram)，依据该图便可很方便地查到区分与鉴定这些品种某两个或更多个品种所需要的引物以及加以区分的多态性带，然后进一步快速通过相应的PCR达到鉴别的目的。

一、中国自主选育的308个葡萄品种及种质的品种鉴定图的绘制

首先依据引物VrZAG79的聚丙烯酰胺凝胶电泳图上长度为275bp、260bp、250bp的3条条带将308个葡萄品种分为8大组，有特征条带用(+)表示，无特征性条带用(−)表示。第一组是275bp(−)、260bp(−)和250bp(−)，共包括30个葡萄品种；第二组是275bp(+)、260bp(−)和250bp(−)，共包括8个葡萄品种，品种数目最少；第三组是275bp(−)、260bp(+)和250bp(−)，包括33个葡萄品种；第四组是275bp(+)、260bp(−)和250bp(+)，包括19个葡萄品种；第五组是275bp(−)、260bp(−)和250bp(+)，共包括50个葡萄品种；第六组是275bp(−)、260bp(+)和250bp(+)，包括57个葡萄品种；第七组是275bp(+)、260bp(+)和250bp(−)，共包括72个葡萄品种，品种数目最多；第八组是275bp(+)、260bp(+)和250bp(+)，共包括39个葡萄品种；

通过引物VrZAG79将308个品种分为8组之后，继续利用更多的引物分别鉴定8个组的所有品种。以第8组的39个品种为例，首先利用引物VVMD27的特征条带210bp、195bp、185bp可以将39个品种分为7个小组，带型为210bp(−)、195bp(−)、185bp(−)的为8-1组，包括包括编号为47、134、246、247、256、281在内的共6个品种；带型为210bp(−)、195bp(+)、185bp(−)的为8-2组，包括包括编号为2、26、27、41、63、64、268在内的共7个品种；带型为210bp(−)、195bp(−)、185bp(+)的为8-3组，只包含223号葡萄品种'达拉依'，所以该品种被鉴别出来；带型为210bp(+)、195bp(+)、185bp(−)的为8-4组，包括编号54、196、300在内的3个品种；带型为210bp(−)、195bp(+)、185bp(+)的为8-5组，包括编号为17、104、113、137在内的4个品种；带型为210bp(+)、195bp(−)、185bp(+)的为8-6组，包括编号为132、147在内的2个品种；带型为210bp(+)、195bp(+)、185bp(+)的为8-7组，包括其余的16个品种。在利用引物VVMD25扩增的大小为275bp、265bp、255bp的条带对8-1、8-2、8-4、8-5、8-6、8-7进行进一步鉴定。8-1组中带型为275bp(+)、265bp(−)、255bp(−)的247号品种'皇家无核'被鉴别出来；带型为275bp(+)、265bp(−)、255bp(+)的256号品种'新郁'被鉴别出来；带型为275bp(−)、265bp(+)、255bp(−)的134号品种'谢克兰格'被鉴别出来；

带型为275bp(−)、265bp(+)、255bp(+)的47号品种'月光无核'被鉴别出来；246、281号品种被分配到275bp(+)、265bp(+)、255bp(−)带型中，未能鉴别出来，记为8-1-1组。之后利用第四对引物VrZAG62扩增的长度为195bp、185bp、175bp的条带对8-1-1组进行分析，发现246号品种'神农金皇后'带型为195bp(+)、185bp(+)、175bp(−)，281号品种'黑指'带型为195bp(+)、185bp(+)、175bp(−)，成功鉴别出来。

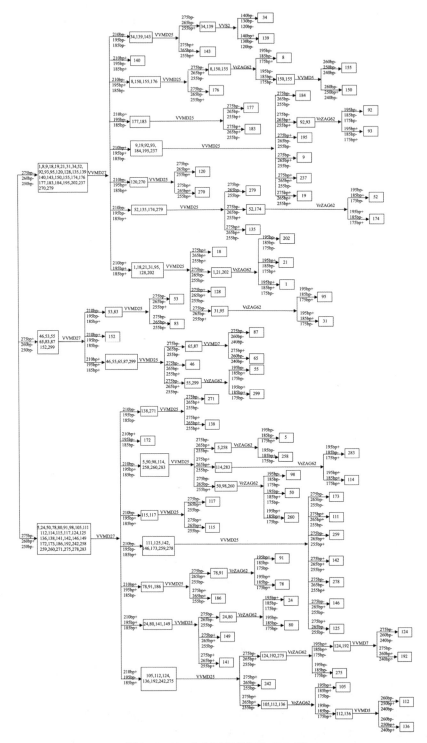

图 3-3　308 个中国自育品种 CID 图

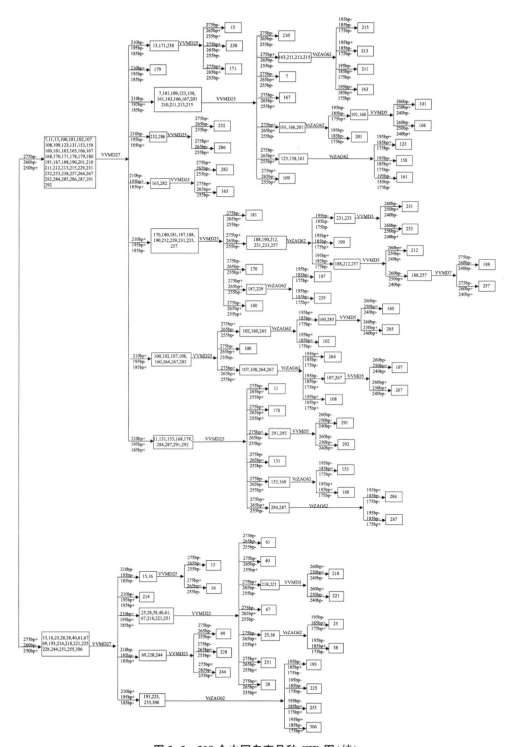

图 3-3　308 个中国自育品种 CID 图(续)

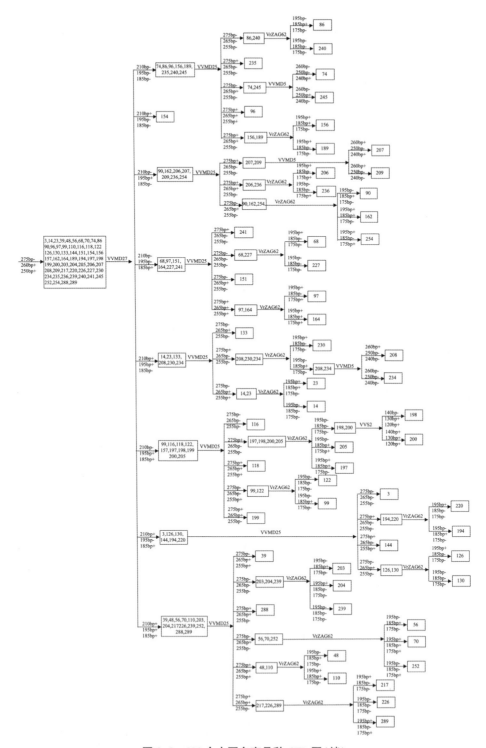

图 3-3　308 个中国自育品种 CID 图（续）

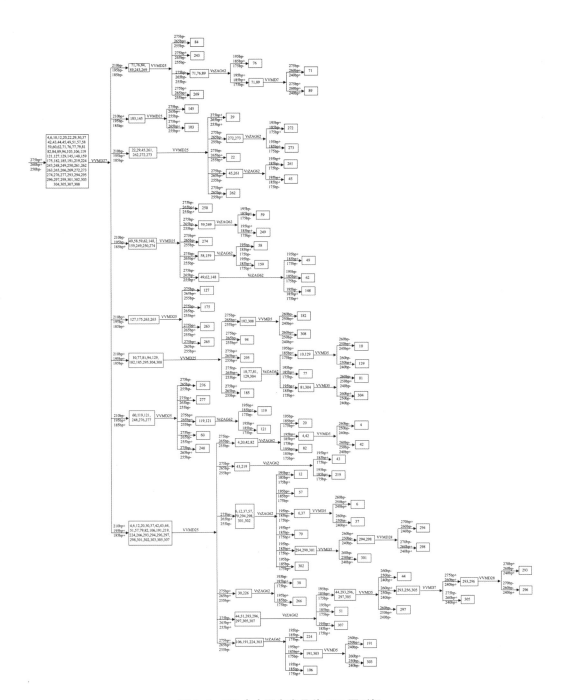

图 3-3 308 个中国自育品种 CID 图(续)

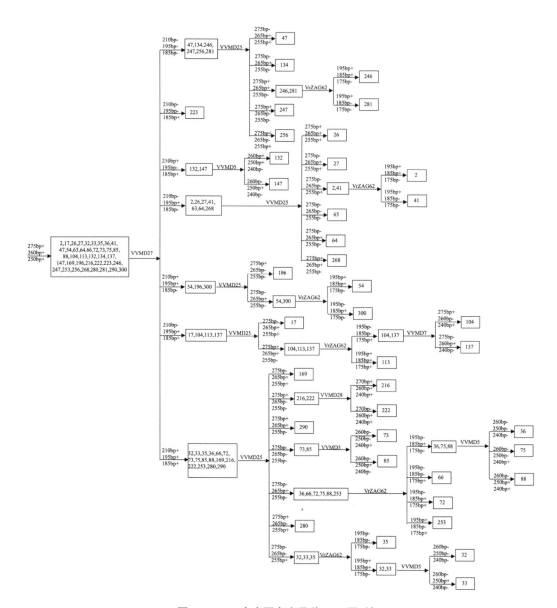

图 3-3　308 个中国自育品种 CID 图（续）

其他 7 大组按照此方法依次鉴定，最多利用 8 对引物就可以区分所有品种。最后，根据所有引物及相应谱带信息绘制我国自主选育的 308 个葡萄品种的 MCID 鉴定图。CID 图如同化学元素周期表用于元素信息查阅一样直观清晰，简单明了，所获得的葡萄 CID 图谱可以提供鉴别这些品种所需要的引物以及依据的多态性谱带，具有高度的可行性与实用性。

二、CID 图的使用简介

图 3-3 中葡萄 CID 图具体使用方法如下：①通过 CID 图确定待检测品种所需要的引物以及多态性条带；②利用筛选的引物进行 PCR 扩增；③通过分析待检测品种 PCR 扩增的多态性条带来将其鉴别出来。例如：区分 '郑果 5 号'（132）、'沈阳玫瑰'（147）和 '达拉依'（223）3 个品种时，首先在 CID 上可以看到 3 个品种最先分支的引物为 VVMD27，多态性条带为 210bp、195bp、185bp。该引物将 3 个品种区分为两组，'达拉依' 带型为 210bp（−）、195bp（−）、185bp（+）直接鉴别出来。'沈阳玫瑰' 和 '郑果 5 号' 带型相同，都为 210bp（+）、195bp（−）、185bp（+）。之后在利用 VVMD5 引物和 260bp 条带即可将 '郑果 5 号' 和 '沈阳玫瑰' 区分开，这样 3 个品种就被全部鉴别出来。

为了使图像更加清晰明了，用图 3-3 中对应的数字编号代替葡萄品种名称。

第四章
中国地方葡萄品种

地质化石研究发现，距今2600万年以前山东省临朐县山旺第三纪中新世植物化石中就有秋葡萄的存在。我国也是世界葡萄属植物资源最为丰富的国家之一，世界上已报道葡萄属真葡萄亚属植物的65个种中有29个种起源于我国，还有另外8个种可能也起源于中国。目前，我国主栽的鲜食葡萄和酿酒葡萄大多来自欧洲种群，品质优良但抗病性差。中国地方葡萄品种虽然在我国分布范围广，变异丰富多样，但不是主栽品种，多处于野生和半野生状态。地方品种是否可以归属于自育品种值得商榷，但考虑其多为古老的原产种或古老的引入品种及其实生后代的特点，以及其表现出的良好的适应性和较综合的抗逆性，故我们参考《中国葡萄地方品种图志》以及其他文献将地方品种也列入本书，以期为更好地利用我国这些葡萄种质资源提供参考。

1　瑶下屯葡萄　Yaoxiatunputao

调查地点　广西壮族自治区百色市乐业(县)甘田镇(乡)达道村瑶下屯

植物学信息

植株情况：藤本植物。植株生长势较强。

植物学特征：梢尖闭合，淡绿色，带紫红色，有极稀疏茸毛。幼叶黄绿色，带浅褐色，上表面有光泽，下表面有稀疏茸毛。成龄叶片心脏形，中等大，绿色，上表面无皱褶，下表面无茸毛。叶片5裂，上裂刻深，闭合，基部"U"形；下裂刻浅，开张，基部"V"形。锯齿一侧凸一侧直。叶柄洼宽拱形，基部"U"形。新梢生长直立，无茸毛。卷须分布不连续，中等长，3分叉。新梢节间背侧绿色微具红色条纹，腹侧绿色。冬芽绿色，着色浅。枝条浅褐色，节部暗红色。节间中等长，中等粗。两性花。二倍体。

果实性状：果穗圆锥形间或带小副穗，大，穗长27.3cm，穗宽17.5cm，平均穗重737.6g，最大穗重2000g。果粒大小整齐，果粒着生较紧密。果粒椭圆形，绿黄色，大，纵径2.5~3.0cm，横径2.1~2.4cm。平均粒重8.3g，最大粒重11g。果粉中等厚。果皮较薄，脆。果肉脆，汁多，味酸甜。每果粒含种子2~4粒，多为3粒。种子与果肉易分离。可溶性固形物含量为16.6%~18.2%，总糖含量为13.2%~16.2%，可滴定酸含量为0.31%~

0.61%。鲜食品质上等。

生物学习性：隐芽萌发力中等。芽眼萌发率为86.48%。结果枝占芽眼总数的67.79%。每果枝平均着生果穗数为1.42个。隐芽萌发的新梢结实力中等，夏芽副梢结实力强。早果性好。正常结果树一般产果25000kg/hm²(2.5m×1.5m，单壁篱架)。4月15日萌芽，5月28日开花，9月22日浆果成熟。从萌芽至浆果成熟需160天，此期间活动积温为3586.1℃。浆果晚熟。抗逆性中等。抗黑痘病力较差。抗虫力中等。

品种评价

此品种为晚熟鲜食品种。也可用于制罐。穗大，粒大，外观好，肉质脆，味甜，品质上等。耐储存。丰产。因果穗大，坐果好，应适当疏果。常规防治病虫害即可。适应性中等。

2　垮龙坡葡萄　Kualongpoputao

调查地点　广西壮族自治区百色市乐业(县)甘田镇(乡)村垮龙坡

植物学信息

植株情况：植株生长势弱或中等，新梢生长缓慢，副梢生长极弱。

植物学特征：嫩梢深绿色，有紫红色条纹。幼叶绿黄色，叶脉间带橙黄色晕，叶缘呈粉红色。成龄叶片心脏形，中等大或大，厚，坚韧，深绿色，上表面有光泽，下表面密生褐色茸毛，基部叶脉上有刺状毛。叶片3或5裂，上裂刻中等深或浅，下裂刻浅或不明显。锯齿钝，圆顶形。叶柄洼多闭合重叠。枝条暗紫色，有紫红色条纹和不明显黑褐色斑点，附有较厚的灰白色粉，节间短而细。两性花。

果实性状：果穗圆锥形，多带副穗，大或中等大，穗长17～29cm，穗宽9.5～1.0cm，平均穗重373.5g，最大穗重536.2g。果穗不太整齐，果粒着生疏密不一致。果粒近圆形，黄绿色，纵径1.5～2.0cm，横径2.0cm，平均粒重5.4g，最大粒重6.5g。果粉厚。果皮厚，易与果肉剥离。果肉柔软有肉囊，汁中等多，味甜，有玫瑰香味。每果粒含种子1～5粒，多为3～4粒。种子易与果肉分离。可溶性固形物含量为21.2%～23.8%，可滴定酸含量为0.375%～0.803%，出汁率为70%左右。鲜食品质上等。用其酿制的酒，色鲜艳，酸味和涩味均小，香味清淡，但整体风味较差。

生物学习性：芽眼萌芽率为61.9%～67.2%。结果枝占芽眼总数的31.6%～46.2%。4月9～25日萌芽，5月23日～6月12日开花，9月10～26日浆果成熟。从萌芽至浆果成熟需144～161天，此期间活动积温为3064.7～3473.7℃。

品种评价

此品种为晚熟鲜食品种，亦可作酿制红葡萄酒的原料。果穗和果粒大，色泽鲜艳，风味好。植株生长势弱。枝条扦插繁殖生根较困难。抗寒、抗病、适应性强。

3 红柳河葡萄 Hongliuheputao

调查地点 新疆维吾尔自治区吐鲁番市红柳河园艺场

植物学信息

植株情况：树龄50年生，繁殖方法为扦插，小棚架式。树势中，露地越冬需埋土，整枝方式为多干。最大干周25cm。

植物学特征：植株呈开张形。幼叶黄绿色；无茸毛；叶下表面叶脉间葡匐茸毛疏；叶脉间直立无茸毛；成龄叶长14.5cm，宽

14cm；叶裂片数为3裂或5裂；上缺刻深，开张；叶柄洼基部呈U形。

果实性状：果穗长15～20cm，宽7.5cm；双歧肩；穗梗长5.5cm；果穗紧实；果粒纵径0.8cm，横径0.79cm。果粒圆形；果皮紫红色或红紫色；果肉质地较软；果肉汁液多。果形一致；果面平整；果面粉红色；可溶性固形物含量为18.5%。

生物学习性：植株生长势强，副梢生长势中等。芽眼萌发率为76.9%。结果枝占芽眼总数的26.6%。每果枝平均着生果穗数为1.29个。可产果30000～45000kg/hm²。在辽宁兴城地区，5月4日萌芽，6月21日开花，9月16日浆果成熟。从萌芽至浆果成熟需136天，此期间活动积温为2827.8℃。浆果晚熟。抗寒力中等。抗病力强。抗东方盔蚧虫害力中等。

品种评价

主要用途药用，利用部位为种子（果实）。果实小，有药用价值。

4 伊宁1号 Yining 1

调查地点 伊犁哈萨克自治州伊宁市70团

植物学信息

植株情况：植株生长势强。

植物学特征：嫩梢绿色。梢尖无茸毛。幼叶绿色，上表面有光泽，下表面无茸毛。成龄叶片心脏形，中等大，绿色；上表面无皱褶，主要叶脉花青素着色浅；下表面无茸毛，主要叶脉花青素着色浅。叶片5裂，上裂刻深，基部"V"形；下裂刻中等深，基部"U"形。锯齿一侧凸一侧凹形。叶柄洼开张椭圆形，基部"U"形。叶柄长，红绿色。新梢生长半直立，无茸毛。卷须分布不连续，短，4分叉。新梢节间背侧绿色具红色条纹，腹侧绿色具红色条纹。冬芽花青素着色深。两性花。二倍体。

果实性状：果穗圆锥形带副穗，大，穗

长 25.0cm，穗宽 14.1cm，平均穗重 633.0g，最大穗重 1350g。果穗大小整齐，果粒着生中等紧密。果粒近圆形，黄绿色，中等大，纵径 2.0cm，横径 1.8cm，平均粒重 3.8g，最大粒重 5.5g。果粉薄。果皮较厚，脆，有涩味。果肉脆，汁中等多，味酸甜，略有玫瑰香味。每果粒含种子 1~4 粒，多为 2~3 粒。种子与果肉易分离。可溶性固形物含量为 14.4%，总糖含量为 12.99%，可滴定酸含量为 0.61%。鲜食品质中上等。

生物学习性：隐芽萌发力中等。枝条成熟度好。结果枝占芽眼总数的 45.8%。每果枝平均着生果穗数为 1.1 个。隐芽萌发的新梢结实力中等，夏芽副梢结实力强。早果性好。正常结果树一般产果 37296kg/hm²（3m×1.5m，单壁篱架）。4 月 12~20 日萌芽，5 月 26~30 日开花，8 月 10~16 日浆果成熟。从萌芽至浆果成熟需 120 天，此期间活动积温为 2722.2℃。浆果早熟。抗逆性和抗病力均中等。常规栽培条件下无特殊虫害。

品种评价

此品种为中熟鲜食品种。穗大，粒大，整齐美观，品质上等。在巨峰系品种中属品质优良类型。抗病力较弱。在南方宜设施栽培。

5　塔什库勒克 1 号　Tashikuleke 1

调查地点　伊犁哈萨克自治州伊宁市塔什库勒克乡

植物学信息

植株情况：植株生长势强，副梢生长势中等。

植物学特征：嫩梢绿色，带粉红色晕。幼叶绿色，边缘有粉红色。成龄叶片近圆形，特大，下表面密生毡状茸毛。叶片 5 裂，上裂刻中等深，下裂刻浅。锯齿圆顶形。叶柄洼闭合椭圆形或开张拱形。新梢生长直立。枝条有剥裂，棕褐色，节红褐色。两性花。

果实性状：果穗圆锥形，中等大或大，

穗长 14~20cm，穗宽 11~17cm，平均穗重 486.4g，最大穗重 735g。果穗大小整齐，果粒着生紧密。果粒椭圆形或倒卵圆形，黄绿色，纵径 2.7~3.1cm，横径 2.1~2.4cm，平均粒重 8.2g，最大粒重 11g。果粉和果皮均厚。果肉较脆，有肉囊，汁多，味甜酸，有草莓香味。每果粒含种子 1~3 粒，多为 2 粒。种子易与果肉分离。可溶性固形物含量为 13.8%，可滴定酸含量为 0.89%。鲜食品质上等。

生物学习性：芽眼萌发率为 64.2%。结果枝占芽眼总数的 33.8%。每果枝平均着生果穗数为 1.32 个。产量较高。在河北昌黎地区，4 月 20 日萌芽，5 月 31 日开花，10 月 10 日浆果成熟。从萌芽至浆果成熟需 174 天，此期间活动积温为 3643.4℃。4 月上旬萌芽，5 月中旬开花，9 月下旬至 10 月上旬浆果成熟。从萌芽至浆果成熟需 165~180 天。浆果极晚熟。耐储运。耐干旱，抗寒力较强。抗霜霉病力强，架面郁闭处果穗易感白腐病和炭疽病。有轻微日灼病。

品种评价

此品种为极晚熟鲜食品种。穗大，粒大，品质较好，产量较高。浆果成熟极晚，可延长市场供应期。适应性强，易栽培。适合在生长季节长的地区栽培。植株生长势旺盛，宜棚架栽培，采用长、中、短梢修剪均易萌发出结果枝。

6　塔什库勒克 2 号　Tashikuleke 2

调查地点　伊犁哈萨克自治州伊宁市塔什库勒克乡

植物学信息

植株情况：植株生长势强。

植物学特征：成龄叶片心脏形，大而厚，上表面有稀疏茸毛，下表面有浓密黄褐色毡状茸毛。叶片 3 裂，上裂刻浅，下裂刻不明显。锯齿圆顶形。叶柄洼闭合。两性花。

果实性状：果穗圆锥形间或带小副穗，大，平均穗重 543.8g，最大穗重 1500g。果粒着生极紧。果粒近圆形，紫红色，大，平均粒重7.0g，最大粒重9.2g。果粉厚。果皮薄而坚韧。果肉软，汁中等多，味甜酸、偏淡，有青草香味。每果粒含种子多为3粒。种子与果肉易分离。可溶性固形物含量为15.5%，可滴定酸含量为0.348%，出汁率为73.4%。鲜食品质中等。

生物学习性：芽眼萌发率为50.1%～68.6%。结果枝占芽眼总数的40.1%～57.0%。每果枝平均着生果穗数为1.72～1.87个。产量高。从萌芽至浆果成熟需152～156天，此期间活动积温为3097.8～3447.2℃。4月23日萌芽，5月31日开花，10月25日浆果成熟。从萌芽至浆果成熟需186天，此期间活动积温为3902.0℃。浆果成熟极晚。耐寒。抗黑痘病和毛毡病，不抗白腐病和霜霉病。极易裂果。

品种评价

此品种为极晚熟鲜食品种。亦可制醋，或与其他品种混合酿酒。在一些国家用于温室栽培。树势强，丰产，穗大，粒大，鲜食品质一般，在有的地区易裂果和感病。适合在生长季节长，气候干燥，雨量少的地区栽培。棚、篱架栽培均可，以中、短梢修剪为主，结合长梢修剪。

7　塔什库勒克3号　Tashikuleke 3

调查地点　伊犁哈萨克自治州伊宁市塔什库勒克乡

植物学信息

植株情况：植株生长势强。

植物学特征：嫩梢绿色，密生茸毛。幼叶绿色，边缘带紫红色；上表面密生茸毛；下表面白色茸毛浓密，并附有粉红色。成龄叶片心脏形，大，深绿色，较厚，叶片平展；上表面有网状皱纹；下表面着生浓密的毡状褐色茸毛。叶片5裂，上裂刻中等深；下裂刻浅。锯齿钝，圆顶形。叶柄洼开张，深矢形。叶柄短于中脉。卷须分布不连续。枝条红紫

色，有深褐色条纹，并有黑色的斑点。节间中等长。两性花。

果实性状：果穗圆柱或圆锥形带副穗，中等大或大，穗长14～24cm，穗宽10～14cm，平均穗重347g，最大穗重766g。果粒着生紧密。果粒近圆形，紫红色或暗紫红色，大，纵径2.2～2.6cm，横径2.0～2.5cm，平均粒重7.3g，最大粒重9.5g。果粉中等厚。果皮厚，坚韧，易与果肉剥离。果肉软，稍有肉囊，汁多，味甜酸，有较浓草莓香味。每果粒含种子2～3粒，多为2～3粒。种子与果肉较难分离。可溶性固形物含量为19%，可滴定酸含量为0.708%。鲜食品质中上等。

生物学习性：芽眼萌发双芽较多，萌发率为59.6%。结果枝占芽眼总数的44.7%。每果枝平均着生果穗数为1.4个。夏芽副梢结实力低。产量中等。正常结果树产果13320kg/hm²(1.5m×10m，大棚架)。4月13～22日萌芽，5月20～29日开花，8月15～22日浆果成熟。从萌芽至浆果成熟需123～125天，此期间活动积温为2553.7～2767.1℃。浆果中熟。抗寒，抗干旱，耐瘠薄。抗病力强，抗白腐病、炭疽病、霜霉病、黑痘病及毛毡病。易受金龟子为害。

品种评价

此品种为中熟鲜食品种，极大，色泽鲜艳美观，品质较优，有浓草莓香味，深受广大消费者欢迎。适应性强，耐干旱，抗寒，抗病。对气候条件选择不太严格。易栽培，一般栽培管理仍能获得一定的产量。适合寒地和南方多雨地区种植。棚、篱架栽培均可，适合中、短梢相结合修剪。可作杂交育种的亲本。

8　伊宁2号　Yining 2

调查地点　伊犁哈萨克自治州伊宁市70团

植物学信息

植株情况：植株生长势中等或弱，副梢生长势中等。

植物学特征：嫩梢绿色。幼叶质厚，坚韧，黄绿色，叶脉间有较浅的橙红色。成龄叶片肾脏形，中等大，下表面叶脉上有刺状毛。叶片3裂，中裂片较短，与上裂片几乎等长，裂刻浅。锯齿大而锐，三角形。叶柄洼开张，扁平圆底宽广拱形。冬芽肥大，顶部较尖。枝条粗糙，有棱纹和剥裂，褐色，有不太明显深褐色的条纹，密生黑褐色斑点。两性花。

果实性状：果穗圆锥形，有歧肩或副穗，极大，穗长15～30cm，穗宽11.5～23.0cm，平均穗重701.1g，最大穗重1765g。果粒着生疏密不一致。果粒倒卵圆形，黄绿色，微红，纵径2.1～2.5cm，横径1.5～2.1cm；平均粒重5g，最大粒重7g。果粉薄。果皮薄，坚韧。果肉厚，脆，汁多，味甜。每果粒含种子1～2粒，多为2粒。种子与果肉易分离。有小青粒。可溶性固形物含量为14%～16%，可滴定酸含量为0.6%～0.7%。鲜食品质上等（见彩图4-8）。

生物学习性：芽眼萌发率为48.5%～55.2%。结果枝占芽眼总数的20.9%～26.2%。每个果枝平均着生果穗数为1.25～1.48个。产量中等。4月14～28日萌芽，5月29日～6月10日开花，8月27日～9月8日浆果成熟。从萌芽至浆果成熟需134～136天，此期间活动积温为2635.7～3345.4℃。浆果晚熟。抗寒力较强。抗毛毡病力强，抗黑痘病、白腐病、炭疽病、霜霉病和褐斑病力弱。花期遇低温或阴雨易落花落果。易发生日灼病和裂果。

品种评价

此品种为晚熟鲜食品种。大穗、大粒，壮观诱人，肉厚爽脆，味甜，种子少，耐储运，颇受消费者喜爱。对栽培管理条件要求较高，除选择肥沃的土壤栽培外，生长过程中要加强肥水供给。管理不好，产量低，出现大小粒，且易感染各种病害。枝条扦插繁殖较难发根，采用一般繁殖技术，成活率仅有20%左右，扦插前要进行催根处理。篱架或小棚架栽培均可，宜中、短梢相结合修剪。可作杂交育种的亲本。

9　伊宁3号　Yining 3

调查地点　伊犁哈萨克自治州伊宁市70团

植物学信息

植株情况：植株生长势强。

植物学特征：嫩梢绿色。幼叶黄绿色，叶脉间带橙红色。成龄叶片心脏形，中等大，浓绿色，稍厚，下表面叶脉分叉处有刺状毛。叶片3或5裂，中裂片较长，上裂刻浅，下裂刻浅或不太明显。锯齿大而锐，三角形。叶柄洼开张，圆底拱形。枝条褐色，有棱纹和红褐色条纹，密生黑褐色斑点。两性花。

果实性状：果穗歧肩圆锥形，大，穗长18～22cm，穗宽13～19cm，平均穗重503g，最大穗重685g。果粒着生紧密。果粒椭圆形，形状不正，顶部变窄而略平，绿色，纵径2.0～2.5cm，横径1.9～2.3cm；平均粒重6g，最大粒重8g。果粉中等厚。果皮中等厚，透明，坚韧，略涩，与果肉较难分离。果肉爽脆，汁少，味甜。每果粒含种子1～4粒，多为2～3粒。种子与果肉易分离。可溶性固形物含量为21.9%，可滴定酸含量为0.62%。出汁率为47.93%。鲜食品质上等。

生物学习性：芽眼萌发率为55.4%～70%。结果枝占芽眼总数的30.9%～40.0%。每果枝平均着生果穗数为1.08～1.23个。夏芽副梢结实力强。产量中等，4年生树平均株产5kg，5年生树单株最高产量10kg以上。在河北昌黎地区，4月20～26日萌芽，6月7～14日开花，9月25～27日浆果成熟。从萌芽至浆果成熟需155～159天，此期间活动积温为3295.3～3430.9℃。浆果晚熟。耐储运。不抗白腐病、炭疽病和黑痘病。抗东方盔蚧较弱。易发生日灼病和裂果。幼叶易产生药害。

品种评价

此品种为晚熟鲜食品种。果穗、果粒大而美丽，色泽鲜艳诱人，品质颇优，深受广大消费者喜欢。在有的地区表现抗病力弱，易产生日灼病和裂果。适合在海洋性气候、夏天不太炎热或空气较干燥、雨量少的地区栽培。棚、篱架栽培均可，以中、短梢修剪为主。

10 伊宁4号 Yining 4

调查地点 伊犁哈萨克自治州伊宁市新华西路

植物学信息

植株情况：植株生长势强。

植物学特征：嫩梢绿色，带紫红色晕。幼叶绿色，叶脉间带紫红色。成龄叶片近圆形，中等大，较厚，下表面叶脉分叉处有刺状毛。叶片5裂，上裂刻中等深，下裂刻浅。锯齿锐，三角形。叶柄洼闭合椭圆形。枝条暗褐色，有深褐色条纹。两性花。

果实性状：果穗圆锥形，大或极大，穗长18.5~24.0cm，穗宽13~19cm，平均穗重772g，最大穗重3359g。果粒着生紧密。果粒椭圆形，玫瑰红色，较大，纵径2.1~2.5cm，横径1.9~2.2cm，平均粒重6.1g，最大粒重8g。果粉薄。果皮中等厚。果肉脆，味甜。每果粒含种子1~6粒，多为2粒。种子与果肉易分离。可溶性固形物含量为14.5%，可滴定酸含量为1.01%。在新疆，可溶性固形物含量为16.8%~20.1%，可滴定酸含量为0.64%。鲜食品质极上。用它加工制罐头，果皮色泽会退成黄绿色，略带暗玫瑰红色，仍很美观，肉质稍脆，糖液清澈透明，裂果极少。

生物学习性：芽眼萌发率为64.8%。结果枝占芽眼总数的31.5%。每果枝平均着生果穗数为1.1个。正常结果树一般产果26473.5~27904.5kg/hm²（4995株/hm²，篱架）。4月上旬萌芽，5月中、下旬开花，8月

底~9月上旬浆果成熟。从萌芽至浆果成熟需156天，此期间活动积温为3300℃以上。浆果晚熟。耐盐碱，耐干旱，抗寒力弱。抗炭疽病，不抗白腐病、霜霉病。有轻微裂果。

品种评价

此品种为晚熟鲜食品种，亦可制罐。粒大，色艳，形美，肉脆，品质优。适应性强，对土壤要求不太严格，适合在干燥少雨地区栽培。篱、棚架栽培均可，宜长、中、短梢混合修剪。

11 羌纳乡葡萄 Qiangnaxiangputao

调查地点 西藏自治区半林县羌纳乡娘龙村旺次果园

植物学信息

植株情况：属灌木。生长势较强。树龄15年，扦插繁殖，以野葡萄为砧木；树势中等，露地越冬不埋土；整枝形式多干，最大干周57.0cm。

植物学特征：嫩梢茸毛疏；梢尖茸毛着色浅；成熟枝条红褐色；幼叶黄绿色，茸毛极疏；叶下表面叶脉间葡匐茸毛疏；叶脉间直立茸毛疏；成龄叶长12.0cm，宽13.0cm，成龄叶心脏形；裂片数七裂；上缺刻极深，开张；叶柄洼基部"V"形，极开张；成龄叶锯齿双侧凸；两性花；雄蕊高于雌蕊。

果实性状：果穗长20.0cm，宽9.0cm，平均穗重96g，最大穗重125g；果穗圆锥形；双歧肩；无副穗；穗梗长5.0cm；果穗疏；果粒纵径2.37cm，横径2.43cm。平均粒重5.2g；果粒圆形；果皮蓝黑色；果粉薄；果皮薄；果肉颜色深；果肉质地软；汁液多；玫瑰香味；香味程度中；可溶性固形物含量0.78%。

生物学习性：开始结果年龄为3年，每结果枝上平均果穗数2.5个，结果枝占80%；副梢结实力强；全树成熟期不一致；成熟期轻微落粒；无二次结果习性；单株平均产量50kg。果实始熟期10月中旬，果实成熟期10

月下旬。无性繁殖，对土壤、地势、栽培条件的要求不高。

品种评价

主要优点为抗旱，耐盐碱，耐贫瘠，广适性。用途为食用；利用部位主要为种子(果实)。

12 十里1号 Shili 1

调查地点 湖北省随州市随县唐县镇十里村1组沈家岗

植物学信息

植株情况：植株生长势弱或中等，副梢生长亦弱。6年生，扦插繁殖。树势强，龙干形树形，在当地不埋土露地越冬，单干。最大干周15cm。

植物学特征：属藤本，嫩梢茸毛疏，梢尖茸毛着色浅；成熟枝条呈红褐色。幼叶颜色为黄绿色，茸毛极疏；叶下表面叶脉间匍匐茸毛密，叶脉间直立茸毛极疏；成龄叶长6cm，宽6cm。叶近圆形。叶裂片数多于7裂；上缺刻深，开张；叶柄洼基部"V"型，开叠类型为开张；叶片锯齿双侧凸。

果实性状：果穗圆锥形，少数为分枝形，中等大或大，穗长17~24cm，穗宽13~16cm，平均穗重497.3g，最大穗重663g。果粒着生疏散或密。果粒椭圆形，紫红色，有深红色条纹和黑色的斑点，大，纵径2.2~2.9cm，横径2.0~2.6cm，平均粒重8.2g，最大粒重11.2g。果粉中等厚。果皮薄而坚韧。果肉致密而脆，汁中等多，味甜，有浓玫瑰香味。每果粒含种子1~4粒，多为1~2粒。种子易与果肉分离。可溶性固形物含量为20.5%，可滴定酸含量为0.322%。鲜食品质上等。

生物学习性：芽眼萌发率为53.8%~55.5%。结果枝占芽眼总数的31.7%~35.7%。每果枝平均着生果穗数为1.63~1.72个。产量中等。4月17日~5月3日萌芽，5月25日~6月13日开花，9月5~18日浆果成熟。从萌芽至浆果成熟需139~

142天，此期间活动积温为2985.3~3295.7℃。浆果晚熟。不耐瘠薄和干旱。抗毛毡病力强，不抗黑痘病、白腐病、炭疽病及霜霉病。易发生日灼病。

品种评价

此品种为晚熟鲜食品种。品质优，耐短期储运。要求土层深厚和含有机质丰富的砂质壤土。应控制负载量，加强肥水管理和及时夏剪。适合在温度较高，气候干燥而少雨的生态环境下栽培。篱架或小棚架栽培均可，采用中、短梢相结合修剪。

13 十里2号 Shili 2

调查地点 河北省秦皇岛市十里铺镇西山场村

植物学信息

植株情况：植株生长势强。树龄135年，扦插繁殖、分株；树势强，扇形树形；棚架架势；露地越冬不埋土，整枝形式多干，最大干周150cm。

植物学特征：属灌木。嫩梢茸毛极密；梢尖茸毛着色浅；成熟枝条呈暗褐色；幼叶颜色为黄绿色；叶下表面叶脉间匍匐茸毛疏；叶脉间直立茸毛密；成龄叶长10cm，宽7cm，成龄叶呈楔形；叶裂片数为5裂；上缺刻中等深，开张；叶柄洼基部"V"形，开张；成龄叶锯齿双侧凹。

果实性状：果穗圆柱形间或带副穗，亦有分枝形，中等大或小，穗长17.5~29.5cm，穗宽6.8~9.0cm，平均穗重218.3g，最大穗重310g。果穗长，果粒着生疏散。果粒椭圆形，黄绿色，大，纵径2.1~2.4cm，横径1.9~2.2cm，平均粒重5.2g，最大粒重6.4g。果粉厚。果皮厚，坚韧，易与果肉剥离。果肉软，有肉囊，汁多，味酸甜，浆果充分成熟时有淡青草香味。每果粒含种子3~5粒，多为4粒。种子大。种子易与果肉分离。无小青粒。可溶性固形物含量为17.4%，可滴定酸含量为0.82%。鲜食品质中等。

生物学习性：结果习性：每结果枝上平均果穗数 1 个，结果枝占 80%；副梢结实力强；成熟期轻微落粒；单株平均产量 500kg，单株最高 750kg。萌芽始期 4 月中旬，始花期 5 月中旬，果实始熟期 9 月中旬，果实成熟期 9 月下旬。

品种评价

主要优点为高产，抗病。用途为食用。

14　十里 3 号　Shili 3

调查地点　河北省秦皇岛市十里铺镇西山场村

植物学信息

植株情况：植株生长势强。树龄 150 年，扦插繁殖；树势中等；扇形树形；棚架式；露地越冬不埋土；整枝形式多干，最大干周 150cm。

植物学特征：属灌木。嫩梢茸毛密；梢尖茸毛着色浅；成熟枝条暗褐色；幼叶黄绿色；茸毛中等密；叶下表面叶脉间匍匐茸毛密；叶脉间直立茸毛密；成龄叶长 11cm，宽 15cm，呈楔形；叶裂片数 5 裂；上缺刻深；叶柄洼基部“V”形，开张；成龄叶锯齿双侧凹。

果实性状：果穗圆锥形，有的有副穗，小，穗长 15.1cm，穗宽 9.1cm，平均穗重 252.5g，最大穗重 400g 左右。果穗大小不整齐，果粒着生中等紧密或较稀疏。果粒近圆形，红褐色，中等大，纵径 1.9cm，横径 1.9cm，平均粒重 4.8g，最大粒重 5g。果粉中等厚。果皮厚，韧，微涩。果肉软，有肉囊，汁少，黄白色，味甜酸，有草莓香味。每果粒含种子 2~5 粒，多为 3 粒。种子大，喙粗大。种子与果肉较难分离。可溶性固形物含量为 17%~20%，可滴定酸含量为 0.39%~0.90%，出汁率为 73%。鲜食品质中等。用其所制葡萄汁，酸甜，香味浓郁，品质优良。

生物学习性：每结果枝上平均果穗数 1 个，结果枝占 70%；副梢结实力中等；全树

成熟期一致；单株平均产量 100kg，单株最高产量 200kg。萌芽始期 4 月中旬，始花期 5 月中旬，果实始熟期 9 月中旬，果实成熟期 9 月下旬。

品种评价

主要优点优质，用途为食用，利用部位主要为种子(果实)。

15　关口葡萄 1 号　Guankouputao 1

调查地点　湖北省建始县花坪镇关口乡村坊村

植物学信息

植株情况：植株生长势极强。

植物学特征：属藤本，嫩梢茸毛疏，梢尖茸毛着色浅，梢尖半开张；成熟枝条呈红褐色。幼叶颜色为黄绿色，茸毛极疏；叶下表面叶脉间匍匐茸毛密，叶脉间直立茸毛极疏；成龄叶长 13cm，宽 614cm。叶近圆形。叶片 5 裂；上缺刻深，开张；叶柄洼基部“V”型，开叠类型为开张；叶片锯齿双侧凸。

果实性状：果穗圆柱形，间或带副穗，中等大，穗长 14.70cm，穗宽 11.24cm，平均穗重 432g，最大穗重 697g。果穗大小不太整齐，果粒着生中等紧密。果粒近圆形，黄绿色，中等大，纵径 1.9~2.1cm，横径 1.8~2.0cm。平均粒重 6.5g，最大粒重 9.5g。果粉中等厚。果皮厚，较脆。果肉硬脆，汁中等多，味甜。每果粒含种子 1~3 粒，多为 1~2 粒。鲜食品质上等。

生物学习性：隐芽萌发率弱。芽眼萌发率为 68.21%。成枝率为 84%，枝条成熟度中等。结果枝占芽眼总数的 55.43%。每果枝平均着生果穗数为 1.5 个。隐芽萌发的新梢结实力弱，夏芽副梢结实力中等。早果性中等。4 月 12~23 日萌芽，5 月 18~28 日开花，9 月 7~19 日浆果成熟。从萌芽至浆果成熟需 145 天。抗涝、抗高温能力较强，抗寒、抗旱、抗盐碱力中等。抗白腐病、霜霉病、黑痘病和

白粉病力较强，抗炭疽病、灰霉病和穗轴褐枯病力中等。常年无特殊虫害。

品种评价

此品种为晚熟鲜食品种。具欧美杂种的抗性，又有近似于欧亚种的风味品质。颜色鲜艳，外形美观，果肉硬脆，风味甜香，含酸量低，不裂果。抗病力较强。耐储运性强。能在我国广泛栽培，在高温高湿地区具有良好的发展前景。宜棚架栽培。

16 壶瓶山1号 Hupingshan 1

调查地点 湖南省常德市澧县王家厂镇长乐村

植物学信息

植株情况：属木质藤本，25年生，实生繁殖。树势强，无固定树形，架式为自由攀附，在当地不埋土露地越冬，多干。最大干周15cm。

植物学特征：嫩梢茸毛极疏，梢尖茸毛着色浅；成熟枝条为黄褐色。幼叶颜色为红棕色，叶下表面叶脉间有极疏匍匐茸毛，叶脉间有极疏直立茸毛；成龄叶长11.7cm，宽10.6cm，呈心脏形。叶片全缘，叶柄洼基部形状为"V"型，树形开张。雌能花。

果实性状：果穗平均长16.0cm，宽5.8cm，果穗圆柱形，无歧肩；有副穗，穗梗长7cm，果穗极疏。果粒平均纵径长1.6cm，横径1.6cm，平均粒重3.0g，果粒呈椭圆形；果皮蓝黑色，果粉厚；果皮厚；有肉囊，汁少，果肉无香味，可溶性固形物含量14.0%左右。

生物学习性：生长势强，副梢结实力弱；全树成熟期一致；成熟期落粒中等，无二次结果习性。单株平均产量50kg，最高125kg，每667m² 产3000kg。萌芽始期3月下旬，始花期4月下旬，果实始熟期7月下旬，果实成熟期9月下旬。

品种评价

该品种具有高产，抗病，耐贫瘠等优点，主要用来食用等。种子（果实）为利用部位（见

彩图4-16）。

17 高山2号 Gaoshan 2

调查地点 湖南省洪江市黔城镇铁航村晏家冲

植物学信息

植株情况：属木质藤本，9年生，扦插繁殖。树势强，无固定树形，棚架式，在当地不埋土露地越冬，单干。最大干周29.5cm。

植物学特征：嫩梢茸毛极疏，梢尖茸毛着色极浅；成熟枝条为黄褐色。幼叶颜色为红棕，茸毛极疏，叶下表面叶脉间无匍匐茸毛，叶脉间有极疏直立茸毛；成龄叶长18.0cm，宽14.5cm，呈心脏形。叶片全缘；叶柄洼基部形状为"V"型，半开张开叠类型；叶片锯齿呈双侧凸。两性花。

果实性状：果穗平均长17.0cm，宽7.0cm，果穗圆锥形，无歧肩；有副穗，穗梗长5cm，果穗中。果粒平均纵径长1.8cm，横径1.6cm，果粒呈椭圆形；蓝黑色，果粉中等；果皮厚；有肉囊，汁少，果肉无香味，可溶性固形物含量14.0%左右。

生物学习性：生长势强，开始结果年龄为2年，副梢结实力中等；全树成熟期一致、每穗一致；完全成熟后有轻微落果现象，可二次结果。单株平均产量100kg，最高250kg，每667m² 产2000～3000kg。萌芽始期3月下旬，始花期4月下旬，果实始熟期7月下旬，果实成熟期8月上旬。

品种评价

该品种具有高产、耐贫瘠、广适性、耐湿等优点，利用部位为种子（果实）；主要用来食用等。主要病虫害种类为白粉病、霜霉病；对寒、旱、涝、瘠、盐、风、日灼等恶劣环境抵抗能力中等。对坐果率较高。

18 假葡萄 Jiaputao

调查地点 湖南省洪江市岩垅镇青树
植物学信息

植株情况：属木质藤本，15 年生，扦插繁殖。中等树势，无固定树形，小棚架式，在当地不埋土露地越冬，单干。最大干周 20cm。

植物学特征：嫩梢茸毛极疏，梢尖茸毛不着色；成熟枝条为暗褐色。幼叶颜色为绿色带有黄斑，无茸毛；叶下表面叶脉间无匍匐茸毛，叶脉间有极疏直立茸毛，呈心脏形。叶片全缘；叶柄洼基部形状为"V"型，树形开张；叶片锯齿呈双侧凸。两性花。

果实性状：果穗平均长 23cm，宽 10cm，平均穗重 300g，最大穗重 550g，果穗长 5cm。果穗圆锥形，无果穗歧肩；有副穗，果穗紧。果粒圆形；果皮蓝黑色，果粉中等；果皮厚；有肉囊，汁少，果肉无香味。

生物学习性：生长势强，开始结果年龄为 2 年，副梢结实力中等；全树成熟期一致、每穗一致；完全成熟后有轻微落果现象，无二次结果习性。单株平均产量 125kg。萌芽始期 3 月下旬，始花期 4 月下旬，果实始熟期 7 月下旬，果实成熟期 9 月中旬。

品种评价

该品种具有高产，抗病（抗霜霉病），耐贫瘠等优点，主要用来食用等，利用部位为种子（果实）。对寒、旱、涝、瘠、盐、风、日灼等恶劣环境抵抗能力中等。坐果率高，果粒大，不易落果，较抗霜霉病，其他病害几乎没有，口感偏酸。

19　紫罗玉　Ziluoyu

调查地点　湖南省洪江市岩垅镇青树村
植物学信息

植株情况：属木质藤本，14 年生，扦插繁殖。树势强，无固定树形，棚架式，在当地不埋土露地越冬，单干。最大干周 25cm。

植物学特征：嫩梢无茸毛，梢尖茸毛不着色；成熟枝条为黄褐色。幼叶颜色为绿色带有黄斑，无茸毛。叶下表面叶脉间无匍匐茸毛，叶脉间有极疏直立茸毛。呈心脏形。

叶片全缘；叶柄洼基部形状为"V"型，开叠类型为轻度开张；叶片锯齿呈双侧凸。两性花。

果实性状：果穗平均长 17.0cm，宽 8.0cm，平均穗重 220g，最大穗重 300g，果穗圆锥形，无歧肩；有副穗，果穗中。穗梗长 7cm。果粒平均纵径长 1.9cm，横径 1.5cm，平均粒重 2.4g，果粒呈椭圆形；果皮紫黑色，果粉中等；果皮厚；有肉囊，汁少，果肉无香味，可溶性固形物含量 16.0%左右。

生物学习性：生长势强，开始结果年龄为 2 年，副梢结实力弱；全树成熟期一致；完全成熟后有中等落果现象，无二次结果习性。单株平均产量 100kg，最高 200kg，每 667m² 产 2250kg。主要物候期，萌芽始期 3 月下旬，始花期 4 月下旬，果实始熟期 7 月下旬，果实成熟期 9 月中旬。

品种评价

该品种具有高产，优质等优点，利用部位种子（果实），主要用来食用等。对寒、旱、涝、瘠、盐、风、日灼等恶劣环境抵抗能力中等。该品种糖度高、易落粒、不耐储运、抗霜霉病一般。

20　高山 1 号　Gaoshan 1

调查地点　湖南省洪江市岩垅镇青树村
植物学信息

植株情况：属木质藤本，15 年生，扦插繁殖。树势强，无固定树形，小棚架式，在当地不埋土露地越冬，单干。最大干周 25cm。

植物学特征：嫩梢无茸毛，梢尖茸毛不着色；成熟枝条为黄色。幼叶颜色为绿色带有黄斑，无茸毛。叶下表面叶脉间无匍匐茸毛，叶脉间有极疏直立茸毛；成龄叶长 23.8cm，宽 18cm。呈心脏形。叶片全缘；叶柄洼基部形状为"V"型，开叠类型为轻度开张；叶片锯齿呈双侧凸。两性花。

果实性状：果穗平均长 23.0cm，宽 10cm，平均穗重 500g，最大穗重 600g，果穗分枝形，无歧肩；有副穗，穗梗长 7cm，果穗较疏。果粒圆形；果粉中等；果皮厚；有肉囊，汁少，果肉无香味，可溶性固形物含量14.0%左右。

生物学习性：生长势强，开始结果年龄为2年，副梢结实力弱；全树成熟期一致；完全成熟后有轻微落果现象，可二次结果。单株平均产量120kg，单株最高130kg。主要物候期，萌芽始期3月下旬，始花期4月下旬，果实始熟期7月下旬，果实成熟期9月中旬。

品种评价

该品种具有高产，优质，耐贫瘠等优点，主要用来食用等。利用部位为种子（果实），主要病虫害种类为霜霉病；对寒、旱、涝、瘠、盐、风、日灼等恶劣环境抵抗能力中等。该品种抗病一般，高产，成熟后糖分低，果粒疏。

21　湘珍珠　Xiangzhenzhu

调查地点　湖南省洪江市岩垅镇青树村

植物学信息

植株情况：属木质藤本，15年生，扦插繁殖。树势强，无固定树形，棚架式，在当地不埋土露地越冬，单干。最大干周25cm。

植物学特征：嫩梢无茸毛，梢尖茸毛不着色；成熟枝条为黄色。幼叶颜色为黄色，无茸毛。叶下表面叶脉间无匍匐茸毛，叶脉间有极疏直立茸毛；成龄叶长22.5cm，宽21.5cm。叶片全缘；叶柄洼基部形状为"V"型，开叠类型为轻度开张；叶片锯齿呈双侧凸。两性花。

果实性状：果穗平均长16.0cm，宽6cm，平均穗重40g，最大穗重50g，果穗圆柱形，无歧肩；有副穗，穗梗长7cm，果穗较疏。果粒圆形；果粉中等；果皮厚；有肉囊，汁少，果肉无香味。

生物学习性：生长势强，开始结果年龄为2年，副梢结实力弱；全树成熟期一致；完全成熟后有轻微落果现象，可二次结果。单株平均产量125kg，单株最高150kg。萌芽始

期3月下旬，始花期4月下旬，果实始熟期7月下旬，果实成熟期9月中旬。

品种评价

该品种具有优质优点，主要用来食用等。主要病虫害种类为霜霉病；对寒、旱、涝、瘠、盐、风、日灼等恶劣环境抵抗能力中等。该品种不抗霜霉病，耐储运。

22　洪江1号　Hongjiang 1

调查地点　湖南省洪江市岩垅镇青树村

植物学信息

植株情况：属木质藤本，15年生，扦插繁殖。树势强，无固定树形，棚架式，在当地不埋土露地越冬，单干。最大干周27.2cm。

植物学特征：嫩梢无茸毛，梢尖茸毛不着色；成熟枝条为黄褐色。幼叶颜色为绿色带有黄斑，无茸毛。叶下表面叶脉间无匍匐茸毛，叶脉间有极疏直立茸毛；成龄叶长17.5cm，宽14cm。叶片全缘；叶柄洼基部形状为"V"型，开叠类型为轻度开张；叶片锯齿呈双侧凸。两性花。

果实性状：果穗平均长27cm，宽8cm，平均穗重250g，最大穗重350g，果穗圆柱形，无歧肩；有副穗，穗梗长7cm，果穗较疏。果粒纵径2cm，横径1.8cm。平均粒重2.6g。果粒呈椭圆形；果粉中等；果皮厚；有肉囊，汁少，果肉无香味。

生物学习性：生长势强，开始结果年龄为2年，副梢结实力弱；全树成熟期一致；完全成熟后有轻微落果现象，无二次结果习性。单株平均产量150kg，单株最高175kg。萌芽始期3月下旬，始花期4月下旬，果实始熟期7月下旬，果实成熟期9月中旬。

品种评价

该品种具有高产、抗病（霜霉病、白粉病）优点，主要用来食用等。主要病虫害种类为霜霉病；对寒、旱、涝、瘠、盐、风、日灼等恶劣环境抵抗能力中等。该品种较抗霜霉

病，抗白粉病，高产，口感差。

23 楼背冲米葡萄 Loubeichongmiputao

调查地点 湖南省洪江市岩垅镇青树村楼背冲

植物学信息

植株情况：生长势中等，开始结果年龄为 2 年，副梢结实力弱。

植物学特征：属木质藤本，40 年生，分株繁殖。中等树势，无固定树形，架式为自由攀附，在当地不埋土露地越冬，多干。最大干周 37cm。嫩梢无茸毛，梢尖茸毛不着色；成熟枝条为黄褐色。幼叶颜色为绿色带有黄斑，无茸毛。叶下表面叶脉间无匍匐茸毛，叶脉间有极疏直立茸毛；成龄叶长 18.6cm，宽 18.5cm。叶片全缘；叶柄洼基部形状为"V"型，半开张开叠类型；叶片锯齿呈双侧凸。两性花。

果实性状：果穗平均长 14cm，宽 8cm，平均穗重 120g，最大穗重 160g，果穗圆锥形，无歧肩；有副穗，穗梗长 7cm，果穗较疏。果粒呈椭圆形；果粉中等；果皮厚；有肉囊，汁少。

生物学习性：全树成熟期一致；完全成熟后有轻微落果现象，无二次结果习性。单株平均产量 150kg，单株最高 200kg。萌芽始期 3 月下旬，始花期 4 月下旬，果实始熟期 7 月下旬，果实成熟期 9 月上旬。

品种评价

该品种具有优质、耐贫瘠等优点，主要用来食用等。利用部位为种子(果实)，主要病虫害种类为霜霉病；对寒、旱、涝、瘠、盐、风、日灼等恶劣环境抵抗能力中等。该品种较口感好，不抗霜霉病。

24 洪江 2 号 Hongjiang 2

调查地点 湖南省洪江市双溪镇双溪村广冲

植物学信息

植株情况：生长势强，开始结果年龄为 2 年，副梢结实力弱。

植物学特征：属木质藤本，50 年生，实生繁殖。树势强，无固定树形，棚架式，在当地不埋土露地越冬，多干。最大干周 37cm。嫩梢无茸毛，梢尖茸毛不着色；成熟枝条为黄色。幼叶颜色为黄绿色，无茸毛。叶下表面叶脉间无匍匐茸毛，叶脉间有极疏直立茸毛；成龄叶长 20.1cm，宽 16.7cm，心脏形，叶片全缘；叶柄洼基部形状为"V"型，半开张开叠类型；叶片锯齿呈双侧凸。两性花。

果实性状：果穗平均长 17cm，宽 7cm，平均穗重 120g，最大穗重 200g，果穗圆柱形，无歧肩；有副穗，穗梗长 4cm，果穗较疏。果粒纵径 2.0cm，横径 1.7cm，平均粒重 2.7g，果粒呈椭圆形；果皮蓝黑色，果粉中等；果皮厚；有肉囊，汁少。果肉无香味，可溶性固形物含量 17%。

生物学习性：全树成熟期一致；完全成熟后有轻微落果现象，无二次结果习性。单株平均产量 175kg，单株最高 200kg。萌芽始期 3 月下旬，始花期 4 月下旬，果实始熟期 7 月中旬，果实成熟期 9 月中旬。

品种评价

该品种具有优质、高产等优点，主要用来食用等。利用部位为种子(果实)，主要病虫害种类为霜霉病；对寒、旱、涝、瘠、盐、风、日灼等恶劣环境抵抗能力中等。该品种较口感好，产量高。

25 洪江 3 号 Hongjiang 3

调查地点 湖南洪江市双溪镇双溪村广冲

植物学信息

植株情况：生长势较强。

植物学特征：属木质藤本，35 年生，扦插繁殖。树势强，无固定树形，棚架式。最大干周 38.5cm。嫩梢无茸毛，梢尖茸毛不着色；成熟枝条显黄色。幼叶颜色为绿色带有黄斑，无茸毛。叶下表面叶脉间无匍匐茸毛，叶脉间有极疏直立茸毛；成龄叶长24.0cm，宽19.0cm，心脏形，叶片全缘；叶柄洼基部形状为"V"型，开叠类型为轻度开张；叶片锯齿呈双侧凸。

果实性状：果穗平均长18cm，宽6cm，平均穗重250g，最大穗重350g，果穗圆柱形，无歧肩；有副穗，穗梗长7cm，果穗较疏。果粒圆形；果粉中等；果皮厚；有肉囊，汁少。果肉无香味，可溶性固形物含量17%。

生物学习性：全树成熟期一致；完全成熟后有轻微落果现象，无二次结果习性。单株平均产量250kg，单株最高300kg。萌芽始期3月下旬，始花期4月下旬，果实始熟期7月下旬，果实成熟期9月下旬。

品种评价

该品种具有高产等优点，主要用来食用等。利用部位为种子(果实)，主要病虫害种类为霜霉病。该品种较口感好，果粉好，不抗霜霉病。

26　白葡萄1号　Baiputao 1

调查地点　湖南省洪江市黔城镇高桥村毛坪

植物学信息

植株情况：生长势强，开始结果年龄为2年，副梢结实力弱。

植物学特征：属木质藤本，20年生，扦插繁殖。树势强，无固定树形，棚架式，在当地不埋土露地越冬，多干。最大干周21.0cm。嫩梢茸毛较疏，梢尖茸毛不着色；成熟枝条为黄色。幼叶颜色为红棕色，无茸毛。叶下表面叶脉间无匍匐茸毛，叶脉间有极疏直立茸毛；成龄叶长20.2cm，宽16.6cm，心脏形，叶片全缘；叶柄洼基部形状为"V"型，开叠类型为轻度开张；叶片锯齿呈双侧凸。两性花。

果实性状：果穗平均长12.2cm，宽6.5cm，平均穗重40g，最大穗重70g，果穗椭

圆形，无歧肩；有副穗，穗梗长4cm，果穗较疏。果粒纵径2.0cm，横径1.7cm，平均粒重2.7g，果粒呈椭圆形；果皮为黄绿至绿黄色色，果粉薄，果皮厚；有肉囊，果肉汁液中等。果肉无香味，可溶性固形物含量16.2%。

生物学习性：全树成熟期一致；完全成熟后有轻微落果现象，无二次结果习性。单株平均产量300kg，单株最高350kg。萌芽始期3月下旬，始花期4月下旬，果实始熟期7月下旬，果实成熟期9月下旬。

品种评价

该品种具有优质、高产等优点，主要用来食用等。利用部位为种子(果实)，主要病虫害种类为霜霉病；对寒、旱、涝、瘠、盐、风、日灼等恶劣环境抵抗能力中等。该品种果皮颜色黄色，不抗霜霉病。

27　罗家溪高山2号　Luojiaxigaoshan 2

调查地点　湖南省洪江市黔城镇高桥村毛坪

植物学信息

植株情况：生长势强，开始结果年龄为2年，副梢结实力弱。

植物学特征：属木质藤本，15年生，扦插繁殖。树势强，无固定树形，棚架式，在当地不埋土露地越冬，单干。最大干周46cm。嫩梢茸毛极疏，梢尖茸毛不着色；成熟枝条为黄褐色。幼叶颜色为红棕色，茸毛极疏。叶下表面叶脉间无匍匐茸毛，叶脉间有极疏直立茸毛；成龄叶长21.8cm，宽17.3cm，心脏形，叶片全缘；叶柄洼基部形状为"V"型，开叠类型为轻度开张；叶片锯齿呈双侧凸。两性花。

果实性状：果穗平均长20.2cm，宽12.4cm，果穗圆锥形，无歧肩；有副穗，穗梗长5cm。果粒平均粒重2.7g，果粒呈椭圆形；果皮蓝黑色，果粉中等；果皮厚；有肉囊，汁少。果肉无香味，可溶性固形物含量14.5%。

生物学习性：全树成熟期一致；成熟期落粒完全成熟后有中等落果现象，无二次结果习性。单株平均产量 250kg，单株最高 350kg。萌芽始期 3 月下旬，始花期 4 月下旬，果实始熟期 7 月下旬，果实成熟期 9 月中旬。

品种评价

该品种具有优质、高产等优点，主要用来食用等。利用部位为种子（果实），主要病虫害种类为霜霉病；对寒、旱、涝、瘠、盐、风、日灼等恶劣环境抵抗能力中等。该品种不抗霜霉病。

28 白葡萄 2 号 Baiputao 2

调查地点 湖南省洪江市黔城镇高桥村彭家冲

植物学信息

植株情况：生长势强，开始结果年龄为 2 年，副梢结实力弱。

植物学特征：属木质藤本，35 年生，分株繁殖。树势强，无固定树形，棚架式，在当地不埋土露地越冬，单干。最大干周 58cm。嫩梢茸毛极疏，梢尖茸毛不着色；成熟枝条为黄褐色。幼叶颜色为红棕色，茸毛极疏。叶下表面叶脉间无匍匐茸毛，叶脉间有极疏直立茸毛；成龄叶长 22.2cm，宽 18.2cm，心脏形，叶片全缘；叶柄洼基部形状为"V"型，半开张开叠类型；叶片锯齿呈双侧凸。两性花。

果实性状：果穗平均长 13.3cm，宽 7cm，平均穗重 50g，最大穗重 80g，果穗圆柱形，有副穗，穗梗长 5cm，果穗中。果粒纵径 2.0cm，横径 1.8cm，平均粒重 2.4g；果皮为黄绿至绿黄色，果粉薄；果皮厚；有肉囊，果肉汁液中等。果肉无香味，可溶性固形物含量 16%。

生物学习性：全树成熟期一致；完全成熟后有轻微落果现象，可二次结果。单株平均产量 350kg，单株最高 500kg。萌芽始期 3 月下旬，始花期 4 月下旬，果实始熟期 7 月下

旬，果实成熟期 9 月中旬。

品种评价

该品种具有优质、高产等优点，主要用来食用等。利用部位为种子（果实），主要病虫害种类为霜霉病、介壳虫；对寒、旱、涝、瘠、盐、风、日灼等恶劣环境抵抗能力中等。该品种较口感好，果皮黄色。

29 红色米葡萄 Hongsemiputao

调查地点 湖南省洪江市黔城镇高桥村彭家冲

植物学信息

植株情况：生长势强，开始结果年龄为 2 年，副梢结实力弱。

植物学特征：属木质藤本，2 年生（从 100 多年的老树压条过来，老树已砍），分株繁殖。树势强，无固定树形，小棚架式，在当地不埋土露地越冬，单干。最大干周 6cm。嫩梢无茸毛，梢尖茸毛不着色；成熟枝条为黄色。幼叶颜色为红棕色，茸毛极疏。叶下表面叶脉间有极疏匍匐茸毛，叶脉间有极疏直立茸毛；成龄叶长 18.3cm，宽 16.0cm，心脏形，叶片全缘；叶柄洼基部形状为"V"型，树形开张；叶片锯齿呈双侧凸。

果实性状：果穗平均长 9.0cm，宽 6.0cm，果穗圆柱形，无果穗歧肩；有副穗，穗梗长 5cm，果穗较疏。果粒纵径 1.7cm，横径 1.5cm，果粒呈倒卵形；果皮红黑色，果粉薄；果皮厚；有肉囊，果肉汁液中等。果肉无香味，可溶性固形物含量 15%。

生物学习性：全树成熟期一致；完全成熟后有轻微落果现象，无二次结果习性。单株平均产量 350kg，单株最高 500kg。萌芽始期 3 月下旬，始花期 4 月下旬，果实始熟期 7 月下旬，果实成熟期 9 月下旬。

品种评价

该品种具有优质、高产等优点，主要用来食用等。利用部位为种子（果实），主要病虫害种类为霜霉病；对寒、旱、涝、瘠、盐、

风、日灼等恶劣环境抵抗能力中等。该品种不耐储运。

30 中方1号 Zhongfang 1

调查地点 湖南省中方县牌楼乡白良村晒谷坪

植物学信息

植株情况：生长势强，开始结果年龄为2年，副梢结实力弱。

植物学特征：属木质藤本，8年生，扦插繁殖。树势强，无固定树形，小棚架式，在当地不埋土露地越冬，多干。最大干周18cm。嫩梢茸毛极疏，梢尖茸毛不着色；成熟枝条为黄褐色。幼叶颜色为红棕色，茸毛极疏。叶下表面叶脉间有极疏匍匐茸毛，叶脉间有极疏直立茸毛；成龄叶长21.2cm，宽16.5cm，心脏形，叶片全缘；叶柄洼基部形状为"V"型，半开张开叠类型；叶片锯齿呈双侧凸。两性花。

果实性状：果穗平均长23.0cm，宽12.0cm，果穗圆锥形，无果穗歧肩；有副穗，穗梗长4cm，果穗较疏。果粒纵径1.8cm，横径1.8cm，果粒圆形；果皮紫红或紫黑色，果粉中等；果皮厚；有肉囊，果肉汁液中等。果肉无香味，可溶性固形物含量15%。

生物学习性：全树成熟期一致；完全成熟后有轻微落果现象，无二次结果习性。单株平均产量375kg，单株最高400kg。萌芽始期3月下旬，始花期4月下旬，果实始熟期7月下旬，果实成熟期9月下旬。

品种评价

该品种具有优质、高产等优点，主要用来食用等。利用部位为种子（果实），主要病虫害种类为霜霉病；对寒、旱、涝、瘠、盐、风、日灼等恶劣环境抵抗能力中等。该品种坐果率好，成熟期晚（比'湘珍珠'晚20天），口感好。

31 中方2号 Zhongfang 2

调查地点 湖南省中方县牌楼乡白良村细冲

植物学信息

植株情况：生长势强，开始结果年龄为2年，副梢结实力弱。

植物学特征：属木质藤本，13年生，分株繁殖。树势强，无固定树形，棚架式，在当地不埋土露地越冬，单干。最大干周31cm。嫩梢茸毛极疏，梢尖茸毛不着色；成熟枝条为黄色。幼叶颜色为红棕色，无茸毛。叶下表面叶脉间无匍匐茸毛，叶脉间有极疏直立茸毛；成龄叶长19.2cm，宽17.5cm，心脏形，叶片全缘；叶柄洼基部形状为"V"型，半开张开叠类型；叶片锯齿呈双侧凸。两性花。

果实性状：果穗平均长22.2cm，宽8.2cm，果穗圆柱形，无歧肩；有副穗，穗梗长4cm，果穗较疏。果粒纵径2.0cm，横径2.0cm，平均粒重3.1g，果粒圆形；果粉中等；果皮厚；有肉囊，汁少。果肉无香味，可溶性固形物含量16.2%。

生物学习性：全树成熟期一致；完全成熟后有轻微落果现象，无二次结果习性。单株平均产量250kg，单株最高300kg。萌芽始期3月下旬，始花期4月下旬，果实始熟期7月下旬，果实成熟期9月中旬。

品种评价

该品种具有优质、高产等优点，主要用来食用等。利用部位为种子（果实），主要病虫害种类为霜霉病；对寒、旱、涝、瘠、盐、风、日灼等恶劣环境抵抗能力中等。该品种较口感好。

32 会同1号 Huitong 1

调查地点 湖南省会同市黄茅镇塘桅村瞿家团

植物学信息

植株情况：生长势强，开始结果年龄为2年，副梢结实力弱。

植物学特征：属木质藤本，20年生，扦插繁殖。树势强，无固定树形，棚架式，在当地不埋土露地越冬，多干。最大干周13.5cm。嫩梢茸毛极疏，梢尖茸毛不着色；成熟枝条为黄色。幼叶颜色为红棕色，茸毛极疏。叶下表面叶脉间有极疏匍匐茸毛，叶脉间有极疏直立茸毛；成龄叶长19.1cm，宽15.0cm，心脏形，叶片全缘；叶柄洼基部形状为"V"型，开叠类型为轻度开张；叶片锯齿呈双侧凸。两性花。

果实性状：果穗平均长22.0cm，宽11.1cm，果穗圆锥形，无果穗歧肩；有副穗，穗梗长5.5cm。果粒纵径1.9cm，横径1.9cm，果粒呈椭圆形；果皮蓝黑色，果粉中等；果皮厚；有肉囊，果肉汁液中等。果肉无香味，可溶性固形物含量15%。

生物学习性：全树成熟期一致；完全成熟后有轻微落果现象，可二次结果。单株平均产量275kg，单株最高350kg，每667m² 产3500kg。萌芽始期3月下旬，始花期5月上旬，果实始熟期6月下旬，果实成熟期7月中旬。

品种评价

该品种具有优质、高产等优点，主要用来食用等。利用部位为种子（果实），主要病虫害种类为霜霉病。该品种较农历6底上市，7月中旬卖完，比'巨峰'早上市10~15天（当地），而其他'刺葡萄'都比'巨峰'晚。不抗霜霉病、耐储运。

33　会同米葡萄　Huitongmiputao

调查地点　湖南省会同市黄茅镇塘棍村瞿家团

植物学信息

植株情况：生长势强，开始结果年龄为2年，副梢结实力弱。

植物学特征：属木质藤本，25年生，扦插繁殖，树势强，棚架式，在当地不埋土露地越冬，单干。最大干周41cm。嫩梢茸毛极疏，梢尖茸毛不着色；成熟枝条为黄色。叶下表面叶脉间有极疏匍匐茸毛，叶脉间有极

疏直立茸毛；成龄叶长22.8cm，宽21.2cm，心脏形，叶片全缘；叶柄洼基部形状为"V"型，半开张开叠类型；叶片锯齿呈双侧凸。两性花。

果实性状：果穗平均长15.2cm，宽8.1cm，果穗椭圆形，无果穗歧肩；有副穗，穗梗长4cm，果穗较疏。果粒呈椭圆形；果皮蓝黑色，果粉中等；果皮厚；有肉囊，果肉汁液中等。果肉无香味，可溶性固形物含量15%。

生物学习性：全树成熟期一致；完全成熟后有轻微落果现象，可二次结果。单株平均产量425kg，单株最高450kg，每667m² 产4000kg。萌芽始期3月下旬，始花期5月上旬，果实始熟期7月下旬，果实成熟期9月上旬。

品种评价

该品种具有优质、高产、较抗霜霉病等优点，主要用来食用等。利用部位为种子（果实），主要病虫害种类为白粉病；对寒、旱、涝、瘠、盐、风、日灼等恶劣环境抵抗能力中等。该品种较抗霜霉病，储运较差。产量高，口感好。

34　塘尾葡萄1号　Tangweiputao 1

调查地点　江西省玉山县横街镇圹尾村大坪

植物学信息

植株情况：生长势强，开始结果年龄为2年，副梢结实力弱。

植物学特征：属木质藤本，35年生，嫁接繁殖，砧木为野葡萄（华东葡萄）。树势强，架式为自由攀附，在当地不埋土露地越冬，多干。最大干周12cm。嫩梢无茸毛，梢尖茸毛不着色；成熟枝条为黄色。幼叶颜色为绿色带有黄斑，茸毛极疏。叶下表面叶脉间无匍匐茸毛，叶脉间有极疏直立茸毛；成龄叶长23.2cm，宽21.5cm，心脏形，叶片全缘；叶柄洼基部形状为"V"型，半开张开叠类型；

叶片锯齿呈双侧凸。两性花。

果实性状：果穗平均长 17.5cm，宽 7cm，平均穗重 118.3g，最大穗重 195g，果穗圆锥形，无果穗歧肩；有副穗，穗梗长 4cm。果粒纵径 2.0cm，横径 2.1cm，平均粒重 2.9g，果粒圆形；果皮蓝黑色，果粉中等；果皮厚；有肉囊，果肉汁液中等。果肉无香味，可溶性固形物含量 16%。

生物学习性：全树成熟期一致；完全成熟后有轻微落果现象，无二次结果习性。单株平均产量 75kg，单株最高 100kg。萌芽始期 3 月下旬，始花期 4 月中旬，果实始熟期农历 7 月中旬，果实成熟期农历 8 月上旬。

品种评价

该品种具有优质、抗病，耐贫瘠等优点，主要用来食用等。利用部位为种子（果实）；对寒、旱、涝、瘠、盐、风、日灼等恶劣环境抵抗能力强。该品种较口感好，营养成分高，抗病。

35　塘尾葡萄 2 号　Tangweiputao 2

调查地点　江西省玉山县横街镇圹尾村大坪

植物学信息

植株情况：生长势强，副梢结实力弱。

植物学特征：属木质藤本，50 年生，嫁接繁殖，砧木为华东葡萄。树势强，无固定树形，架式为自由攀附，在当地不埋土露地越冬，单干。最大干周 35cm。嫩梢茸毛极疏，梢尖茸毛不着色；成熟枝条为暗褐色。幼叶茸毛极疏。叶下表面叶脉间有极疏匍匐茸毛，叶脉间有极疏直立茸毛；成龄叶长 23.1cm，宽 21.2cm，心脏形，叶片全缘；叶柄洼基部形状为"V"型，树形开张；叶片锯齿呈双侧凸。

果实性状：果穗平均长 17.5cm，宽 7cm，穗梗长 4.2cm。果粒圆形；果粉中等；果皮厚；有肉囊，果肉汁液中等。果肉无香味，可溶性固形物含量 16%。

生物学习性：全树成熟期一致；完全成熟后有轻微落果现象，无二次结果习性。单株平均产量 100kg，单株最高 150kg。萌芽始期 3 月下旬，始花期 4 月中旬，果实始熟期农历 7 月中旬，果实成熟期农历 8 月上旬。

品种评价

该品种具有优质、高产等优点，主要用来食用等。利用部位为种子（果实）；对寒、旱、涝、瘠、盐、风、日灼等恶劣环境抵抗能力强。该品种较口感好，营养成分高，抗病。

36　玉山水晶葡萄　Yushanshuijing

调查地点　江西省玉山县玉虹园 109 号虹桥口

植物学信息

植株情况：生长势强，开始结果年龄为 2 年，副梢结实力中等。

植物学特征：属木质藤本，35 年生，实生繁殖。树势强，无固定树形，棚架式，在当地不埋土露地越冬，单干。最大干周 38cm。嫩梢茸毛极疏，梢尖茸毛不着色；成熟枝条为暗褐。幼叶颜色为黄绿色，茸毛极疏。叶下表面叶脉间有极疏匍匐茸毛，叶脉间有极疏直立茸毛；成龄叶长 20.8cm，宽 16.6cm；叶柄洼基部形状为"V"型，树形开张；叶片锯齿呈双侧凸。两性花。

果实性状：果穗平均长 8.2cm，宽 5.6cm，果穗圆锥形，无果穗歧肩；有副穗，穗梗长 4cm，果穗中。果粒纵径 1.3cm，横径 1.2cm，果粒呈椭圆形；果皮为紫红至红紫色，果粉薄，果皮厚度中等；果肉质地软，果肉汁液中等。果肉无香味。

生物学习性：全树成熟期一致；完全成熟后有轻微落果现象，可二次结果。单株平均产量 150kg，单株最高 175kg。萌芽始期 3 月中旬，始花期 4 月上旬，果实始熟期 7 月中旬，果实成熟期 8 月上旬。

品种评价

该品种具有优质、抗病等优点，主要用来食用等。利用部位为种子（果实）；对寒、旱、涝、瘠、盐、风、日灼等恶劣环境抵抗能力强。调查用户主要用来遮阴。

37 玫瑰蜜 Meiguimi

调查地点 云南省丘北叭道哨普者黑风景区

植株情况：生长势中等，开始结果年龄为 2 年，副梢结实力中等。

植物学特征：属木质藤本，10 年生。中等树势，篱壁式架式，在当地不埋土露地越冬。成熟枝条为暗褐色。幼叶颜色为黄绿色。叶下表面叶脉间匍匐茸毛密，心脏形，叶片全缘；上缺刻浅。叶柄洼基部形状为"Ⅴ"型，半开张开叠类型；双侧直叶片锯齿。叶柄黄绿。两性花。

果实性状：果穗平均长 20cm，宽 10cm，平均穗重 200g，果穗圆锥形，无果穗歧肩；果穗紧。果粒圆形；果粉厚；果皮厚度适中，果肉颜色中等深；果肉质地软，果肉汁液适中。果肉具玫瑰香味。果肉香味浓，可溶性固形物含量 17%。

生物学习性：全树成熟期一致；成熟期落粒完全成熟后有中等落果现象，无二次结果习性。单株平均产量 6kg，单株最高 8kg，每 667m² 产 1500kg。萌芽始期 3 月上旬，始花期 4 月中旬，果实始熟期 6 月下旬，果实成熟期 7 月中旬。

品种评价

该品种具有优质、高产、抗病（霜霉病、较抗白粉病）、耐贫瘠等优点，主要用来食用、酿酒等。利用部位为种子（果实），主要病虫害种类为炭疽病、白腐病、大小斑病；对寒、旱、涝、瘠、盐、风、日灼等恶劣环境抵抗能力中等。繁殖方法扦插。该品种是加工酿酒与鲜食结合的品种，树势强健，生长旺盛，极性中等，极早产，丰产稳产。

38 云南水晶 Yunnanshuijing

调查地点 云南省丘北叭道哨普者黑风景区

植物学信息

植株情况：生长势中等，开始结果年龄为 2 年，副梢结实力弱。

植物学特征：属木质藤本，10 年生，扦插繁殖。中等树势，篱壁式架式，在当地不埋土露地越冬，单干。最大干周 5cm。嫩梢茸毛中等，梢尖茸毛着色中等；成熟枝条为暗褐色。幼叶颜色为黄绿色，茸毛，疏。叶下表面叶脉间有极疏匍匐茸毛，叶脉间有极疏直立茸毛；心脏形，裂片数达 5 裂；上缺刻中等、开张。叶柄洼基部形状为"Ⅴ"型，树形开张；叶片锯齿呈双侧凸。两性花。

果实性状：平均穗重 200g，果穗圆锥形，无果穗歧肩；果粒圆形；果皮为黄绿至绿黄色，果粉厚；可溶性固形物含量 14%。

生物学习性：全树成熟期一致；完全成熟后有轻微落果现象，可二次结果。萌芽始期 3 月上旬，始花期 3 月下旬，果实始熟期 6 月上旬，果实成熟期 7 月下旬，至 8 月上旬。

品种评价

该品种具有优质、耐贫瘠等优点，主要用来食用等。利用部位为种子（果实）。该品种较口香味浓，树势强健，极性较缓和。抗逆性较强，极早产，丰产、稳产。

39 红玫瑰 Hongmeigui

调查地点 云南省丘北叭道哨普者黑风景区

植物学信息

植株情况：植株生长势中等偏弱。

植物学特征：属木质藤本，10 年生，中等树势，小棚架式，在当地不埋土露地越冬。嫩梢绿色，带浅紫褐色，有中等密白色茸毛。幼叶深绿色，带浅紫褐色，厚主要叶脉紫红色；上表面有光泽，茸毛中等多；下表面密生白色茸毛。成龄叶片心脏形，中等大，深绿色，较厚。叶片 5～7 裂，上裂刻深，下裂刻浅。叶柄洼开张椭圆形。枝条黄褐色，有浅褐色条纹，表面有粉状物。节间中等长或短，中等粗，两性花，二倍体。

果实性状：果穗圆锥形，大，穗长16.6cm，穗宽 11.9cm，平均穗重 347.4g，最大穗重 1000g 以上。果穗大小整齐，果粒着生紧密。果粒近圆形或扁圆形，紫红色，纵径2.2cm，横径 2.4cm，平均粒重 7.1g，最大粒重 10g。果粉薄。果皮薄，无涩味。每果粒含种子 2～3 粒，多为 4 粒。种子梨形，较小，褐色。可溶性固形物含量为 13%～18%，总糖含量为 12.3%，可滴定酸含量为 0.83%。鲜食品质上等。

生物学习性：隐芽萌发力强，副芽萌芽力中等。芽眼萌发率为 69.5%。结果枝占萌芽总数的 58.5%。每果枝平均着生果穗数为1.99 个。隐芽萌发的新梢和夏芽副梢结实力均中等。早果性好。正常结果树一般产果30000kg/hm²。4 月 23 日萌芽，6 月 8 日开花，8 月 7 日浆果成熟。从开花至浆果成熟需 107天。在河北昌黎地区，8 月中旬浆果成熟，二次果亦能成熟。在石家庄，7 月上旬至中旬浆果成熟。浆果极早熟。抗逆性中等。抗病力中等，不抗炭疽病、白腐病。

品种评价

此品种为极早熟鲜食品种。有较浓玫瑰香味，鲜食品质上等。结果系数高，坐果好，不裂果，不脱粒，耐运输。丰产性强，负载过大，浆果延迟成熟。注意防治白腐病和炭疽病。可适度密植。适合半干旱、干旱地区种植，棚、篱架栽培均可，以短梢修剪为主。

40　茨中教堂　Cizhongjiaotang

调查地点　云南省丘北叭道哨普者黑风景区

植株情况：植株生长势极强。

植物学特征：属木质藤本，10 年生，嫩

梢茸毛极疏，梢尖茸毛着色极浅；成熟枝条为红褐色。幼叶颜色为黄绿色，茸毛极疏。叶下表面叶脉间有极疏匍匐茸毛，裂片数达三裂；上缺刻极浅；开张。叶柄洼基部形状为"V"型，半开张开叠类型；叶片锯齿呈双侧凸。雌能花。二倍体。

果实性状：果穗圆锥形，特大，穗长 24～30cm，穗宽 18～23cm，平均穗重 700g，最大穗重 2600g。果穗大小整齐，果粒着生紧密。果粒倒卵形，紫黑色，大，纵径 2.8～3.4cm，横径 2.1～2.5cm，平均粒重 12g。果粉厚。果皮厚而韧，稍有涩味。果肉脆，无肉囊，果汁多，绿黄色，味甜，稍有玫瑰香味。每果粒含种子 1～3 粒，多为 2 粒。种子与果肉易分离，可溶性固形物含量为 18%～19%。鲜食品质上等。

生物学习性：隐芽萌发力强。芽眼萌发率为 95%，成枝率为 98%，枝条成熟度好。结果枝占芽眼总数的 90%。每果枝平均着生果穗数为 1.13～1.27 个。隐芽萌发的新梢结实力中等。正常结果树产果 27500kg/hm²（110株/666.7m²，高宽垂架式）。4 月 3～13 日萌芽，5 月 17～27 日开花，8 月 17～27 日浆果成熟。从萌芽至浆果成熟需 131～146 天，此期间活动积温为 2933.4～3276.9℃。浆果中熟。抗病力强。

品种评价

易感白粉病。该品种的酿酒品质佳。此品种为中熟鲜食品种。果穗大，味甘甜，爽口。易着色，外观美丽。不脱粒，少裂果。坐果率高，极丰产，易栽培。要严格疏花疏果。

41　洪江无名刺葡萄　Hongjiangwuming

调查地点　湖南省洪江市双溪镇双溪村

植物学信息

植株情况：生长势强，开始结果年龄：2年生。副梢结实力弱。

植物学特征：属木质藤本，15 年生，扦插繁殖。树势强，无固定树形，小棚架式，

在当地不埋土露地越冬，单干。最大干周
20cm。嫩梢无茸毛，梢尖茸毛不着色。幼叶
颜色为黄绿色，茸毛无。叶脉间直立无茸毛；
成龄叶长 24.5cm，宽 20cm，心脏形，叶片全
缘；叶片锯齿呈双侧凸。两性花。

果实性状：果穗平均长 25cm，宽 12cm，
平均穗重 540g，最大穗重 650g，果穗分枝形；
有副穗；穗梗长 3cm。果粒圆形；果皮紫黑
色，果粉中等；果皮厚；有肉囊，果肉汁液
中等。果肉无香味。果肉香味淡，可溶性固
形物含量 15%。

生物学习性：全树成熟期一致；完全成
熟后有轻微落果现象，可二次结果。萌芽始
期 3 月下旬，始花期 4 月下旬，果实始熟期农
历 7 月下旬，果实成熟期农历 9 月中旬。

品种评价

该品种具有优质、高产、耐贫瘠等优点，
主要用来食用等。利用部位为种子（果实）；
主要病害为霜霉病。该品种品质佳，高产。

42 关口葡萄 2 号 Guankouputao 2

调查地点 湖北省建始县花坪镇村坊村
刘家山

植物学信息

植株情况：生长势强，开始结果年龄为
3 年。

植物学特征：繁殖方法为嫁接，树势强，
树形无定形，棚架，在当地不埋土露地越冬，
单干，最大干周 64cm。藤本，无嫩梢茸毛，
梢尖茸毛不着色；成熟枝条黄褐色。幼叶颜
色为绿色，叶下表面叶脉间匍匐茸毛疏，叶
脉间直立茸毛极疏；成龄叶呈心脏形，平均
叶长 23.0cm，宽 26.0cm，裂片全缘或 3 裂，
上缺刻中；叶柄洼基部形状为"U"型，开张，
叶片为绿色，叶片锯齿性状为一侧凹一侧凸，
革质光滑。

果实性状：果穗平均长 13.0cm，宽
8.0cm，平均穗重 150g，最大穗重 200g，果穗
圆锥形，无歧肩，无副穗，果粒紧，果粒平

均纵径长 2.0cm，横径 2.1cm，平均粒重
4.7g，果粒形状为圆形；果皮黄绿色，果粉
中；果皮厚度中，果肉无颜色，质地软，汁
液中等，狐臭味浓，可溶性固形物含量
20.0%左右。

生物学习性：全树成熟期一致，可二次
结果，在当地 2 月下旬萌芽，4 月中旬开花，
8 月中旬果实成熟，平均产量 2500kg/667m²。

品种评价

耐贫瘠，抗旱，适应性广，耐高温，果
实可实用；主要病虫害种类为炭疽病、霜霉
病、绿盲蝽；对寒、旱、涝、瘠、盐、风、日
灼等恶劣环境抵抗能力中等。

果穗圆锥形，无歧肩，有副穗，果穗紧
密度中等，果粒平均纵径长 3.0cm，横径
2.0cm，平均粒重 8.3g，果粒形状为长圆形；
果皮黄绿色，果粉薄；果皮厚度薄，果肉无
颜色，质地脆，汁液少，有淡淡的青草味，
可溶性固形物含量 20.0%左右。

43 春光龙眼葡萄 Chunguanglongyanputao

调查地点 河北省张家口市宣化区春光
乡观后村

植物学信息

植株情况：生长势强，开始结果年龄为
3 年。

植物学特征：繁殖方法为扦插，树势强，
龙干形，棚架，在当地需要埋土露地越冬，
多干，最大干周 20cm。藤本，嫩梢绿色，有
稀疏白色茸毛，表面有光泽。成龄叶片肾形，
中等大，绿色或深绿色，厚叶缘常反卷；叶
片 3 或 5 裂，上裂刻深，闭合或开张，基部
"V"形；下裂刻浅或较深，开张。锯齿钝，双
侧凸型，边缘锯齿半圆顶形或三角形，大小
不一致。叶柄多短于主脉，少数长于主脉，
粗，红褐色或浅绿色，无茸毛。秋叶黄褐色
或深红褐色。卷须分布不连续，长而粗，2~3
分叉。枝条横截面呈近圆形，表面有排列均

匀的深褐色条纹，红褐色，有光泽，两性花。

果实性状：果穗歧肩呈圆锥形或五角形，带副穗，穗长 17.4~34.0cm，穗宽 14~20cm，平均穗重 694g，最大穗重 3000g。果穗大小整齐，果粒着生中等紧密。果粒近圆形，宝石红或紫红色，有的带深紫色条纹，表面有较明显的褐色小斑点，果粒大，纵径 2.18cm，横径 2.06cm，平均粒重 6.1g，最大粒重 12g。果粉厚灰白色。果皮中等厚坚韧。果肉致密，较柔软，白绿色，果汁多，味酸甜，无香味。每果粒含种子 2~4 粒，多为 3 粒。种子椭圆形，中等大，深褐色；种脐明显，中间凹陷；顶沟宽而较深；缘中等大而圆。可溶性固形物含量为 20.4%，最高含量达 22%，总糖含量为 19.5%，可滴定酸含量为 0.9%，出汁率为 75%。

生物学习性：全树成熟期一致，成熟时有轻微落果现象，在当地 4 月上旬萌芽，6 月上旬开花，10 月上旬果实成熟，平均产量 1250kg/667m²。

品种评价

外观美丽，甜酸爽口。耐储运性良好。结实力强，易管理。主要病虫害种类为炭疽病、霜霉病、绿盲蝽；对寒、旱、涝、瘠、盐、风、日灼等恶劣环境抵抗能力弱。

44　宣化马奶　Xuanhuamanai

调查地点　河北省张家口市宣化区春光乡观后村

植株情况：生长势中等，开始结果年龄为 3 年，每结果枝上平均果穗数 1 个。

植物学特征：属藤本，50 年生。扦插繁殖。中等树势，扇形树形。小棚架式，在当地埋土越冬。多干，最大干周为 40cm，叶片心脏形，裂片数达五裂；上缺刻中。叶片锯齿呈双侧凸。第一花序着生在 3~4 节。两性花。

果实性状：果穗平均长 19.5~24.0cm，宽 13~15.5cm，平均穗重 581g，最大穗重

700g，果穗圆锥形；果穗较疏。果粒纵径 2.1~2.9cm，横径 1.8~2.2cm，平均粒重 5.4g。果粒呈椭圆形；果皮为黄绿色，果粉薄；果皮薄；果肉脆，果肉汁液中等。果肉无香味。

生物学习性：完全成熟后有轻微落果现象。萌芽始期 5 月上旬，始花期 6 月上旬，果实成熟期 8 月下旬。

品种评价

该品种具有抗旱、耐贫瘠等优点，主要用来食用等。利用部位为种子（果实），主要病虫害种类为白腐病；对寒、旱、涝、瘠、盐、风、日灼等恶劣环境抵抗能力中等。

45　宣化玫瑰香　Xuanhuameiguixiang

调查地点　光乡观后村

植物学信息

植株情况：生长势中等，开始结果年龄为 3 年，每结果枝上平均果穗数 1.45 个。

植物学特征：属藤本，50 年生。扦插繁殖。中等树势，树形为扇形。小棚架式，在当地埋土越冬。多干，最大干周达 40cm。嫩梢茸毛中等，梢间茸毛无色。幼叶颜色为黄绿。茸毛中等。叶下表面叶脉间匍匐茸毛中等，心脏形，裂片数达 5 裂；上缺刻深。叶片锯齿呈双侧凸。第一花序着生在 3~4 节；第二花序着生在 5~6 节。两性花。

果实性状：果穗平均长 8.2~21.0cm，宽 10.5cm，平均穗重 368.9g，最大穗重 730g，果穗圆锥形，有副穗。果穗中。果粒纵径 1.7~2.7cm，横径 1.6~2.3cm，平均粒重 5.2g。果粒呈椭圆形；果皮为紫红–红紫色，果粉厚；果皮厚度中等；果肉较脆。果肉具玫瑰香味，香味浓。

生物学习性：萌芽始期 4 月中旬，始花期 5 月中旬，果实成熟期 9 月上旬。

品种评价

该品种具有抗旱、耐盐酸、耐贫瘠等优点，主要用来食用等。利用部位为种子（果

实），主要病虫害种类为霜霉病；对寒、旱、涝、瘠、盐、风、日灼等恶劣环境抵抗能力中等。

46 昌黎马奶 Changlimanai

调查地点 河北省昌黎市

植物学信息

植株情况：生长势强，开始结果年龄为3年，每结果枝上平均果穗数1.04个。

植物学特征：属藤本，50年生。扦插繁殖。中等树势，扇形树形。棚架式，在当地埋土越冬。多干，最大干周达50cm。幼叶颜色为黄绿，心脏形，裂片数达5裂或7裂；上缺刻深。第一花序着生在3~4节；第二花序着生在5~6节。两性花。

果实性状：果穗平均长22.1~27.8cm，宽11.3~13.2cm，平均穗重250~400g，果穗圆锥形，有副穗。果穗较疏。果粒纵径3.0cm，横径1.7cm，平均粒重5.4g。果粒形状长椭圆形；果皮为黄绿至绿黄色，果粉薄，皮薄；果肉较脆。果肉汁液多。

生物学习性：成熟期有中等落粒现象。萌芽始期4月中旬，始花期5月中旬，果实成熟期8月中旬。

品种评价

该品种具有优质、抗旱、耐盐酸、耐贫瘠等优点，主要用来食用等。利用部位为种子（果实），主要病虫害种类为霜霉病。

47 昌黎玫瑰香 Changlimeiguixiang

调查地点 河北省昌黎市

植物学信息

植株情况：植株生长势较强。

植物学特征：嫩梢绿色，有稀疏茸毛。幼叶绿色，微带红色，上、下表面无茸毛，有光泽。成龄叶片心脏形，中等大，绿色，薄，平展，上表面光滑无茸毛，下表面有稀疏茸毛。叶片5裂，上裂刻深，下裂刻中等深。锯齿钝。叶柄洼拱形。叶柄长。卷须分

布不连续。枝条横断面呈扁圆形，节部浅褐色。节间浅褐色，中等长。两性花。

果实性状：果穗圆锥形带副穗，较大，穗长24.5cm，穗宽13.3cm，平均穗重430g。果粒着生中等紧密。果粒近椭圆形，紫色或紫红色，较大，纵径1.8cm，横径1.8cm，平均粒重4.53g。果皮薄，与果肉不易分离。果肉较脆，汁多，浅黄色，味酸甜。果刷中等长。每果粒含种子2~4粒，多为3粒。种子中等大，浅褐色。种子与果肉易分离，可溶性固形物含量为16%~18%。鲜食品质中等。

生物学习性：芽眼萌发率为62.5%。结果枝占芽眼总数的33.2%。每果枝平均着生果穗数为1.01个。隐芽萌发的新梢和夏芽副梢结实力均弱。4月中旬萌芽，5月中、下旬开花，7月中旬新梢开始成熟，9月初浆果成熟。从萌芽至浆果成熟需148天，此期间活动积温为3856.3℃。浆果晚熟。

品种评价

此品种为晚熟鲜食品种。也可用于酿酒，酿酒品质优良。丰产性好。耐储运性较强。抗寒、抗旱和抗病力均较好。棚、篱架栽培均可，宜多主蔓扇形整形，以中梢修剪为主。多用于庭院栽培。

48 康百万葡萄1号

Kangbaiwanputao 1

调查地点 河南省郑州市巩义市康百万景区

植物学信息

植株情况：植株生长势强。

植物学特征：嫩梢绿色。幼叶黄绿色，叶缘带粉红色，上表面无光泽，下表面密生茸毛。成龄叶片心脏形或近圆形，大，绿色，主要叶脉绿色，上表面粗糙，下表面密生毡状毛。叶片3或5裂；上裂刻浅或中等深，下裂刻浅或无。锯齿锐。新梢上分泌有珠状腺体。卷须分布不连续。两性花。四倍体。

果实性状：果穗圆锥形，大，穗长21cm，

穗宽 13cm，平均穗重 510g，最大穗重 700g。果穗大小整齐，果粒着生中等紧密。果粒椭圆形，黄绿色，极大，纵径 3.3cm，横径 2.6cm，平均粒重 13.2g，最大粒重 15.4g。果粉中等厚。果皮中等厚韧，无涩味。果肉较脆，汁多，味甜。每果粒含种子 1~4 粒，多为 2 粒。种子中等大，褐色，种脐大且凹陷，喙长而粗。种子与果肉易分离，可溶性固形物含量为 16.4%。鲜食品质中上等。

生物学习性：结果枝占芽眼总数的 43.0%。每果枝平均着生果穗数为 1.3 个。夏芽副梢结实力强。早果性好。正常结果树产果 25000kg/hm²（1.5m×4m，小棚架）。5 月 4 日萌芽，6 月 15 日开花，10 月 5 日浆果成熟。从萌芽至浆果成熟需 155 天，此期间活动积温为 3020℃。浆果晚熟。抗寒、抗涝和抗病虫性强。

品种评价

此品种为晚熟鲜食品种。果粒极大，颇引人喜欢。耐寒，耐湿。抗病。丰产。进入结果期早，定植第二年即开始结果。果肉硬，耐压力强，为 2003.2g，果柄脱离果粒的拉力为 434g。不耐储藏，储藏过程中易脱粒。浆果成熟时易遭蜂害，可套袋预防。负载量大时着色差，应控制产量、疏花疏果。适合在温暖、生长季节长的地区种植。宜棚架栽培，以中梢为主的长、中、短梢混合修剪。

49　顺德府葡萄　Shundefuputao

调查地点　河北省邢台市桥东区镇南长街村书班营一巷六号院

植物学信息

植株情况：植株生长势强。

植物学特征：100 年生。扦插繁殖。树势强，无固定树形。架式为自由攀附，在当地不埋土越冬。最大干周达 40cm。嫩梢灰绿色，带粉红色。幼叶灰绿色，带红色晕，上表面有光泽，下表面茸毛多。成龄叶片近圆形，大，深绿色，主要叶脉棕褐色，下表面有浓密毡状茸毛。叶片全缘或 3 裂，上裂刻浅。锯齿钝，圆顶形。叶柄洼窄拱型。叶柄短、粗，棕褐色。卷须分布不连续，短，不分叉。雌能花。二倍体。

果实性状：果穗圆锥形，有副穗，中等偏小，穗长 12cm，穗宽 11cm，平均穗重 230g，最大穗重 380g。果穗大小整齐，果粒着生中等紧密。果粒纵径 2.7cm，横径 2.5cm，平均粒重 4.9g，最大粒重 6g。果粉厚。果皮厚、韧，微涩。果肉软，有肉囊，汁少，味甜酸，有草莓香味。每果粒含种子 2~4 粒，多为 2 粒。种子梨形，大，深褐色，种脐不突出。种子与果肉较难分离，可溶性固形物含量为 17.5%，可滴定酸含量为 1.35%。

生物学习性：隐芽萌发力弱，副芽萌发力强。芽眼萌发率为 59.4%，枝条成熟度良好。结果枝占芽眼总数的 95.0%。每果枝平均着生果穗数为 1.6 个，有的果枝能结 3~4 穗果。早果性强。一般定植第 2~3 年开始结果。正常结果树产果 15000kg/hm²（0.5m×0.8m×5m，双篱架）。5 月 8 日萌芽，6 月 9 日开花，8 月 13 日新梢开始成熟，9 月 28 日浆果成熟。从萌芽至浆果成熟需 144 天，此期间活动积温为 2734℃。浆果晚熟。抗涝、抗寒，芽眼抗早霜力强。抗白腐病、白粉病。

品种评价

此品种为晚熟鲜食、制汁兼用品种。穗、粒整齐美观。耐储运。结果系数高，产量高。适应性强，易栽培。雌能花品种，栽培时需配植授粉品种。可在全国各葡萄产区种植。宜小棚架栽培，以中、短梢修剪为主。

50　头道沟黑珍珠

Toudaogouheizhenzhu

调查地点　河南省辉县市上八里镇上八里村头道沟

植物学信息

植株情况：藤本植物。植株生长势较强，枝条密度较密。

植物学特征：梢尖闭合，淡绿色，带紫红色，有极稀疏茸毛。幼叶黄绿色，带浅褐色，上表面有光泽，下表面有稀疏茸毛。成龄叶片心脏形，中等大，绿色，上表面无皱褶，下表面无茸毛。叶片3裂，上裂刻深，闭合，基部"U"形；下裂刻浅，开张，基部"V"形。锯齿一侧凸一侧直。叶柄洼宽拱形，基部"U"形。新梢生长直立，无茸毛。新梢节间背侧绿色微具红色条纹，腹侧绿色。冬芽绿色，着色浅。枝条浅褐色，节部暗红色。节间中等长，中等粗。两性花。二倍体。

果实性状：果穗圆锥形间或带小副穗，大，穗长10.5cm，穗宽4.5cm，平均穗重20.0g，最大穗重25g。果穗圆锥形，单歧肩，穗梗长3cm；果粒着生紧密度中等。果粒圆形，蓝黑色，小，纵径0.8cm，横径0.8cm。平均粒重0.35g。果粉厚。果皮厚，脆。果肉颜色极深，果肉质地软，汁少，味酸甜，有玫瑰香味。果形整齐度中等；每果粒含种子2~4粒，多为3粒。种子与果肉易分离。可溶性固形物含量为13.0%~14.2%。

生物学习性：4月15~18日萌芽，5月15日开花，8月25日浆果成熟。从萌芽至浆果成熟需150天，此期间活动积温为3286.1℃。浆果晚熟。抗逆性中等。抗虫力中等。

品种评价

此品种为中晚熟鲜食品种。也可用于制罐。产量高，品质一般。耐储存。丰产。常规防治病虫害即可。适应性强。

51 三籽葡萄 Sanziputao

调查地点 河南省辉县市上八里镇上八里村头道沟

植物学信息

植株情况：藤本植物。植株生长势较强。枝条密度较密。

植物学特征：梢尖闭合，淡绿色，带紫红色，有极稀疏茸毛。幼叶黄绿色，带浅褐色，上表面有光泽，下表面有稀疏茸毛。成龄叶片心脏形，中等大，绿色，上表面无皱褶，下表面无茸毛。新梢生长直立，无茸毛。卷须分布不连续，中等长，3分叉。新梢节间背侧绿色微具红色条纹，腹侧绿色。冬芽绿色，着色浅。枝条浅褐色，节部暗红色。节间中等长，中等粗。两性花。二倍体。

果实性状：果穗圆锥形间或带小副穗，大，穗长8.3cm，穗宽6.5cm，平均穗重19.0g，最大穗重23g。果穗分枝形，单歧肩；副穗有，穗梗长3cm；果粒着生紧密度极稀疏。果粒圆形，紫红色，小，纵径0.9cm，横径0.9cm。平均粒重0.30g。果粉厚。果皮厚，脆。果肉颜色深，果肉质地软，汁少，味酸甜，有玫瑰香味。果形整齐度中等；每果粒含种子2~4粒，多为3粒。种子与果肉易分离。可溶性固形物含量为12.0%~13.5%。

生物学习性：4月15~18日萌芽，5月18日开花，7月26日浆果成熟。从萌芽至浆果成熟需130天，此期间活动积温为2886.1℃。浆果晚熟。抗逆性中等。抗虫力中等。

品种评价

此品种为中熟鲜食品种。也可用于制罐。产量高，品质一般。耐储存。丰产。常规防治病虫害即可。适应性强。

附录(一)　申请葡萄新品种审定与新品权流程

新品种的培育可为我国葡萄产业的发展提供基本保障。葡萄产业的健康发展离不开新品种的选育、保护与推广。在植物新品种权申请保护方面,我国于1997年3月20日颁布《中华人民共和国植物新品种保护条例》,标志着我国植物新品种保护制度的建立。之后,随着农业产业的发展,种质创新水平的提升,以及农业部、国家林业和草原局局发布的植物保护名录中物种数量的增多,植物新品种权的申请数量也在逐年增加,截止2016年底,农业部已连续发布10批保护名录,涉及的植物属、种达到138个。同时,我国农业植物新品种权总申请量超过1.8万件,总授权量超过8000件。我国植物新品种的保护进入了新阶段。葡萄在世界果树生产中占有重要位置,目前葡萄栽培面积超过柑橘,位居第一。近些年来,世界各国均加大了葡萄品种的选育,培育出大量的新品种,国际葡萄品种目录(Vitis International Variety Catalogue, VIVC, http://www.vivc.de/)中共登录了84个国家及地区146个研究所保存的24400份葡萄种质资源信息,其中法国登陆的品种最多,有5612份。目前,我国收集与保存的栽培及野生葡萄品种共有2000余个。我国是葡萄属植物的起源中心之一,也是东亚种群的集中分布区,丰富的种质资源为育种工作提供了珍贵的材料。1959~2015年间,我国共选育出316个葡萄新品种,其中鲜食葡萄品种最多,占到了70%以上。我国正在向葡萄育种大国的方向迈进。因此,了解葡萄新品种登记与新品种权申请流程对于提高新品种选育、推广效率具有重要意义。针对各地审定的农作物种类不统一,一些农作物在部分省是主要农作物,而在其他省则属于非主要农作物,造成市场监管等工作无法统一协调的混乱现象,2016年农业部对《种子法》进行修订,缩小了主要农作物品种审定范围(目前仅有稻、小麦、玉米、棉花、大豆五种),同时出台了新的《非主要农作物品种登记办法》(下文简称新《办法》),将非主要农作物品种的管理置于法律规范约束之下。在以往的农作物品种审定中,我国对审定品种的特异性、一致性、稳定性(即DUS测试指标)要求并不高,而在新修订的《种子法》及出台的新《办法》中,我国对新品种的稳定性测试指标的审核较为严格。本文以葡萄为例,重点介绍非主要农作物新品种的登记与新品种权的申报流程。

葡萄新品种登记流程及注意事项

(1)葡萄新品种试验过程

葡萄新品种主要通过芽变育种、杂交育种等方式获得。新获得的品种在进行登记、推广前,还需进行区域试验与生产试验,获得新葡萄品种在不少于2个正常结果周期或正常生长周期(试验点数量与布局应当能够代表拟种植的适宜区域)中表现出的适应性、稳定性等信息,以保护品种的真实性,防止一品多名等现象的发生。葡萄在进行区域试验与生产试验后,除委托相关单位出具生产证明等材料外,还需进行葡萄品种特性的相关调查与试验。具体调查内容包括品种适应性、品质分析、抗病性鉴定、转基因检测、品种的 DUS 测试(特异性、一致性、稳定性测试报告)等,相关调查可由具有研发能力的育种单位自行开展,或委托其他机构进行,并出具相关证明材料。目前,农业部认定的葡萄抗性鉴定机构有 1 家,为中国农业科学院郑州果树所;品质分析机构 2 家,包括中国农业科学院郑州果树所、农业部果品及苗木质量监督检验测试中心(兴城);DUS 测试机构为郑州测试站。

(2)葡萄新品种的登记流程

葡萄新品种的登记须严格遵循农业部《非主要农作物品种登记办法》。农业部主管全国非主要农作物品种登记工作,制定、调整非主要农作物登记目录和品种登记指南,建立全国非主要农作物品种登记信息平台(以下简称品种登记平台),具体工作由全国农业技术推广服务中心承担。省级人民政府农业主管部门负责品种登记的具体实施和监督管理,受理品种登记申请,对申请者提交的申请文件进行书面审查。

材料准备

对于新培育的品种,申请者应按照品种登记指南要求准备材料,具体包括葡萄品种登记申请表;申请者法人登记证书(单位)或身份证(个人)复印件;品种选育情况说明;品种特性说明和相关证明材料,包括品种适应性、品质分析、抗病性鉴定、转基因检测报告等;特异性、一致性、稳定性测试报告;种子、植株及果实等实物彩色照片;品种权人的书面同意材料;其他需要提供的材料等。

新选育的品种说明内容主要包括品种来源以及亲本血缘关系、选育方法、选育过程、特征特性描述,栽培技术要点等。对单位选育的品种,选育单位在情况说明上盖章确认;个人选育的,选育人签字确认。新品种的适应性证明材料根据不少于 2 个正常结果周期或正常生长周期(试验点数量与布局应当能够代表拟种植的适宜区域)的试验,如实描述以下内容:品种的形态特征、生物学特性、产量、品质、抗逆性、适宜种植区域(县级以上行政区),品种主要优点、缺陷、风险及防范措施等注意事项。新品种的品质分析要根据分析的结果,如实描述品种的可溶性固形物、可滴定酸含量、单粒重、浆果颜色、香味类型等。抗性鉴定要对品种的主要病害、逆境的抗性,在田间自然条件下或人工控制条件下进行鉴定,并如实填写鉴定结果。转基因成分检测要根据转基因成分检测结果,如实说明品种是否含有转基因成分。葡萄 DUS 测试报告依据《植物品种特异性、一致性和稳定性测试指南——葡萄》(NY/T 2563)进行测试、填写。

申请、受理及系统填报

申请者应当在中国种业信息网“全国种子管理综合业务平台”的非主要农作物品种登记管理系统(http://202.127.42.47:8015/admin.aspx)进行实名注册,并提出登记申请。完成网上实名注册和登记申请后,向所在省农业委员会提交纸质申请材料,同时提供有关材料原件以备核查，完成新品种申请过程。省级农业主管部门对申请材料齐全、符合法定形式，或者申请者按照要求提交全部补正材料的，予以受理。申请者进入"全国种子管理综合业务平台"后，进入品种登记系统(图1)，按照要求注册，填写新品种申请表并上传相关附件材料。省级农业主管对申请者提交的申请进行书面审查，符合要求的，将审查意见上报系统中的上级单位(操作系统可见)。经审查不符合要求的，书面通知申请者并说明理由。申请材料通过省级农业主管审核后，申请者应及时向葡萄种质库(中国农业科学院郑州果树所)提交自根苗木(一年生插条)样品。每品种样品自根苗数量不少于 10 株，或一年生插条数量不少于 50 芽，苗木质量依据《葡萄苗木》(NY/T 469)规定。送交的样品，必须具有遗传性状稳定、与登记品种性状完全一致、未经过药物处理、无检疫性有害生物、质量符合农业行业苗木质量标准。在提交样品时，申请者必须附签字盖章的苗木(插条)样品清单，并承诺提交样品的真实性。申请者必须对其提供样品的真实性负责，一旦查实提交不真实样品的，须承担因提供虚假样品所产生的一切法律责任。样品提交成功后，系统中的申报材料会上报农业部进行复核，全国农技中心会提出审批意见，审批通过或驳回后，数据将流转至申请者系统。申请者登记申请数据在部级审批成功，样品入库合格情况下，农业部会对新品种进行公告。

领取证书

新品种登记成功后，可领取品种证书。登记编号格式为：GPD+作物种类+(年号)+2 位数字的省份代号+4 位数字顺序号。证书领取方式有两种，一种为现场领取，带齐身份证原件、复印件和单位介绍信直接到审批大厅领取。第二种为快递邮寄，邮寄身份证复印件、单位介绍信到审批大厅，审批大厅签收后，寄送登记证书给申请者。证书领取后，新品种登记结束，可对新品种进行扩繁并销售。

葡萄新品种权申报流程

为保护育种者的知识产权，提高育种效率，有必要开展葡萄新品种权的申报工作。我国农业部和国家林业局分别下设新品种保护办公室，负责植物新品种权的申报。葡萄属于藤本果树，其新品种申报流程由农业部负责。自授权之日起，葡萄等藤本植物、林木、果树和观赏树木的保护期限为 20 年，其他植物为 15 年。

申请的条件及文件准备

申请授予葡萄新品种权的品种要具备以下基本条件：申请的植物新品种应当在国家公布的植物新品种保护名录范围内，且具有新颖性、特异性、一致性、稳定性和适应性等特征。新颖性主要指申请品种权的葡萄新品种在申请日之前，该品种的繁殖材料未被销售过，或经过育种者许可，在中国境内销售该品种的繁殖材料未超过 1 年，在境外销售该品种繁殖材料未超过 6 年，而特异性、一致性与稳定性主要与 DUS 测试指标相对应，反映葡萄新品种的特征。在申请葡萄新品种权前需准备选育说明书、系谱图、照片及简要说明等文件。选育说明书中主要包括育种背景、育种过程、新品种新颖性、特异性、一致性和稳定性说明、品种适于生长环境描述及栽培技术说明等信息。

葡萄新品种权申请流程

申报者在农业品种权申请系统（http：//www. online. cnpvp. cn/Index. aspx）进行葡萄新品种权的在线申报。新申请的申报材料包括《请求书》《说明书》（包括对应属种的技术问卷信息）、《照片及简要说明》以及其他应该提交的附件。在线申报采用网页表单填写申请材料，填写成功并提交后，农业部植物新品种保护办公室会对申请材料进行在线审核。审查员根据《农业部植物新品种保护条例》和《农业部植物新品种保护实施细则（农业部分）》对申请人提交的新品种的格式、名录、命名等内容进行审核，如审核通过，生成加水印的 PDF 申请文件，申请人可以将该文件进行打印，将纸质版提交到保护办公室直接受理。如果审核不通过，审查员会将不通过原因反馈给申请人，申请人根据不通过原因对申请文件进行修改，修改后重新提交直到审核通过为止。初审合格后，植物新品种保护办公室会发布申请公告，随后，审批机关依据申请文件和其他有关书面材料进行实质审查，审查方式为书面审查、集中的大田或保护地测试和现场考察 3 种形式。在考察中，无论是田间和温室的种植测试，还是审查员或专家的现场考察，均需提交 DUS 测试报告，如果全部符合了 DUS 三性的要求，则会授予葡萄新品种权并颁发品种权证书，同时予以登记和公告。至此，葡萄新品种权便获得成功申报。

附录(二) 葡萄品种列表

葡萄品种列表

编号	名称	编号	名称	编号	名称	编号	名称
1	郑佳	28	北玺	55	园金香	82	香妃
2	水晶红	29	北紫	56	园红玫	83	艳红
3	超宝	30	北香	57	园绿指	84	早玛瑙
4	贵园	31	新北醇	58	园脆香	85	早玫瑰香
5	黑佳酿	32	京超	59	园红指	86	紫珍珠
6	红美	33	京翠	60	黑美人	87	惠良刺葡萄
7	抗砧3号	34	京大晶	61	藤玉	88	美红
8	抗砧5号	35	京丰	62	园巨人	89	醉人香
9	庆丰	36	京可晶	63	园野香	90	水源1号
10	神州红	37	京蜜	64	园意红	91	水源11号
11	夏至红	38	京香玉	65	园玉	92	野酿2号
12	早莎巴珍珠	39	京秀	66	早夏香	93	甜峰1号
13	郑寒1号	40	京亚	67	园香妃	94	桂葡2号
14	郑美	41	京艳	68	东方金珠	95	桂葡3号
15	郑葡1号	42	京焰晶	69	紫金早生	96	瑶下屯
16	郑葡2号	43	京莹	70	紫金早	97	垮龙坡
17	郑艳无核	44	京优	71	瑞都科美	98	桂葡4号
18	郑州早红	45	京玉	72	爱神玫瑰	99	桂葡5号
19	郑州早玉	46	京早晶	73	翠玉	100	桂葡6号
20	朝霞无核	47	京紫晶	74	峰后	101	桂葡7号
21	早香玫瑰	48	北馨	75	瑞都脆霞	102	凌丰
22	学优红	49	百瑞早	76	瑞都红玫	103	凌优
23	北醇	50	钟山红	77	瑞都红玉	104	牛奶白
24	北丰	51	钟山翠	78	瑞都香玉	105	金田红
25	北红	52	小辣椒	79	瑞都无核怡	106	金田蜜
26	北玫	53	东方玻璃脆	80	瑞都早红	107	李子香
27	北全	54	东方绿巨人	81	瑞锋无核	108	龙眼

（续）

编号	名称	编号	名称	编号	名称	编号	名称
109	西山场1号	140	洛浦早生	171	宿晓红	202	早甜玫瑰香
110	西山场2号	141	玫瑰红	172	玫野黑	203	华葡1号
111	宝光	142	牡山1号	173	紫玫康	204	岳红无核
112	超康丰	143	凤凰葡萄	174	白玫康	205	沈87-1
113	超康美	144	关口葡萄	175	瑰香怡	206	红鸡心
114	超康早	145	壶瓶山1号	176	巨紫香	207	托县葡萄
115	春光	146	紫罗兰	177	康太	208	内醇丰
116	峰光	147	湘酿1号	178	夕阳红	209	内京香
117	红标无核	148	紫秋	179	香悦	210	红十月
118	蜜光	149	左山一	180	状元红	211	大玫瑰
119	无核8612	150	左山二	181	紫珍香	212	巨星
120	无核早红(8611)	151	北国红	182	醉金香	213	早熟玫瑰香
121	霞光	152	北国蓝	183	碧玉香	214	玉波一号
122	月光无核	153	北冰红	184	着色香	215	玉波二号
123	金田0608	154	双丰	185	紫丰	216	丰香
124	金田翡翠	155	双红	186	凤凰12号	217	紫地球
125	金田无核	156	双庆	187	凤凰51号	218	大粒六月紫
126	金田蓝宝石	157	双优	188	黑瑰香	219	六月紫
127	金田玫瑰	158	雪兰红	189	晨香	220	红翠
128	金田美指	159	左红一	190	辽峰	221	红玫香
129	秦龙大穗	160	左优红	191	蜜红	222	金龙珠
130	紫脆无核	161	公酿1号	192	巨玫瑰	223	绿宝石
131	紫甜无核	162	公酿2号	193	早霞玫瑰	224	夏紫
132	中秋	163	公主白	194	沈农脆峰	225	红双星
133	巨玫	164	公主红	195	神农金皇后	226	红旗特早玫瑰
134	爱博欣1号	165	通化3号	196	沈农硕丰	227	泽香
135	红乳	166	通化7号	197	沈农香丰	228	烟葡1号
136	早红珍珠	167	碧香无核	198	沈香无核	229	趵突红
137	康百万无核白	168	绿玫瑰	199	光辉	230	脆红
138	仲夏紫	169	吉香	200	黑山	231	翡翠玫瑰
139	峰早	170	南太湖特早	201	山玫瑰	232	丰宝

（续）

编号	名称	编号	名称	编号	名称	编号	名称
233	贵妃玫瑰	263	黑鸡心	294	大粒无核白	325	秋马奶子
234	黑香蕉	264	瓶儿葡萄	295	长穗无核白	326	赛勒克阿依
235	红莲子	265	马峪乡葡萄1号	296	特优1号	327	索索葡萄
236	红双味	266	马峪乡葡萄2号	297	新葡7号	328	微红白葡萄
237	红香蕉	267	马峪乡葡萄3号	298	昆香无核	329	新葡1号
238	红玉霓	268	马峪乡葡萄4号	299	水晶无核	330	伊犁香葡萄
239	红汁露	269	马峪乡葡萄5号	300	紫香无核	331	于田白葡萄
240	梅醇	270	马峪乡葡萄6号	301	绿翠	332	假卡
241	梅浓	271	马峪乡葡萄7号	302	新雅	333	红木纳格
242	梅郁	272	马峪乡葡萄8号	303	新郁	334	大马奶
243	泉白	273	礼泉超红	304	绿葡萄	335	早熟绿葡萄
244	泉醇	274	紫提988	305	绿木纳格	336	谢克兰格
245	泉丰	275	户太8号	306	红马奶	337	黑油葡萄
246	泉晶	276	户太9号	307	红葡萄	338	云葡1号
247	泉龙珠	277	户太10号	308	圆白	339	云葡2号
248	泉莹	278	早玫瑰	309	白布瑞克	340	天工翡翠
249	泉玉	279	媚丽	310	白达拉依	341	天工墨玉
250	山东早红	280	沪培1号	311	白马奶	342	天工玉柱
251	烟74号	281	沪培2号	312	白葡萄	343	鄌红
252	6-12（又名莒葡1号）	282	沪培3号	313	长无核白	344	早甜
		283	华佳8号	314	大无核紫	345	宇选1号
253	瑰宝	284	申爱	315	哈什哈尔	346	玉手指
254	晶红宝	285	申宝	316	和田红(微红型)		
255	丽红宝	286	申丰	317	和田红(紫红型)		
256	玫香宝	287	申华	318	和田绿		
257	秋黑宝	288	申秀	319	黑布瑞克		
258	秋红宝	289	申玉	320	黑葡萄		
259	晚黑宝	290	红亚历山大	321	红达拉依		
260	无核翠宝	291	早夏无核	322	假黄葡萄		
261	早黑宝	292	蜀葡1号	323	墨玉葡萄		
262	晚红宝	293	牛奶	324	平顶黑		

地方品种

编号	名称	编号	名称	编号	名称	编号	名称
1	瑶下屯葡萄	14	十里 3 号	27	罗家溪高山 2 号	40	茨中教堂
2	垮龙坡葡萄	15	关口葡萄 1 号	28	白葡萄 2 号	41	洪江无名刺葡萄
3	红柳河葡萄	16	壶瓶山 1 号	29	红色米葡萄	42	关口葡萄 2 号
4	伊宁 1 号	17	高山 2 号	30	中方 1 号	43	春光龙眼葡萄
5	塔什库勒克 1 号	18	假葡萄	31	中方 2 号	44	宣化马奶
6	塔什库勒克 2 号	19	紫罗玉	32	会同 1 号	45	宣化玫瑰香
7	塔什库勒克 3 号	20	高山 1 号	33	会同米葡萄	46	昌黎马奶
8	伊宁 2 号	21	湘珍珠	34	塘尾葡萄 1 号	47	昌黎玫瑰香
9	伊宁 3 号	22	洪江 1 号	35	塘尾葡萄 2 号	48	康百万葡萄 1 号
10	伊宁 4 号	23	楼背冲米葡萄	36	玉山水晶葡萄	49	顺德府葡萄
11	羌纳乡葡萄	24	洪江 2 号	37	玫瑰蜜	50	头道沟黑珍珠
12	十里 1 号	25	洪江 3 号	38	云南水晶	51	三籽葡萄
13	十里 2 号	26	白葡萄 1 号	39	红玫瑰		

参考文献

材树橘 . 2010. 无核葡萄新品种——'绿宝石'[J]. 科技致富向导,(4):21-21.

曹尚银,谢深喜,房经贵 . 中国葡萄地方品种图志[M]. 北京:中国林业出版社 .

岑建德 . 1985. 酒用山葡萄新品种——'左山一'[J]. 农业技术经济,(8):16-16.

陈虎,边凤霞 . 2013. 葡萄极早熟新品种'绿翠'的选育[J]. 中国果树,(1):3-4.

陈虎 . 2001. 优良无核制干葡萄新品种'新葡3号'[J]. 新疆农业科技,(3).

陈辉,陈国权,白庆武 . 1993. 优良抗寒鲜食葡萄新品种'玫瑰红'[J]. 园艺学报,(2):205-206.

陈继峰,刘崇怀,孔庆山,等 . 1999. 优良制汁、酿造调色葡萄品种——'赤汁露'[J]. 中外葡萄与葡萄
酒,(3):41-42.

陈景隆 . 1994. 葡萄新品种——'夕阳红'[J]. 新农业,(2):23-23.

陈俊,唐晓萍,李登科,等 . 2001. 早熟大粒优质葡萄新品种——'早黑宝'[J]. 园艺学报,28(3):
277-277.

陈俊,唐晓萍,马小河,等 . 2007. 中晚熟葡萄新品种——'秋红宝'[J]. 果农之友,24(12):11-11.

陈美辰 . 2014. '金田'系列葡萄新品种的比较[D]. 秦皇岛:河北科技师范学院 .

陈镇泉,陈君琛,蔡东征 . 1995. 葡萄新品种——'无核8612'[J]. 东南园艺,(4):52-52.

程建徽,魏灵珠,向江,等 . 2019. 无核葡萄新品种'天工翡翠'的选育[J]. 果树学报,36(02):124
-126.

程建徽,吴江 . 2013. 鲜食葡萄新品种——'玉手指'[J]. 中国果业信息,(8):5-5.

崔鹏 . 2012. 鲜食葡萄新品种'鄞红'的遗传分析及其生物学特性研究[D]. 杭州:浙江大学,

崔腾飞,王晨,吴伟民,等 . 2018. 近10年来中国葡萄新品种概况及其育种发展趋势分析[J]. 江西农
业学报,2018(3).

单振富 . 2011. 山葡萄新品种'牡山1号'的选育[J]. 中国果业信息,(5):3-6.

邓定洪 . 2000. 两个葡萄新品种——特早熟的'大粒六月紫'[J]. 农家顾问,(11):17-18.

邓定洪 . 2006. 葡萄新品种——'早甜葡萄'[J]. 北京农业,(12):33-33.

董志刚,李晓梅,谭伟,等 . 2015. 晚熟葡萄新品种'晚黑宝'优质丰产栽培技术[J]. 中国果树,(6):
71-73.

樊秀彩,孙海生,李民,等 . 2011. 葡萄砧木新品种'抗砧3号'[J]. 果农之友,38(8):1207-1208.

樊秀彩 . 2011. 葡萄砧木新品种——'抗砧5号'的选育[J]. 中国果业信息,28(9):735-736.

范邦文,张浦亭 . 1985. 我校培育的葡萄新品系——'白玫康''紫玫康''玫野黑'的生物学特性及评
价[J]. 江西农业大学学报,(4).

范培格,黎盛臣,王利军,等 . 2010. 葡萄酿酒新品种'北红'和'北玫'的选育[J]. 中国果树,(4):5-8.

范培格,黎盛臣,杨美容,等 . 2007. 极晚熟制汁葡萄新品种'北香'[J]. 园艺学报,34(1):259-259.

范培格,黎盛臣,杨美容,等 . 2007. 晚熟制汁葡萄新品种'北紫'[J]. 果农之友,33(3):001404-1404.

范培格,李绍华 . 2007. 优质晚熟制汁葡萄新品种'北丰'[J]. 农村百事通,(15).

范培格,李绍华 . 2015. 酿酒葡萄新品种——'北馨'[J]. 中国果业信息,42(3):395-396.

范培格,王利军,吴本宏,等 . 2015. 晚熟酿酒葡萄新品种'新北醇'[J]. 中国果业信息,42(19):
1205-1206.

范培格,杨美容,王利军,等.2009.葡萄极早熟和早熟新品种'京蜜''京翠'和'京香玉'的选育[J].中国果树,(2).

范培格,杨美容,王利军,等.2009.优质极早熟葡萄新品种'京蜜'[J].果农之友,(1):13-13.

范培格,杨美容,王利军,等.2009.优质早熟葡萄新品种'京翠'[J].果农之友,39(2):56-56.

范仲先.2009.冬天采摘的葡萄——'红木纳格'[J].技术与市场,(12):151-151.

房经贵,刘崇怀.2014.葡萄分子生物学[M].北京:科学出版社.

房经贵,刘崇怀.2014.葡萄遗传育种与基因组学[M].南京:江苏科学技术出版社.

房耀兰,何宁.1993.'公主白'葡萄新品种选育[J].中外葡萄与葡萄酒,(3):20-21.

高林华,吕玉里,徐景富,等.2013.鲜食'红乳'葡萄新品种特性及栽培技术[J].中国园艺文摘,(5):194-195.

高文胜.2006.葡萄极早熟新品种'红双星'[J].果农之友,(1):15-15.

顾红,刘崇怀.2015.葡萄早熟新品种——'庆丰'[J].中国果业信息,(10):62-62.

郭修武,郭印山,李坤,等.2015.葡萄新品种——'沈农脆丰'的选育[J].果树学报,(6):1289-1290.

郭修武,李成祥,郭印山,等.2010.大粒抗病葡萄新品种'沈农硕丰'[J].园艺学报,37(11).

郭印山,李轶辉.2011.优质抗病葡萄新品种'沈农香丰'[J].落叶果树,37(5):2031-2032.

韩玉波,高文胜.2010.优良晚熟葡萄新品种'紫地球'[J].农业知识,(2):19-19.

韩玉波,韩鹏,高文胜,等.2017.中晚熟鲜食大粒葡萄新品种'玉波一号'和'玉波二号'的选育[J].中国果树,(5):73-75.

郝燕,李红旭,杨瑞,等.2011.葡萄新品种——'醉人香'的选育[J].果树学报,(5).

郝燕,杨瑞,王玉安,等.2016.葡萄新品种——'美红'的选育[J].果树学报,(6):766-769.

河北农大农学院葡萄课题组.2003.四倍体葡萄新品种——'巨玫'[J].中国农业科技导报,5(5):98-98.

河北省农林科学院昌黎果树研究所.2018.葡萄新品种'春光''蜜光''宝光''峰光'通过河北省品种审定[J].河北果树,151(01):2.

贺普超,罗国光.1994.葡萄学[M].北京:中国农业出版社.

皇甫淳,张辉,修荆昌,等.1994.'双优'两性花山葡萄新品种选育研究[J].中外葡萄与葡萄酒,(4):51-53.

黄凤珠,彭宏祥,陆贵锋,等.2015.毛葡萄杂交后代——'桂葡2号'的选育[J].果树学报,(1):166-168.

黄凤珠,彭宏祥,朱建华,等.2006.酿酒葡萄新品种——'凌优'[J].果农之友,(9):12-12.

见闻.2011.'户太10号'葡萄品种[J].北京农业,(31):22-23.

姜建福,刘崇怀.2010.葡萄新品种汇编[M].北京:中国农业出版社.

姜建福,孙海生,刘崇怀,等.2010.2000年以来中国葡萄育种研究进展[J].中外葡萄与葡萄酒,34(3):60-65.

姜建福.2015.早熟鲜食葡萄新品种'贵园'[J].北方果树,41(1):2353-2354.

姜绍臣,孔祥杰.2011.'京秀'葡萄温室栽培管理技术[J].农村科学实验,(11):22-23.

蒋爱丽,李世诚,金佩芳,等.2007.胚培无核葡萄新品种——'沪培1号'的选育[J].果树学报,24(3):402-403.

蒋爱丽,李世诚,杨天仪,等.2008.无核葡萄新品种——'沪培2号'的选育[J].果树学报,25(4):53-53.

蒋爱丽,李世诚,杨天仪,等.2009.鲜食葡萄新品种——'申宝'的选育[J].果树学报,(6).

蒋爱丽,奚晓军,程杰山,等.2014.早熟葡萄新品种——'申爱'的选育[J].果树学报,31(2):000335-2.

蒋爱丽,奚晓军,田益华,等.2015.无核葡萄新品种——'沪培3号'的选育[J].果树学报,(6).

蒋爱丽.2007.优质大粒四倍体葡萄新品种'申丰'[J].中国果业信息,(12).

蒋爱丽.2010.鲜食葡萄新品种——'申宝'的选育[J].中国果业信息,(2).

蒋爱丽.2011.葡萄新品种——'申华'的选育[J].中国果业信息,28(12):936-937.

金桂华.2013.葡萄鲜食中熟新品种'巨紫香'[J].北方果树,(2):60-60.

金佩芳,李世诚,蒋爱丽,等.1996.早熟大粒葡萄新品种'申秀'的选育研究[J].中外葡萄与葡萄酒,(4):12-15.

金石.1991.两个葡萄新品种——'京早晶'和'京丰'[J].专业户,(5):38-38.

孔庆山.2004.中国葡萄志[M].北京:中国农业科学技术出版社.

冷翔鹏,刘崇怀,房经贵,等.2011.'巨峰'葡萄系谱的SSR与RAPD分析[J].西北植物学报,31(8):1560-1566.

黎盛臣,文丽珠,张凤琴,等.1983.抗寒抗病葡萄新品种——'北醇'[J].植物学报,1(2):28-30.

李恩彪,陈殿元,王淑贤,等.2008.葡萄新品种'碧香无核'[J].园艺学报,(4):619-619.

李恩彪,宁盛,李新江,等.2016.葡萄新品种'绿玫瑰'[J].期刊,41(04):71-71.

李光.2011.葡萄新品种'蜀葡1号'通过审定[J].农村百事通,(18):13-13.

李民.2017.发展前景看好的早熟葡萄新品种'郑美'[J].农家科技,(6):10-10.

李世诚,金佩芳,李宏义,等.1989.一个新的制汁葡萄品种——'紫玫康'[J].上海农业学报,(3):9-14.

李文栋,于金红,郭宝林,等.2013.葡萄极早熟鲜食新品种'爱博欣一号'的选育[J].中国果树,(2):67-67.

李秀杰,韩真,李晨,等.2016.葡萄新品种'红玫香'的选育及栽培技术要点[J].落叶果树,48(5):35-36.

李秀珍,张国海,李学强,等.2014.早熟葡萄新品种——'峰早'的选育[J].果树学报,31(3):517-519.

李翊远,唐淑梅,刘亚平.1987.葡萄新品种——'早玛瑙''紫珍珠''翠玉'和'艳红'[J].华北农学报,(3).

李意坚,徐卫东,刘玉风,等.2015.葡萄新品种——'藤玉'的选育[J].中国野生植物资源,(6):73-75.

梁山.2011.鲜食葡萄新品种'黑香蕉'及其栽培技术[J].新农村,(8):24-25.

林玲,张瑛,谢大理,等.2016.葡萄新品种'桂葡4号'选育及其栽培技术[J].南方农业学报,47(5).

林艳芝,杨立柱.2010.葡萄新品种'碧玉香'的选育[J].北方果树,(2).

刘崇怀,樊秀彩,姜建福,等.2016.鲜食葡萄新品种'郑葡1号'的选育[J].果树学报,(8).

刘崇怀,樊秀彩,李民,等.2015.早熟无核葡萄新品种'郑艳无核'[J].园艺学报,34(3):595-596.

刘崇怀,樊秀彩,张亚冰,等.2016.鲜食葡萄新品种'红美'的选育[J].果树学报,(11):1456-1459.

刘崇怀,孔庆山,潘兴.2002.我国鲜食葡萄育种的种质基础与种质创新[J].果树学报,19(4):256-261.

刘崇怀,马小河,武岗.2014.中国葡萄品种[M].北京:中国农业出版社.

刘崇怀 . 2012, 中国葡萄属(*Vitis* L.)植物分类与地理分布研究[D]. 郑州:河南农业大学 .

刘洪宝,徐善芳,谭欣刚 . 2002. 鲜食酿造兼用种——'丰香'的选育报告[J]. 宁夏科技,(1):41-41.

刘俊,崔协成 . 1995. 果树新品种介绍[J]. 现代农业,(9):11-11.

刘令江,蔡凤臣 . 2004 . 极早熟葡萄新品种——'早红珍珠'[J]. 河北果树,(4):45-45.

刘三军,蒯传化,刘崇怀,等 . 2009. 葡萄极早熟大粒新品'夏至红'的选育[J]. 中国果树,(1):10-12.

刘三军,章鹏,宋银花,等 . 2014. 葡萄新品种——'中葡萄15号'(神州红)[J]. 河北林业科技,(5-6):211-213.

刘三军,章鹏,宋银花,等 . 2016. 葡萄晚熟新品种'水晶红'的选育[J]. 果树学报,(10):1328-1330.

路文鹏,王军,宋润刚,等 . 2000. 抗寒酿酒葡萄新品种'左红一'选育研究[J]. 中外葡萄与葡萄酒,(1):13-14.

骆强伟 . 2007. 葡萄新品种新郁[J]. 中国果树,34(6):797-797.

马春花,沙毓沧,邵建辉,等 . 2017. 葡萄新品种'云葡2号'[J]. 北方园艺,2017:168.

马春花,邵建辉,沙毓沧,等 . 2017. 葡萄新品种'云葡1号'的选育[J]. 北方园艺,(24):225-228.

马海峰,张维东,徐铭毅,等 . 2013. 葡萄极早熟新品种'早霞玫瑰'的选育[J]. 中国果树,(1):4-7.

马小河,唐晓萍,陈俊,等 . 2010. 优质中熟葡萄品种'秋黑宝'[J]. 园艺学报,37(11):1875-1876.

毛如霆 . 2016. 早熟无核葡萄新品种'朝霞无核'的选育[J]. 北方果树,(2):637-640.

孟聚星,姜建福,张国海,等 . 2018. 我国育成的葡萄新品种系谱分析[J]. 果树学报,34(04):393-409.

孟宪儒,陈亦君,张文,等 . 2018. 鲜食葡萄新品种'学优红'的选育[J]. 果树学报,35(11):124-126.

明丽 . 2016. 推荐两个葡萄新品种[J]. 农业知识(乡村季风),(4).

莫泉 . 1995. 特早熟葡萄新品种'巨星'[J]. 中国农村科技,(3):28-28.

潘兴,刘崇怀,郭景南,等 . 2006. 葡萄极早熟新品种——'超宝'[J]. 果农之友,(1):8-8.

潘永祥,何泉莹,田海燕,等 . 2010. '红十月'葡萄品种选育[J]. 宁夏农林科技,(4):10-11.

裴丹,葛孟清,董天宇,等 . 2019. 208个葡萄品种染色体倍性的流式细胞分析[J]. 中外葡萄与葡萄酒,(5):21-28.

钱开胜 . 2012. 广西选育出水果新品种17个[J]. 中国果业信息,(9):65-65.

任国慧,吴伟民,房经贵等 . 2012, 我国葡萄国家级种质资源圃的建设现状[J]. 江西农业学报,24(7):10-13.

容新民,孙桂香,张尚嘉 . 2004. 无核葡萄新品种'紫香无核'的选育[J]. 中外葡萄与葡萄酒,(4):41-42.

申青 . 2002. 极早熟葡萄新品种'红双味'及其栽培[J]. 农村百事通,(22):37-37.

施金全,王道平,江映锦 . 2017. 刺葡萄新品种'惠良'的选育及配套栽培技术[J]. 中国南方果树,(2).

时晓芳,林玲,张瑛,等 . 2016. 葡萄新品种'桂葡5号'[J]. 果农之友,42(3):5-5.

舒楠,路文鹏,张庆田,等 . 2017. 山葡萄新品种'北国红'的选育及性状调查[J]. 中外葡萄与葡萄酒,(4).

宋润刚,李伟 . 1998. 山葡萄新品种——'双红'[J]. 中国果树,(4).

宋润刚,路文鹏,郭太君,等 . 2005. 酿造干红葡萄酒新品种'左优红'[J]. 园艺学报,(4):757-757.

宋润刚,路文鹏,沈育杰,等 . 2008. 葡萄酿酒新品种'北冰红'的选育[J]. 中国果树,(5).

宋润刚,路文鹏,张庆田,等 . 2012. 山葡萄酿酒品种'雪兰红'的选育[J]. 中国果树,(5):1-5.

苏果 . 2015. '钟山翠'葡萄新品种[J]. 农家致富,(22):23-23.

苏果.2016. 葡萄新优品种——'百瑞早'[J]. 农家致富,(10):26-26.

苏果.2017. 新优葡萄品种——'早夏香'[J]. 农家致富,(6):26-26.

孙共明,谢晓青,赵跃锋,等.2010. 葡萄极早熟新品种'仲夏紫'的选育[J]. 中国果树,(3).

孙磊,闫爱玲,张国军,等.2017. 玫瑰香味葡萄新品种'瑞都科美'的选育[J]. 果树学报,(12):130-133.

孙磊,张国军,闫爱玲,等.2016. 葡萄新品种——'瑞都早红'的选育[J]. 果树学报,(1):120-123.

覃孟源.2009. 野生毛葡萄优良单株——'水源1号'[J]. 农业研究与应用,(1):58-58.

唐美玲,于良凯,刘万好,等.2013. 早熟鲜食葡萄新品种'烟葡1号'的选育[J]. 山东农业科学,45(1):128-129.

唐淑梅,李翊远,徐海英.1992. 葡萄优良新品种'爱神玫瑰'与'早玫瑰香'[J]. 中国果树,(1):5-6.

唐晓萍,陈俊,马小河,等.2016. 早熟无核葡萄新品种'无核翠宝'[J]. 期刊,39(11):53-53.

唐晓萍,董志刚,李晓梅,等.2017. 早熟四倍体葡萄新品种'玫香宝'的选育[J]. 果树学报,(01):117-120.

陶建敏.2013. 优质晚熟葡萄新品种'钟山红'[J]. 北方果树,39(1):55-55.

陶然,王晨,房经贵,等.2012. 我国葡萄育种研究概况[J]. 江西农业学报,24(6):24-30.

田冀.2003. 三个中晚熟葡萄新品种——'巨玫瑰''黑瑰香''蜜红简介'[J]. 中国南方果树,32(5):48-48.

田琴,陈虎.2002. '新葡2号'品种特性及丰产栽培技术[J]. 中外葡萄与葡萄酒,(4):42-42.

田新民,周香艳,弓娜.2011. 流式细胞术在植物学研究中和应用——检测五DNA含量和傍性水平[J]. 中国农学通报,DT(9):21-27.

王安文.2018. 葡萄新品种'早香玫瑰'的选育[J]. 中国农业文摘——农业工程,30(06):69-71.

王德生,李雪.2009. 鲜食葡萄新品种——'状元红'[J]. 新农业,(2).

王德生.1999. 葡萄新品种——'醉金香'[J]. 中国土特产,(4):28-28.

王德生.2003. 优质高产抗病鲜食葡萄新品种'瑰香怡'[J]. 山西果树,(4):49-49.

王发明.2004. 一个值得推广的优良葡萄品种——'贵妃玫瑰'[J]. 小康生活,(1):41-41.

王海波,王宝亮,史祥宾,等.2015. 抗寒抗病酿酒与砧木兼用葡萄新品种——'华葡1号'标准化生产技术规程[J]. 中外葡萄与葡萄酒,(4):31-35.

王静波,罗尧幸,桂英,等.2016. 我国葡萄染色体倍性鉴定研究进展[J]. 果农之友,(S1):3-5.

王军,宗润刚,尹立荣,等.1996. 两性花山葡萄新品种——'双丰'[J]. 园艺学报,(2):207-207.

王利军,李绍华.2015. 优质抗寒抗病酿酒葡萄新品种——'北玺'[J]. 中国果业信息,(1):59-59.

王娜,项殿芳,李绍星,等.2009. 葡萄晚熟鲜食新品种'金田0608'的选育[J]. 中国果树,(3).

王娜,项殿芳,秦子禹,等.2012. 晚熟鲜食葡萄新品种'金田美指'[J]. 果农之友,39(7):8-8.

王娜.2012. 晚熟鲜食葡萄新品种'金田美指'[J]. 北方果树,(4).

王庆贺,侯芙蓉.2009. 鲜食葡萄新品种——'辽峰'[J]. 新农业,(8):14-15.

王世平,沈玉良,张才喜,等.2008. 葡萄新品种'红亚历山大(玛斯卡特)'选育报告[J]. 中国南方果树,(3).

王文艳,王晨,陶建敏,等.2010. 中国外来引进葡萄品种命名情况分析[J]. 江西农业学报,22(11):40-44.

王西锐,王华,阮仕立.2001. 野生葡萄种质资源及其利用研究进展[J]. 中外葡萄与葡萄酒,25(2):24-26.

王玉和.1992. 葡萄新品种——'六月紫'[J]. 农业科技通讯,(10).

王玉军,张谦.2016. 优良葡萄品种'红香蕉'特征特性及栽培技术要点[J]. 现代农村科技,(6):
35-35.

魏灵珠,蔡秀芬,程建徽,等.2012. 葡萄新品种——'宇选1号'的选育[J]. 果树学报,(4).

魏灵珠,程建徽,向江,等.2018. 早熟无核葡萄新品种'天工墨玉'的选育[J]. 果树学报,(7):
898-900.

魏新科,樊秀彩,王晨,等.2019. 基于SSR标记的MCID法鉴定我国自主选育的葡萄品种[J]. 中外葡萄与葡萄酒(5):12-20.

吴景敬.1989. 早熟大粒葡萄新品种'凤凰51号'选育报告[J]. 山西果树,(2):2-4.

吴伟民,王庆莲,王西成,等.2017. 早熟无核葡萄新品种'紫金早生'的选育[J]. 果树学报,(01):
121-123.

项殿芳,李绍星,张孟宏,等.2008. 鲜食葡萄新品种'金田蜜'[J]. 园艺学报,35(7):9-9.

项殿芳.2008. 晚熟无核葡萄新品种'金田皇家无核'[J]. 果农之友,35(9):1398-1398.

项殿芳.2008. 鲜食葡萄新品种——'金田玫瑰'[J]. 农村百事通,(21).

邢英伟.2013. '早夏无核'葡萄的选育[J]. 果农之友,(2):6-6.

熊兴耀,王仁才,孙武积,等.2006. 葡萄新品种'紫秋'[J]. 园艺学报,33(5):1165-1165.

徐桂珍,陈景隆,傅波,等.1993. 早熟鲜食葡萄新品种——'康太'[J]. 北方果树,(1):11-13.

徐桂珍,陈景隆,张立明,等.1992. 早熟优质葡萄新品种——'紫珍香'[J]. 中国果树,(3):46-47.

徐桂珍,陈景隆,张立明,等.2003. 葡萄新品种'香悦'[J]. 中国果树,(6).

徐海英,刘军.1994. 极早熟与早熟葡萄新品种——'爱神玫瑰''早玫瑰'[J]. 北京农业科学,(5):
42-42.

徐海英,柳华智,刘军.1998. 葡萄新品种'峰后'[J]. 葡萄栽培与酿酒,(2):26-27.

徐海英,张国军,闫爱玲.2005. 葡萄无核新品种'瑞锋无核'的选育[J]. 中国果树,(2):3-5.

徐海英,张国军,闫爱玲.2009. 早熟葡萄新品种'瑞都香玉'[J]. 园艺学报,36(6):56-56.

徐海英.2009. 早熟葡萄新品种'瑞都脆霞'[J]. 中国果业信息,(4).

徐海英.2011. 无核葡萄新品种'瑞都无核怡'[J]. 中国果业信息,38(5):56-56.

徐卫东,刘玉凤,耿浩,等.2015. 葡萄新品种——'小辣椒'的选育[J]. 果农之友,32(2):6-6.

徐卫东.2010. 葡萄新品种'园意红''园野香'的选育[C]// 全国葡萄学术研讨会暨上海马陆葡萄产业高峰论坛.

杨国华.1990. 广栽葡萄新品种——'紫丰'[J]. 北方水稻,(1):39-40.

杨立柱,林艳芝,YangLizhu,等.2010. 葡萄酿酒新品种'着色香'的选育[J]. 中国果树,(4):8-10.

杨美容.1997. 早熟优质葡萄新品种——'京秀''京优'[J]. 中国农村科技,(6):18-18.

杨贤良.1990. 黄河故道地区古老优良酿造葡萄品种——'宿晓红'的开发和利用[J]. 中外葡萄与葡萄酒,(Z1):31-33.

袁永强,孙向军.2017. 鲜食葡萄新品种——'礼泉超红'[J]. 西北园艺:果树,2017:38.

袁永强,袁碧恒,徐志达,等.2011. 葡萄新品种'紫提988'[J]. 园艺学报,38(9):8-9.

张东起,姜官恒,林云弟,等.2013. 葡萄新品种'夏紫'的选育[J]. 北方果树,(6).

张国海.2005. 早熟葡萄新品种'洛浦早生'[J]. 中国果业信息,(4).

张国军,徐海英.2017. 早熟红色玫瑰香味葡萄新品种——'瑞都红玉'[J]. 中国果业信息,(1):
64-64.

张国军,闫爱玲,孙磊,等.2015.红色玫瑰香味葡萄新品种——'瑞都红玫'[J].果农之友,(10).

张建阁.1995.葡萄新品种'秦龙大穗'通过市级鉴定[J].河北果树,(4).

张金花,谭世廷.2001.葡萄极早熟新品种'红旗特早玫瑰'[J].中国果树,(5):000051-51.

张克坤,樊秀彩,王晨,等.2018.葡萄新品种登记与新品种权的申请流程[J].中外葡萄与葡萄酒,(03):72-75.

张立.2009.'香妃'葡萄新品种[J].技术与市场,(5):111-111.

张庆田,杨颖琼,杨欢,等.2016.山葡萄酿酒新品种'北国蓝'的选育[J].中国果树,(1):65-68.

张淑芳.1996.葡萄新品种'内醇丰'[J].中国果树,(3):33-34.

张文樾,王振国,郑德龙,等.1990.'吉香'葡萄选育报告[J].中外葡萄与葡萄酒,(1):8-10.

张印乃.1996.优质葡萄新品种——'户太8号'[J].农村百事通,(7):27-27.

张英,李亚星,郑丽锦,等.2011.优质大粒无核葡萄新品种——'紫脆无核'[J].河北林业科技,(3):107-108.

张英,郑丽锦,朱玉菲,等.2011.葡萄晚熟无核新品种'紫甜无核'性状及栽培技术[J].河北果树,(4).

张瑛,时晓芳,林玲,等.2015.葡萄新品种——'桂葡3号'的选育[J].果树学报,(6).

张振文,王华,房玉林,等.2013.优质抗病酿酒葡萄新品种'媚丽'[J].果农之友,40(10):7-8.

赵常青,蔡之博,吕冬梅.2011.葡萄早熟新品种'光辉'的选育[J].中国果树,(4).

赵常青,王秀兰,李家昌.1998.葡萄新品种——'京玉'[J].北方果树,(6).

赵崇新.1994.葡萄新品种——'超康美'[J].现代农村科技,(2):22-23.

赵继阔.2004.高抗葡萄新品种——'紫罗兰'[J].农家顾问,(12):24-24.

赵胜建,郭紫娟,赵淑云,等.2003.三倍体葡萄新品种'红标无核'[J].园艺学报,30(6):758-758.

赵胜建,郭紫娟.2004.三倍体无核葡萄育种研究进展[J].果树学报,21(4):360-364.

赵胜建,赵淑云,郭紫娟.1998.三倍体葡萄新品种'无核早红'及配套栽培技术[J].河北果树,(3):30-31.

赵文东.2014.早熟无核葡萄新品种——'岳红无核'[J].中国果业信息,41(11):72-72.

赵新节.2014.中早熟葡萄新品种——'红翠'[J].中国果业信息,41(7):74-75.

郑寒.2016.'1号葡萄'[J].乡村科技,(25):8-8.

郑新疆,吴婷,王建春,等.2013.无核白葡萄大粒芽变新品种'新葡7号'的选育[J].中国果树,(2):7-8.

郑州果树所.2008.葡萄新品——'郑果大无核'[J].农家参谋,(11):6-6.

周振荣,周秀琴.1986.优良早熟鲜食葡萄芽变新品种——'早莎巴珍珠'的选育[J].中外葡萄与葡萄酒,(1):17-20.

邹瑜,林贵美,牟海飞,等.2013.两性花野生毛葡萄新品种——'野酿2号'的选育[J].中国南方果树,42(5):107-108.

左倩倩.2019.中国地方葡萄品种分布及收集利用现状[J].中外葡萄与葡萄酒(5):75-79.

Godshaw J,Hjelmeland A K,Zweigenbaum J,et al.2019.Changes in glycosylation patterns of monoterpenes during grape berry maturation in six cultivars of *Vitis vinifera*[J].Food Chem,297:124921.

Hong C F,Brewer M T,Brannen P M,Scherm H.2019.Prevalence,geographic distribution and phylogenetic relationships among cryptic species of Plasmopara viticola in grape‐producing regions of Georgia and Florida[J].J Phytopathol,167:422-429.

Marisa Luisa,Badenes David H.2012.Byrne.Fruit Breeding[M].USA:Springer.

图 2-1　郑佳　　　　图 2-2　水晶红　　　　图 2-3　超宝　　　　图 2-4　贵园

图 2-5　黑佳酿　　　　图 2-6　红美　　　　图 2-7　抗砧 3 号　　　　图 2-8　抗砧 5 号

图 2-9　庆丰　　　　图 2-10　神州红　　　　图 2-11　夏至红

图 2-12　早莎巴珍珠　图 2-13　郑寒 1 号　　　图 2-14　郑美　　　　图 2-15　郑葡 1 号

图 2-16　郑葡 2 号　　图 2-17　郑艳无核　　图 2-18　郑州早红　　图 2-19　郑州早玉

图 2-20　朝霞无核　　　　图 2-21　早香玫瑰　　　　图 2-22　学优红

图 2-23　北醇　　　　图 2-24　北丰　　　　图 2-25　北红　　　　图 2-26　北玫

图 2-27　北全　　　　图 2-28　北玺　　　　图 2-29　北紫　　　　图 2-30　北香

图 2-31　新北醇　　　　图 2-32　京超　　　　　图 2-33　京翠　　　　　图 2-34　京大晶

图 2-35　京丰　　　　　图 2-36　京可晶　　　　图 2-37　京蜜　　　　　图 2-38　京香玉

图 2-39　京秀　　　　　图 2-40　京亚　　　　　图 2-41　京艳　　　　　图 2-42　京焰晶

图 2-43　京莹　　　　　图 2-44　京优　　　　　图 2-45　京玉　　　　　图 2-46　京早晶

图 2-47　京紫晶　　　图 2-48　北馨　　　图 2-49　百瑞早　　　图 2-50　钟山红

图 2-51　钟山翠　　　图 2-52　小辣椒　　图 2-53　东方玻璃翠　图 2-54　东方绿巨人

图 2-55　园金香　　　图 2-56　园红玫　　　图 2-57　园绿指　　　图 2-58　园翠香

图 2-59　园红指　　　图 2-60　黑美人　　　图 2-61　藤玉　　　　图 2-62　园巨人

图 2-63　园野香　　　图 2-64　园意红　　　图 2-65　园玉　　　图 2-66　早夏香

图 2-67　园香妃　　　图 2-68　东方金珠　　　图 2-69　紫金早生　　　图 2-70　紫金早

图 2-71　瑞都科美　　　图 2-72　爱神玫瑰　　　图 2-73　翠玉　　　图 2-74　峰后

图 2-75　瑞都脆霞　　　图 2-76　瑞都红玫　　　图 2-77　瑞都红玉

图 2-78　瑞都香玉　　　图 2-79　瑞都无核怡　　　图 2-80　瑞都早红　　　图 2-81　瑞峰无核

图 2-82　香妃　　　图 2-83　艳红　　　图 2-84　早玛瑙　　　图 2-85　早玫瑰香

图 2-86　紫珍珠　　　图 2-87　惠良刺葡萄　　　图 2-88　美红　　　图 2-89　醉人香

图 2-90　水源 1 号　　　图 2-91　水源 11 号　　　图 2-92　野酿 2 号

图 2-93　甜峰 1 号

图 2-94　桂葡 2 号

图 2-95　桂葡 3 号

图 2-96　瑶下屯

图 2-97　垮龙坡

图 2-98　桂葡 4 号

图 2-99　桂葡 5 号　　　　　图 2-100　桂葡 6 号　　　　图 2-101　桂葡 7 号

图 2-102　凌丰　　　　　　　　　图 2-103　凌优

图 2-104　牛奶白　　图 2-105　金田红　　图 2-106　金田蜜　　图 2-107　李子香

图 2-108　龙眼

图 2-109　西山场 1 号

图 2-110　西山场 2 号

图 2-111　宝光

图 2-112　超康丰

图 2-113　超康美

图 2-114　超康早

图 2-115　春光

图 2-116　峰光　　　　　　　图 2-117　红标无核　　　　　　图 2-118　蜜光

图 2-119　无核 8612　　　　　　　　图 2-120　无核早红

图 2-121　霞光　　图 2-122　月光无核　　图 2-123　金田 0608　　图 2-124　金田翡翠

图 2-125　金田无核　　　　　图 2-126　金田蓝宝石　　　　　图 2-127　金田玫瑰

图 2-128　金田美指　　　图 2-129　秦龙大穗　　　图 2-130　紫脆无核　　　图 2-131　紫甜无核

图 2-132　中秋　　　图 2-133　巨玫　　　图 2-134　爱博欣 1 号　　　图 2-135　红乳

图 2-136　早红珍珠　　　图 2-137　康百万无核　　　图 2-138　仲夏紫

图 2-139 峰早　　　　　　图 2-140 洛浦早生

图 2-141 玫瑰红　　　图 2-142 牡山 1 号　　　图 2-143 凤凰葡萄

图 2-144 关口葡萄　　图 2-145 壶瓶山 1 号　　图 2-146 紫罗兰　　图 2-147 湘酿 1 号

图 2-148　紫秋

图 2-149　左山一

图 2-150　左山二

图 2-151　北国红

图 2-152　北国蓝

图 2-153　北冰红

图 2-154　双丰

图 2-155　双红

图 2-156　双庆

图 2-157　双优

图 2-158　雪兰红

图 2-159　左红一

图 2-160　左优红

图 2-161　公酿 1 号　　　　图 2-162　公酿 2 号　　　　　　图 2-163　公主白

图 2-164　公主红　　　图 2-165　通化 3 号　　　图 2-166　通化 7 号　　　图 2-167　碧香无核

图 2-168　绿玫瑰　　　　图 2-169　吉香　　　　图 2-170　南太湖特早　　　图 2-171　宿晓红

图 2-172　玫野黑　　　　　　图 2-173　紫玫康　　　　　　图 2-174　白玫康

图 2-175　瑰香怡　　　　　　　　　　图 2-176　巨紫香

图 2-177　康太　　　　　　　　　　　图 2-178　夕阳红

图 2-179　香悦　　　　图 2-180　状元红　　　　图 2-181　紫珍香

图 2-182 醉金香　　　　　　　　　图 2-183 碧玉香

图 2-184 着色香　　图 2-185 紫丰　　　　图 2-186 凤凰 12 号

图 2-187 凤凰 51 号　　图 2-188 黑瑰香　　图 2-189 晨香　　图 2-190 辽峰

图 2-191　蜜红　　　　图 2-192　巨玫瑰　　　　图 2-193　早霞玫瑰

图 2-194　沈农脆峰　　　图 2-195　神农金皇后　　　图 2-196　沈农硕丰

图 2-197　沈农香丰　　　　　　　图 2-198　沈香无核

图 2-199　光辉　　　　　　　图 2-200　黑山　　　　　　　图 2-201　山玫瑰

图 2-202　早甜玫瑰香　　　　图 2-203　华葡 1 号　　　　　图 2-204　岳红无核

图 2-205　沈 87-1　　　　　　图 2-206　红鸡心　　　　　　图 2-207　托县葡萄

图 2-208　内醇丰　　　　图 2-209　内京香　　　　图 2-210　红十月

图 2-211　大玫瑰　　图 2-212　巨星　　图 2-213　早熟玫瑰香　　图 2-214　玉波一号

图 2-215　玉波二号　　图 2-216　丰香　　图 2-217　紫地球　　图 2-218　大粒六月紫

图 2-219　六月紫　　　　图 2-220　红翠　　　　图 2-221　红玫香

图 2-222 金龙珠　　　　图 2-223 绿宝石　　　　图 2-224 夏紫

图 2-225 红双星　　　图 2-226 红旗特早玫瑰　　　图 2-227 泽香

图 2-228 烟葡 1 号　　图 2-229 趵突红　　图 2-230 脆红　　图 2-231 翡翠玫瑰

图 2-232 丰宝　　图 2-233 贵妃玫瑰　　图 2-234 黑香蕉　　图 2-235 红莲子

图 2-236　红双味　　　　　　图 2-237　红香蕉　　　　　　图 2-238　红玉霓

图 2-239　红汁露　　　　　　图 2-240　梅醇　　　　　　　图 2-241　梅浓

图 2-242　梅郁　　　　　　　图 2-243　泉白　　　　　　　图 2-244　泉醇

图 2-245　泉丰　　　　　　　图 2-246　泉晶　　　　　　　图 2-247　泉龙珠

图 2-248　泉莹　　　　　图 2-249　泉玉　　　　　图 2-250　山东　图 2-251　烟 74 号
　　　　　　　　　　　　　　　　　　　　　　　　　　　　　　　　早红

图 2-252　莒葡 1 号　　　图 2-253　瑰宝　　　　　图 2-254　晶红宝　　　图 2-255　丽红宝

图 2-256　玫香宝　　　　　图 2-257　秋黑宝　图 2-258　秋红宝　图 2-259　晚黑宝

图 2-260　无核　图 2-261　早黑宝　图 2-262　晚红宝　图 2-263　黑鸡心　图 2-264　瓶儿
　　　　　翠宝　　　　　　　　　　　　　　　　　　　　　　　　　　　　　　　　葡萄

图 2-265　马峪乡葡萄 1 号

图 2-266　马峪乡葡萄 2 号　　　　　图 2-267　马峪乡葡萄 3 号

图 2-268　马峪乡葡萄 4 号

图 2-269　马峪乡葡萄 5 号　　　　　图 2-270　马峪乡葡萄 6 号

图 2-271　马峪乡葡萄 7 号

图 2-272 马峪乡葡萄 8 号　　图 2-273 礼泉超红　　图 2-274 紫提 988

图 2-275 户太 8 号　　图 2-276 户太 9 号　　图 2-277 户太 10 号

图 2-278 早玫瑰　　图 2-279 媚丽　　图 2-280 沪培 1 号

图 2-281　沪培 2 号　　　　图 2-282　沪培 3 号　　　　图 2-283　华佳 8 号不需要

图 2-284　申爱　　　　　　　　　　图 2-285　申宝

图 2-286　申丰　　　图 2-287　申华　　　图 2-288　申秀　　　图 2-289　申玉

图 2-290　红亚历山大　　图 2-291　早夏无核　　图 2-292　蜀葡 1 号　　图 2-293　牛奶

图 2-294　大粒无核白　　　　　　　　图 2-295　长穗无核白

图 2-296　特优 1 号　　　图 2-297　新葡 7 号　　　　图 2-298　昆香无核

图 2-299　水晶无核　　　　　　　　图 2-300　紫香无核

图 2-301　绿翠　　　　　　　　　　图 2-302　新雅

图 2-303　新郁　　　图 2-304　绿葡萄　　　图 2-305　绿木纳格　　　图 2-306　红马奶

图 2-307　红葡萄　　　图 2-308　圆白　　　图 2-309　白布瑞克　　　图 2-310　白达拉依

图 2-311　白马奶　　　图 2-312　白葡萄　　　图 2-313　长无核白　　　图 2-314　大无核紫

图 2-315　哈什哈尔　　　　　　图 2-316　和田红(微红型)

图 2-317 和田红（紫红型）　　图 2-318 和田绿　　图 2-319 黑布瑞克

图 2-320 黑葡萄　　图 2-321 红达拉依　　图 2-322 假黄葡萄　　图 2-323 墨玉葡萄

图 2-324 平顶黑　　图 2-325 秋马奶子　　图 2-326 赛勒克阿依 图 2-327 索索葡萄

图 2-328 微红白葡萄　　图 2-329 新葡 1 号　　图 2-330 伊犁香葡萄　　图 2-331 于田白葡萄

图 2-332　假卡　　　图 2-333　红木纳格　　　图 2-334　大马奶　　　图 2-335　早熟绿葡萄

图 2-336　谢克兰格　　　图 2-337　黑油葡萄　　　图 2-338　云葡 1 号　　　图 2-339　云葡 2 号

图 2-340　天工　图 2-341　天工墨玉　图 2-342　天工玉柱　　　图 2-343　鄞红
　　　　　翡翠

图 2-344　早甜　　　　图 2-345　宇选 1 号　　　　图 2-346　玉手指